普通高等教育土建学科专业"十一五"规划教材
高等学校建筑电气与智能化专业指导小组
规划推荐教材

计算机控制技术

魏 东 主编

中国建筑工业出版社

图书在版编目(CIP)数据

计算机控制技术/魏东主编. —北京：中国建筑工业出版社，2011.10
普通高等教育土建学科专业"十一五"规划教材
高等学校建筑电气与智能化专业指导小组规划推荐教材
ISBN 978-7-112-13705-3

Ⅰ.①计… Ⅱ.①魏… Ⅲ.①计算机控制 Ⅳ.①TP273

中国版本图书馆 CIP 数据核字(2011)第 213356 号

全书共分 7 章，主要内容包括：绪论；计算机控制系统的硬件设计技术，包括过程通道和硬件抗干扰技术；数据处理技术，包括数字滤波、标度变换与线性化处理和报警处理等；计算机控制系统的控制算法，包括数字 PID 算法及其改进；计算机控制系统复杂控制算法，包括串级控制算法、前馈控制算法和史密斯预估控制算法；介绍了网络化测控技术和目前在工业控制和建筑智能化领域广泛采用的 LonWorks 技术；最后讨论了计算机控制系统设计和实现方面的内容，包括系统设计的原则和方法、系统集成技术等，并给出了具体工程实例。

* * *

责任编辑：王　跃　齐庆梅　张　健
责任设计：李志立
责任校对：刘梦然　王雪竹

普通高等教育土建学科专业"十一五"规划教材
高等学校建筑电气与智能化专业指导小组规划推荐教材
计算机控制技术
魏　东　主编

*

中国建筑工业出版社出版、发行(北京西郊百万庄)
各地新华书店、建筑书店经销
北京红光制版公司制版
北京市密东印刷有限公司印刷

*

开本：787×1092 毫米　1/16　印张：17　字数：425 千字
2012 年 1 月第一版　2012 年 1 月第一次印刷
定价：**33.00** 元
ISBN 978-7-112-13705-3
(21459)

版权所有　翻印必究
如有印装质量问题，可寄本社退换
(邮政编码　100037)

序

自 20 世纪 80 年代起，中国乃至世界掀起兴建智能建筑的热潮。这是因为智能化建筑是现代高科技硕果的综合反映，是一个国家、地区科学技术和经济水平的综合体现，是现代化大城市建筑发展的大趋势，也是当今世界各国为实现社会经济快速发展和管理科学化最有力的技术手段。进入 21 世纪，随着我国经济社会的快速发展和城镇化、现代化、国际化进程的加快，城乡居民生活水平日趋提高，居住条件日益改善，建筑业在国民经济中的支柱地位得到进一步加强，其中智能与绿色建筑产业已成为中国经济发展中最活跃、最具有生命力的新兴产业之一。

为了促进经济社会的可持续发展，建立资源节约型、环境友好型社会，实现国家确定的节能减排目标，建筑节能将发挥越来越重要的作用。在"推广绿色建筑，促进节能减排"的任务中，建筑电气和智能化领域的专业技术人员发挥着十分重要的作用，人才的数量和素质直接关系到我国建筑节能减排目标的实现，直接影响到智能与绿色建筑产业的发展，大力发展"建筑电气与智能化"专业本科教育是十分重要和迫切的，为此自 2006 年度起教育部批准设置了"建筑电气和智能化"本科专业。

为促进建筑电气与智能化本科专业的建设和发展，高等学校建筑环境与设备工程专业指导委员会智能建筑指导小组组织编写了本套建筑电气与智能化专业的规划教材，以适应和满足建筑电气与智能化专业以及电气信息类相关专业教学和科研的需要，同时也可作为从事建筑电气、建筑智能化工作的技术人员的参考书。

建筑电气与智能化是一个跨专业的新兴学科领域，我们衷心希望各院校积极参与规划教材的编写工作，同时真诚希望使用规划教材的广大读者提出宝贵意见，以便不断完善教材内容。

高等学校建筑环境与设备工程专业指导委员会
智能建筑指导小组
寿大云

前　言

目前在自动控制领域，计算机常常承担着控制系统中控制器的角色，直接参与控制，此类控制系统被称为计算机控制系统。计算机控制系统综合了计算机、自动控制理论和自动化仪表等多项技术，并将这些技术集成起来应用于工业生产过程。目前计算机控制技术已在越来越多的领域获得了广泛应用，"计算机控制技术"已成为我国工科院校电子信息类各专业普遍开设的一门重要专业课程。

本书从培养应用型人才的目标出发，以工程技术应用能力培养为主线来组织编写内容，注重培养学生工程系统的设计能力和实践能力，重点突出工程方面广泛采用的实用技术，避免繁琐的理论推导，并舍去理论上先进但工程上很少应用的技术。全书内容兼顾基础性、实用性和先进性，选材注意跟踪科学技术的发展，重点介绍了目前工业生产和智能建筑领域中广泛应用的常规控制方法、过程通道的设计和计算机控制系统的设计与实现；阐述了几种目前在工业生产领域常用的复杂控制方法；并介绍了目前正在蓬勃发展中的网络测控技术，重点对在工业生产和建筑智能化领域应用广泛的 LonWorks 网络控制技术进行了详细讨论。本书从系统角度加大了应用实例的介绍，所举工程实例突出综合性和实用性，并能够通过综合性实验实现相关的应用系统，便于教师组织实践教学。

全书共分 7 章，主要内容包括：计算机控制系统的基本原理、组成和特点；计算机控制系统硬件设计技术，包括过程通道和硬件抗干扰技术；数据处理技术，包括数字滤波、标度变换与线性化处理和报警处理等；计算机控制系统常规控制方法，包括数字 PID 算法及其改进；计算机控制系统复杂控制算法，包括串级控制算法、前馈控制算法和史密斯预估控制算法；介绍了网络化测控技术和目前在工业控制和建筑智能化领域广泛采用的 LonWorks 技术；最后讨论了计算机控制系统设计和实现方面的内容，包括系统设计的原则和方法、系统集成技术等，并给出了具体工程实例。

本书编写时力求做到叙述简单明了，通俗易懂，条理清晰。每章附有习题和思考题，便于教学和自学。本书教学时数为 60 学时，其中实验 10 学时。

本书第 1、4 章由魏东编写，第 2 章由张俊红编写，第 3 章由史晓霞编写，第 5 章由谭志编写，第 6 章由魏东和潘兴华编写，第 7 章由庄俊华编写。魏东任主编，完成了全书的统稿工作。

在本书编写过程中，始终得到了中国建筑工业出版社的大力支持和帮助。书中参考了有关专著、教材和一些专家的应用成果，在此谨向所有支持和帮助本书编写和出版工作的有关人员、参考文献的作者致以诚挚的谢意。

计算机控制技术正处于快速发展中，新的技术层出不穷。限于编者水平有限，书中不妥之处或错误在所难免，敬请读者和同行批评指正。

目 录

第1章 绪论 ... 1
1.1 计算机控制系统的组成及特点 ... 1
1.2 计算机控制系统的分类 ... 7
1.3 对控制用计算机系统的一般要求 ... 11
习题和思考题 ... 13

第2章 计算机控制系统的硬件设计技术 ... 15
2.1 数字量输入输出接口与过程通道 ... 15
2.2 模拟量输入接口与过程通道 ... 19
2.3 模拟量输出接口与过程通道 ... 37
2.4 硬件抗干扰技术 ... 49
习题和思考题 ... 56

第3章 数据处理技术 ... 57
3.1 数字滤波 ... 57
3.2 标度变换与线性化处理 ... 62
3.3 查表法 ... 67
3.4 报警处理 ... 68
习题和思考题 ... 71

第4章 计算机控制系统的控制算法 ... 72
4.1 数字控制器的设计方法 ... 72
4.2 模拟控制器的离散化方法 ... 73
4.3 数字PID算法 ... 79
4.4 串级控制 ... 94
4.5 前馈控制 ... 98
4.6 史密斯（Smith）预估控制 ... 101
习题和思考题 ... 106

第5章 网络化测控技术 ... 108
5.1 工业控制网络概述 ... 108
5.2 控制网络技术基础 ... 112
5.3 数据通信技术 ... 122

5.4　DCS ·· 127
   5.5　现场总线技术 ··· 132
   5.6　工业以太网 ··· 136
   习题和思考题 ··· 142

第 6 章　LonWorks 网络控制技术 ·· 143
   6.1　LonWorks 技术概述及应用系统结构 ··· 143
   6.2　Neuron 芯片的应用与开发 ··· 147
   6.3　Neuron C 语言 ··· 161
   6.4　网络变量（network variables） ·· 167
   6.5　显式报文（explicit message） ··· 172
   6.6　Neuron 芯片的 I/O 对象类别与应用编程 ··· 178
   6.7　LonTalk 网络通信协议 ··· 192
   6.8　LonWorks 网络的应用开发 ·· 198
   习题和思考题 ··· 214

第 7 章　计算机控制系统设计与实现 ·· 215
   7.1　系统设计的原则与步骤 ·· 215
   7.2　系统集成技术 ··· 219
   7.3　系统的工程设计与实现 ·· 237
   7.4　计算机控制技术应用设计举例 1——单片机温度控制系统 ··················· 245
   7.5　计算机控制技术应用设计举例 2——LonWorks 空调控制系统 ············· 258
   习题和思考题 ··· 264

参考文献 ·· 265

第 1 章 绪 论

计算机控制技术综合了计算机、自动控制和自动化仪表等技术,并将这些技术集成起来应用于工业生产过程。数字计算机在自动控制系统中的基本应用是直接参与控制,承担了控制系统中控制器的任务。数字计算机强大的计算能力、逻辑判断能力和大容量存储信息的能力使得计算机控制能够解决常规控制技术解决不了的难题,能达到常规控制技术达不到的优异性能指标。与采用模拟调节器的自动调节系统相比,计算机控制能够实现先进的控制策略(如最优控制、智能控制等)以保证控制的精度和性能,而且控制结构灵活,易于在线修改控制方案,性能价格比高,便于实现控制与管理相结合。

1.1 计算机控制系统的组成及特点

1.1.1 计算机控制的一般概念

1. 传统生产过程自动控制系统结构

传统的采用模拟调节器进行自动控制的反馈闭环控制系统框图如图 1-1 所示,测量元件对被控对象的被控参数进行测量,反馈给由模拟调节器组成的控制器,比较环节将反馈信号与给定值进行比较,如有偏差,控制器将产生控制量驱动执行机构动作,直至被控参数值满足预定要求为止。

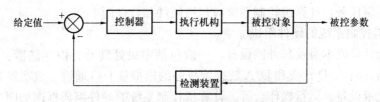

图 1-1 传统闭环自动控制系统典型结构框图

2. 计算机控制系统结构

将图 1-1 中的控制器和比较环节用计算机代替,则可构成计算机控制系统,其框图如图 1-2 所示。由于计算机的输入和输出信号都是数字信号,因此计算机控制系统还需要有模拟量/数字量转换器(Analog/Digital Converter,简称 A/D 转换器或 ADC)和数字量/

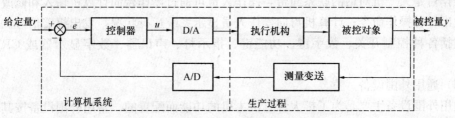

图 1-2 计算机控制系统基本结构框图

模拟量转换器（Digital/Analog Converter，简称 D/A 转换器或 DAC）。

3. 计算机控制系统的控制步骤

计算机控制系统通常按照以下几个步骤完成控制任务：

(1) 实时数据采集

测量元件对生产过程中被控参数的瞬时值进行检测，A/D 转换器将所检测的连续模拟信号转换为数字量二进制信号，输送给计算机。

(2) 实时决策

计算机对所采集到的表征被控参数的状态量进行分析，按照内部存储的相关算法或控制规律（如 PID 控制）决定下一步的控制过程，计算出控制量。

(3) 实时控制

计算机输出的数字量控制信号通过 D/A 转换器转换为连续模拟信号，并传送给执行机构，使之执行相应的操作，对被控设备加以控制，完成控制任务。

上述过程不断重复，使整个系统能够按照一定的控制性能工作，并且对被控参数和设备本身出现的异常情况进行及时监督，同时迅速做出处理。

所谓"实时"，是指信号的输入、计算和输出都是在一定时间范围内完成的，即计算机对输入信息以足够快的速度进行处理，并在一定的时间内作出反应并进行控制，超出了这个时间就会失去控制时机，控制也就失去了意义。

在计算机控制系统中，如果生产过程设备直接与计算机连接，生产过程直接受计算机的控制，叫做"联机"方式或"在线"方式；若生产过程设备不直接与计算机相连接，其工作不直接受计算机的控制，而是通过中间记录介质，靠人进行联系并作相应操作的方式，则叫做"脱机"方式或"离线"方式。

1.1.2 计算机控制系统的组成

为完成控制任务，计算机控制系统应包括硬件和软件两个部分。

1. 计算机控制系统的硬件组成

硬件是指计算机本身及其外围设备，一般包括中央处理器、内存储器、磁盘驱动器、各种接口电路、以 A/D 转换和 D/A 转换为核心的模拟量 I/O 通道、数字量 I/O 通道以及各种显示、记录设备、运行操作台等。计算机控制系统的硬件组成框图如图 1-3 所示。

(1) 主机

由中央处理器（CPU）、时钟电路、内存储器构成的计算机主机是组成计算机控制系统的核心部件，主要进行数据采集、数据处理、逻辑判断、控制量计算、越限报警等，通过接口电路向系统发出各种控制命令，指挥全系统有条不紊地协调工作。

(2) 操作台

操作台是人—机对话的联系纽带，操作人员可通过操作台向计算机输入和修改控制参数，发出各种操作命令；计算机可向操作人员显示系统运行状况，发出报警信号。操作台一般包括各种控制开关、数字键、功能键、指示灯、声讯器、数字显示器或 CRT 显示器等。

(3) 通用外围设备

通用外围设备主要是为了扩大计算机主机的功能而配置的。常用外围设备按其功能可分为输入设备、输出设备、外存储器和人—机联系设备。输入设备用来输入程序、数据或

第 1 章 绪 论

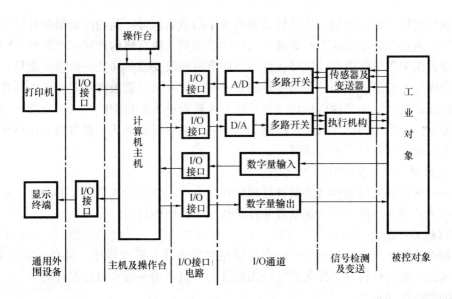

图 1-3 计算机控制系统硬件组成框图

操作命令,如键盘终端等。输出设备如打印机、绘图仪、CRT 显示器等,以字符、曲线、表格、画面等形式来反映生产过程工况和控制信息。外存储器有磁盘、磁带等,兼有输入和输出两种功能,用来存放程序和数据,作为内存储器的后备存储设备。操作员与计算机之间的信息交换是通过人—机联系设备进行的,如显示器、键盘、专用的操作显示面板或操作显示台等,其作用主要是用来显示生产过程的状态,供操作人员和工程师进行操作,并显示操作结果。它们用来显示、存储、打印、记录各种数据。

(4) I/O 接口与 I/O 通道

I/O 接口与 I/O 通道是计算机主机与外部连接的桥梁,常用的 I/O 接口有并行接口和串行接口。I/O 输入通道包括模拟量输入通道(AI 通道)和数字量输入通道(DI 通道)。AI 通道由多路开关、A/D 转换器和接口电路组成,它将模拟量信号(如温度、压力、流量等)转换成数字信号再输入给计算机;DI 通道包括光电耦合器和接口电路等设备,它直接输入开关量或数字量信号(如设备的起/停状态、故障状态等)。I/O 输出通道包括模拟量输出通道(AO 通道)和开关量输出通道(DO 通道),AO 通道由接口电路、D/A 转换器、放大器等组成,它将计算机计算出的控制量数字信号转换成模拟信号后再输出给执行机构(如电动机、电动阀门、电动风门等);DO 通道包括接口电路、光电耦合器等设备,它直接输出开关量信号或数字量信号,用来控制设备的起/停和故障报警等。

(5) 检测与执行机构

① 测量变送单元:在自动控制系统中,往往需要对温度、湿度、压力、流量与物位等参量进行检测和控制,使之处于最佳的工作状态,以便用最少的材料及能源消耗,获得较好的经济效益,为此必须掌握描述它们特性的各种参数,需要测量这些参数的值。为了收集和测量各种参数,需要根据不同的控制任务采用各种检测元件及变送器,其主要功能是将被检测参数的非电量转换成电量。例如,热电偶可以把温度转换成电压信号,压力传感器可以把压力转换为电信号,这些信号经变送器转换成统一的标准电信号(0~5V 或 4~20mA 等)后,再通过 A/D 转换器送入计算机。

②执行机构：执行机构是计算机控制系统中的重要部件，其功能是根据计算机输出的控制信号，直接控制能量或物料等被测介质的输送量。执行机构按照控制器输送的控制量大小改变输出的角位移或直线位移，并通过调节机构改变被调介质的流量或能量，使生产过程符合预定的要求。例如，在温度控制系统中，计算机根据温度误差调用控制算法计算出相应的控制量，输出给执行机构（调节阀）来控制进入加热炉的煤气（或油）量以实现预期的温度值。常用的执行机构有电动、液动和气动等控制形式，也有的采用电动机、步进电动机及晶闸管元件等进行控制。

2. 计算机控制系统的软件组成

软件是指能够完成各种功能的计算机程序的总和。整个计算机系统的动作，都是在软件的指挥下协调进行的，因此说软件是计算机系统的中枢神经。

(1) 系统软件

它是由计算机设计者提供的专门用来使用和管理计算机的程序，具有一定的通用性。对用户来说，系统软件只是作为开发应用软件的工具，是不需要自己设计的。

系统软件主要包括：

①操作系统软件：它是对计算机本身进行管理和控制的一种软件。计算机自身系统中的所有硬件和软件统称为资源。从功能上看，可把操作系统看作是资源的管理系统，实现对处理器、内存、设备以及信息的管理，例如对上述资源的分配、控制、调度和回收等。操作系统软件包括管理程序、磁盘操作系统程序、监控程序等。

②诊断系统软件：它是用于维护计算机的软件，包括调节程序及故障诊断程序等。

③开发系统软件：它包括各种程序设计语言、语言处理程序（编译程序）、服务程序（装配程序和编辑程序）、模拟主系统（系统模拟、仿真、移植软件）、数据管理系统等。

④信息处理软件：它包括文字处理软件、翻译软件和企业管理软件等。

(2) 应用软件

它是面向用户本身的程序，即指由用户根据要解决的实际问题而编写的各种程序，包括控制程序、数据采集及处理程序、巡回检测程序和数据管理程序等。

①控制程序：它主要实现对系统的调节和控制，可根据各种控制算法和被控对象的具体情况来编写，控制程序的主要目标是满足系统的性能指标。

②数据采集及处理程序：它包括数据可靠性检查程序、A/D转换及采样程序、数字滤波程序和线性化处理程序等。其中数据可靠性检查程序用来检查是可靠输入数据还是故障数据；数字滤波程序用来滤除干扰造成的错误数据或不宜使用的数据；线性化处理程序负责对检测元件或变送器的非线性特性用软件进行补偿。

③巡回检测程序：它包括数据采集程序、越限报警程序、事故预告程序和画面显示程序等。其中数据采集程序完成数据的采集和处理；越限报警程序用于在生产中某些量超过限定值时报警；事故预告程序根据限定值，检查被控量的变化趋势，若有可能超过限定值，则发出事故预告信号；画面显示程序用图、表在计算机显示器上形象地反映生产状况。

④数据管理程序：这部分程序用于控制过程管理，主要包括统计报表程序以及能源损耗、过程调度及设备运行管理程序等。

1.1.3 计算机控制系统的特点

相对连续自动控制系统而言,计算机控制系统的主要特点可归纳为以下几点。

1. 系统结构特点

计算机控制系统必须包括计算机,它是一个数字式离散处理器。此外,由于多数系统的被控对象及执行部件、测量部件是连续模拟式的,因此,还必须加入信号变换装置(如A/D及D/A转换器)。所以,计算机控制系统通常是模拟与数字部件的混合系统。

2. 信号形式上的特点

计算机是数字设备,只能接收和输出数字信号。而被控对象(或生产过程)通常是模拟系统,被控参数(如温度、压力、流量、料位和成分等)通过传感器或变送器输出后是模拟信号,由于计算机是按时序工作的,必须按一定的采样间隔(称为采样周期)对连续信号进行采样,故将其变成时间上断续的信号才能进入计算机。此外,执行器也只能接收模拟信号。因此,计算机和被控对象之间存在信号的互相转换。计算机控制系统的信号流程如图1-4所示,从被控对象开始依次有以下5种信号:模拟信号 $y(t)$、离散模拟信号 $y^*(t)$、数字信号 $y(kT)$、$r(kT)$ 和 $e(kT)$、数字信号 $u(kT)$ 和量化模拟信号 $u^*(t)$。

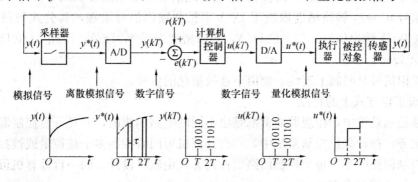

图1-4 计算机控制系统的信号流程

(1) 模拟信号 $y(t)$

模拟信号是时间上连续且幅值上也连续的信号,如来自被控对象的温度、压力、流量、料位和成分等传感器或变送器的信号(如4~20mA)。

(2) 离散模拟信号 $y^*(t)$

把模拟信号 $y(t)$ 按一定的采样周期 T 转变为在瞬时 0,T,$2T$,…,kT 的一连串脉冲信号 $y^*(t)$ 的过程称为采样过程,实现采样的器件称为采样器或采样开关。在每个采样周期 T 内采样开关闭合时间为 τ,τ 远小于 T,仅仅在 τ 时间内,$y^*(t)$ 才是连续的。

模拟信号 $y(t)$ 经过采样器就得到离散模拟信号 $y^*(t)$,离散模拟信号是时间上离散、幅值上连续的信号。

(3) 数字信号 $y(kT)$、$r(kT)$ 和 $e(kT)$

离散模拟信号 $y^*(t)$ 经过A/D转换器转换成数字信号 $y(kT)$,设定值(如25℃)在计算机中以数字信号 $r(kT)$ 表示,在计算机内部 $y(kT)$ 和 $r(kT)$ 的差值 $e(kT)$ 也为数字信号。

数字信号是时间上离散、幅值上为二进制数值的信号。

从离散模拟信号到数字信号的转换过程称为量化,即用一组二进制数码来逼近采样的模拟信号值，所以 A/D 转换的过程就是一个量化过程。由于 A/D 转换器的位数（字长）是有限的，因此量化过程会带来量化误差，量化误差 ε 的大小取决于量化精度 q。量化精度 q 取决于 A/D 字长和输入信号量程，若被转换的模拟量满量程为 M，转换成二进制数字量的位数为 n，则量化精度定义为

$$q = M/(2^n - 1) \tag{1-1}$$

如 0~5V 输入信号，用 8 位 A/D，量化精度为 19.6mV，改用 12 位 A/D，量化精度为 1.22mV。

量化误差 $ε = ±q/2$，显然 n 越大，量化误差越小。

(4) 数字信号 $u(kT)$

计算机按控制周期执行控制算法，其运算结果或控制量 $u(kT)$ 为数字信号，同样是时间上离散、幅值上为二进制数值的信号。量化精度取决于计算机的运算字长 C，即为 $1/(2^C - 1)$。

(5) 量化模拟信号 $u^*(t)$

数字信号经过 D/A 转换器可转换成量化模拟信号。如控制量 $u(kT)$ 经过 D/A 转换成量化模拟信号 $u^*(t)$，转换精度取决于 D/A 字长和输出信号量程，其公式与量化精度相同，如 4~20mA 输出信号，用 8 位 D/A，转换精度为 0.0627mA，改用 12 位 D/A，转换精度为 0.0039mA。

量化模拟信号是时间上连续、幅值上连续量化的信号。

3. 系统工作方式上的特点

在连续控制系统中，控制器通常都是由不同的电路构成的，并且一台控制器仅为一个控制回路服务。在计算机控制系统中，一台计算机可同时控制多个被控量或被控对象，即可为多个控制回路服务。每个控制回路的控制方式由软件设计。同一台计算机可以采用串行或分时并行方式实现控制。

尽管由常规仪表组成的连续控制系统已获得了广泛的应用，并具有可靠、易维护操作等优点，但随着生产的发展、技术的进步，对自动化的要求越来越高，这种常规连续控制系统的应用受到了极大的限制。例如，难于实现多变量复杂系统的控制，难于实现自适应控制等。与连续控制系统相比，计算机控制系统除了能完成常规连续控制系统的功能外，还表现出如下一些独特的优点：

(1) 由于计算机的运算速度快、精度高、具有极丰富的逻辑判断功能和大容量的存储能力，因此能实现复杂控制，如最优控制、自适应控制及自学习等，从而可达到较高的控制质量。

(2) 计算机控制系统的性能价格比值（性价比）高。尽管一台计算机最初投资较大，但增加一个控制回路的费用却很少。对于连续系统，模拟硬件的成本几乎和控制规律的复杂程度、控制回路的多少成正比；而计算机控制系统中的一台计算机却可以实现复杂控制并可同时控制多个控制回路，因此，它的性价比较高。

(3) 由于计算机控制系统的控制律是由软件程序实现的，并且计算机具有强大的记忆和判断能力，极易实现工作状态的转换，实现不同的控制功能，因此它的适应性强，灵活性高。此外，计算机是可编程的，易于修改系统功能和特性，构成了一种柔性（弹性）系统。

（4）随着微电子技术的发展，大规模集成电路的出现，计算机的体积减小、重量减轻、成本下降，这使计算机用于自动控制的优点更为突出。

与连续控制系统相比，计算机控制系统也有一些缺点与不足。例如，由于系统中插入数字部件，信号复杂，给设计实现带来一定困难。但全面比较起来，随着对自动控制系统功能要求的不断提高，计算机控制系统的优越性表现得越来越突出。

1.2 计算机控制系统的分类

根据应用特点、控制方案、控制目的和系统构成，计算机控制系统可分成五种类型，即操作指导控制系统、直接数字控制（DDC）系统、监督控制（SCC）系统、集散控制系统（DCS）和现场总线控制系统（FCS）。

1.2.1 操作指导控制系统

如图 1-5 所示，在操作指导控制系统中，计算机的输出不直接用来控制生产对象。计算机只是对生产过程的参数进行采集，然后根据一定的控制算法计算出供操作人员参考、选择的操作方案和最佳设定值等，操作人员根据计算机的输出信息去改变调节器的设定值，或者根据计算机输出的控制量执行相应的操作。操作指导控制系统的优点是结构简单，控制灵活安全，特别适用于未摸清控制规律的系统，常常被用于计算机控制系统研制的初级阶段，或用于试验新

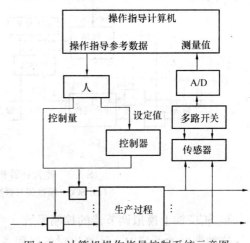

图 1-5 计算机操作指导控制系统示意图

的数学模型和调试新的控制程序等。由于最终需人工操作，故不适用于快速过程的控制。

1.2.2 直接数字控制系统

直接数字控制系统（Direct Digital Control，DDC）是计算机用于工业过程控制最普遍的一种方式，其结构如图 1-6 所示。计算机通过输入通道对一个或多个物理量进行巡回检测，并根据规定的控制规律进行运算，然后发出控制信号，通过输出通道直接控制调节阀等执行机构。

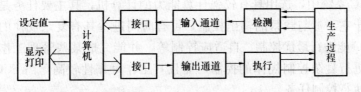

图 1-6 直接数字控制系统

在 DDC 系统中的计算机参加闭环控制过程，它不仅能完全取代模拟调节器，实现多回路的 PID（比例、积分、微分）调节，而且不需改变硬件，只需通过改变程序就能实现多种较复杂的控制规律，如串级控制、前馈控制、非线性控制、自适应控制、最优控制等。

1.2.3 监督计算机控制系统

在监督计算机控制系统(Supervisory Computer Control,SCC)中计算机根据工艺参数和过程参量检测值,按照所设计的控制算法进行计算,计算出最佳设定值直接传送给常规模拟调节器或者DDC计算机,最后由模拟调节器或DDC计算机控制生产过程。SCC系统有两种类型,一种是SCC+模拟调节器,另一种是SCC+DDC控制系统。监督计算机控制系统构成示意图如图1-7所示。

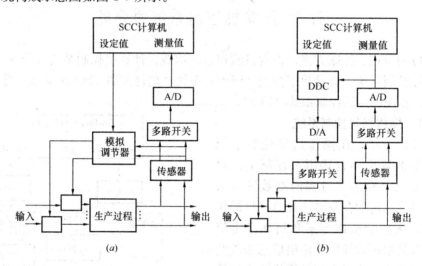

图1-7 监督计算机控制系统构成示意图
(a) SCC+模拟调节器系统;(b) SCC+DDC系统

1. SCC加上模拟调节器的控制系统

这种类型的系统中,计算机对各过程参量进行巡回检测,并按一定的数学模型对生产工况进行分析、计算后得出被控对象各参数的最优设定值送给调节器,使工况保持在最优状态。当SCC计算机发生故障时,可由模拟调节器独立执行控制任务。

2. SCC加上DDC的控制系统

这是一种二级控制系统,SCC可采用较高档的计算机,它与DDC之间通过接口进行信息交换。SCC计算机完成建筑智能化系统高一级的最优化分析和计算,然后给出最优设定值,送给DDC计算机执行控制。

通常在SCC系统中,选用具有较强计算能力的计算机,其主要任务是输入采样和计算设定值。由于它不参与频繁的输出控制,可有时间进行具有复杂规律的控制算式的计算。因此,SCC能进行最优控制、自适应控制等,并能完成某些管理工作。SCC系统的优点是不仅可进行复杂控制规律的控制,而且其工作可靠性较高,当SCC出现故障时,下级仍可继续执行控制任务。

1.2.4 集散控制系统

集散控制系统(Distributed Control System,DCS)采用分散控制、集中操作、分级管理、分而自治和综合协调的设计原则,一个完整的大型集散控制系统从上而下分为生产管理级、控制管理级和自动控制级等若干级,形成分级分布式控制。图1-8所示为常用的两级集散控制系统原理框图,图中的系统分为两级,即控制管理级(由监督计算机和操作站等组成）和自动控制级（由现场控制器组成，完成现场控制和数据采集功能），它是以一台主计算机和多台从计算机为基础的一种结构体系，所以也叫主从结构或树形结构，从机绝大部分时间都是并行工作的，只是必要时才与主机通信。

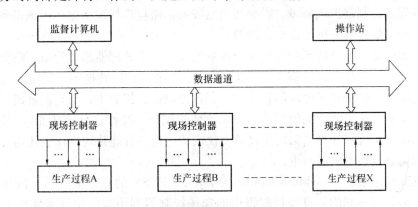

图 1-8　两级集散控制系统原理框图

由于计算机刚出现时造价昂贵，体积庞大，计算机控制系统结构一般都是用一台计算机控制大量的现场设备，此时的计算机控制系统被称为集中式控制系统。集中式控制系统是以计算机为基础加上扩展 I/O 接口构成的，中心控制是一台计算机，这里的计算机可以是单片机，也可以是个人计算机，或者是通用型工业控制机。

这种控制结构如同主从式计算机网络一样有着与生俱来的缺点，也就是集中式控制机制带来的缺点。这些缺点是：

（1）集中式计算机控制系统中的计算机若出现故障，会造成整个系统不能正常工作，系统可靠性较差，危险高度集中。

（2）现场设备到计算机之间传递的是模拟量信号，只有计算机端对数据进行数字化处理。太多太长的现场连线通过各类干扰环境到达现场，这些连线各自传递着不同性质的信号，有微弱电流、电压信号，也有大功率的脉冲、开关信号，加上环境干扰，使系统抗干扰的设计和实现都十分困难。

（3）由于控制系统结构所限，开发大范围的系统比较困难。

自 20 世纪 70 年代以来，随着计算机技术的快速发展，计算机开发成本不断降低，集成化程度也越来越高，体积越来越小，分散式计算机控制系统应运而生，该系统代替了原来的中小型计算机集中控制系统，它具有如下特点：

（1）可靠性高。集散控制系统能实现地理上和功能上的分散控制，使每台计算机的任务相应减少，功能更明确，组成也更简单，分散了危险性，因此能够提高可靠性。

（2）速度快。集散控制系统各级并行工作，很多采集和控制功能都分散到各个子环节中，仅在必要时才通过高速数据通道与监督计算机进行信息交换，因此减少了数据集中串行处理的时间，也减少了信息传递的次数，所以提高了系统运行速度。

（3）结构灵活，易于扩展。集散控制系统采用的是模块化结构，即把任务相同的部分做成一个模块，系统结构灵活，可大可小，便于操作、组装和调度，容易扩展。

（4）设计、开发、维护简便。由于系统采用模块式结构，且具有自诊断和错误检测系统，所以设计、开发及维护都很方便，并能实现高级复杂规律控制。

1.2.5 现场总线控制系统

集散控制系统在一定程度上实现了分散控制的要求,可以用多个基本控制器作为现场控制器分担整个系统的控制功能,分散了危险性,但是现场控制器本身仍然是小型集中式系统,一旦现场控制器出现故障,影响面仍然较大,而且现场控制器和现场设备之间仍然存在长距离模拟量传输,抗干扰能力较差。

随着大规模集成电路技术和微处理器技术的发展,微处理器芯片价格不断降低,而功能不断提高,一块芯片常常能够集成有 CPU、存储器、A/D 转换器、I/O 通信接口等功能,成为控制器。将这种微处理器芯片嵌入到各种设备、仪表中,与它们合成一体,一方面可以加强设备、仪表的功能处理能力(如就地的控制、操作、显示功能),另一方面可以通过通信接口实现与外界通信,使设备、仪表智能化。智能化现场仪表还需要与上层系统通信,现场总线技术应运而生。

现场总线控制系统(Fieldbus Control System,FCS)的总体结构与集散控制系统相同(见图 1-8),所不同的是自动控制级中的现场控制器利用智能化仪表实现了彻底的分散控制,同时克服了集散控制系统需要模拟量传输的缺点,使得系统的可靠性大大加强。图 1-9 所示为集散控制系统和现场总线控制系统的结构对比。集散控制系统的通信网络接至现场控制器(控制站),现场仪表仍然是一对一的模拟信号传输,而现场总线的现场设备采用智能化仪表(智能传感器、变送器或执行器等),现场总线的通信网络实现了这些智能现场仪表的互连,把通信线一直延伸到被控现场和设备。数字信号传输抗干扰能力强、精度高,无需采用过多的抗干扰措施,可有效减少系统成本。图 1-10 所示为典型现场总线控制系统结构。

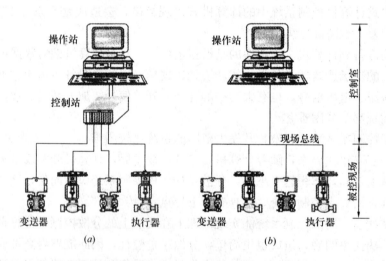

图 1-9 集散控制系统和现场总线控制系统结构对比
(a) DCS 结构;(b) FCS 结构

由图 1-9 和图 1-10 可以看出,FCS 废弃了 DCS 的现场控制器,把现场控制器的功能块分散给现场仪表(传感器、变送器、执行器),现场仪表内嵌入了智能控制单元,这些设备通过一对传输线互连。例如,现场总线控制系统中的流量变送器具有 A/D 转换、流量信号补偿和累加输入功能块;调节阀除了具有信号驱动和执行功能外,还内

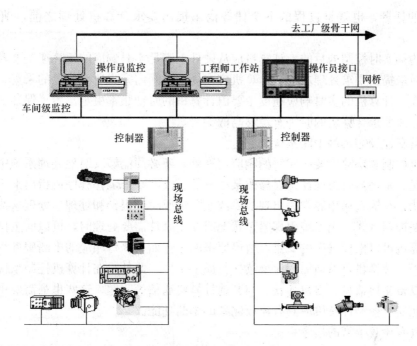

图 1-10 典型现场总线控制系统结构

含 D/A 转换功能块、输出特性补偿功能块、PID 控制和运算功能块，甚至有阀门特性自校验和自诊断功能。由于功能块分散在多台现场仪表中，并可以统一组态，用户可以灵活选用各种功能块，构成所需要的控制系统，实现彻底的分散控制，进一步提高了系统的可靠性。

1.3 对控制用计算机系统的一般要求

1.3.1 对计算机主机的要求

人们通常将进行数据处理和科学计算的计算机称为通用机，将控制用的计算机称为控制机。控制机的基本功能是及时收集外部信息，按一定算法实时处理并及时产生控制指令作用于被控对象，以期望得到所要求的性能，因此控制机与通用机所要求的高速、大容量、齐全的外设和丰富高效率的软件不同。实时及控制是控制机的主要特点。为了做到这一点，通常要求主机应具有如下功能：

（1）具有实时处理能力

计算机控制系统是实时运行的，要求严格遵循某一个时间顺序"及时"、"立即"来完成各种数据处理及控制指令的产生。例如，在生产过程的控制中常常需要记住某个事件的发生时刻，并按一定的时间表完成各种操作等。这样就要求在系统中有一个时间参数，通常这个时间参数由计算机中的实时时钟提供。

实时时钟把计算机的操作与外界的自然时间相匹配，建立起"时间"概念。计算机对信息的处理是分时串行的，全部收集到的信息不可能"立即"处理完毕，因此不可能做到完全"实时"。计算机控制系统所要求的实时性，主要是指在时间上能跟得上过程所提出的任务,也就是过程的下个任务尚未提出要求计算机处理之前,前面的任务必须完成。

为了达到实时控制的目的,计算机应从硬件上满足实时响应的运算速度要求,即在下一个任务尚未提出要求处理之前,计算机应在规定时间内完成所有信息的采集、处理及指令输出工作。计算机的实时响应速度主要由计算机的时钟频率决定。为了保证一定的实时响应速度,应要求计算机的时钟有足够高的频率。

(2) 具有比较完善的中断系统

计算机控制系统除了要有实时的响应速度外,还必须能够及时地处理系统中发生的各种紧急情况。系统运行时往往需要修改某些参数、改变某个工作程序或指出某个规定时间间隔的到达,在输入输出异常、出现故障或紧急情况时应报警和处理。处理这些问题一般都采用中断控制方式。当系统出现紧急状况或规定事件需要处理时,可以向主机发出中断请求。计算机可以根据预先的安排,暂停原来的工作而去执行相应的中断服务程序,待中断处理完毕,计算机再返回原程序继续执行原来工作。此外,在计算机控制系统中还有主机和外部设备交换信息、多机连接、与其他计算机通信等问题,这些也都需要用中断方式解决,因此实时控制计算机应具有比较完善的中断功能。

(3) 具有比较丰富的指令系统

计算机指令种类的多少及功能的强弱,将直接影响到编程的繁简,进而影响解决复杂问题的能力。一般来说,指令越丰富,寻址范围越广,方式越多,编写程序就越简便,解决问题的能力越强。

(4) 内存应有一定的容量

为了能及时地进行控制,常常要求将常用算法及数据存放在计算机内存中,因此应根据具体要求,估算计算机的内存容量。当内存容量不足以存放程序和数据时,应扩充内存。有时还应配备适当的外存储器,如磁盘等,它们可用于保存系统程序和应用程序,需要时再将程序调入计算机内存。

除了要求内存有一定容量外,还要求对内存有一定的保护功能。为了使控制稳定,不出事故,内存中的控制程序及数据在控制过程中不应被任何偶然的错误所改变和破坏,因此必须对内存的某些单元加以保护。

1.3.2 对软件系统的要求

系统软件是由计算机厂家提供的,有一定通用性。这部分软件越多,功能越强,对实时控制越有利。与此同时,在实现实时计算机控制系统的过程中,编制应用软件是一件非常重要的工作,一般应由从事计算机软件设计与控制系统设计的人员协作共同完成。对应用软件的一般要求是实时性强、精度高、可靠性好,具有在线修改的能力以及输入输出功能强等。

1.3.3 应具有方便的人—机交互功能

实时计算机控制系统必须便于人—机信息的相互交换。通常应备有现场操作人员使用的操作台,通过它了解生产过程的运行状况,向计算机输入必要的信息,必要时改变某些参数,发生紧急情况时进行人工干预。人—机联系用的操作台应使用方便,符合人们的操作习惯,其基本功能是:

(1) 有显示屏,可以及时、形象地显示操作人员所需的信息及生产过程参数状态。

(2) 有各种功能键，如报警、制表、打印、自动—手动切换等。

(3) 功能键应有明显标志，并且应具有即使操作错误也不致造成严重后果的防错避错特性。

(4) 有数据输入功能键，必要时可以改变控制系统参数等。

方便的人—机对话功能应按"人因工程"的原理进行设计，由较完善的人—机交互程序实现。上面提到的"人因工程"学科是以人为核心因素，运用心理学、生理学、解剖学、人体测量学等人体科学知识于工程技术设计和作业管理，特别是安全设计和安全管理，着眼于提高人的工作绩效，防止人的失误，在尽可能使系统中人员安全、舒适的条件下，统一考虑人—机器—环境系统总体性能的优化。

1.3.4 对系统可靠性及可维护性的要求

可靠性主要是指计算机系统的无故障运行能力，常用的指标是"平均无故障间隔时间"，一般要求该时间应不小于数千小时，甚至达到上万小时。

提高计算机系统硬件可靠性，除了采用可靠性高的元部件及先进的工艺及设计外，采用多机并行运行的冗余结构是一个重要措施。对系统可靠性起关键作用的元件"二重化"，使得即使坏了一个元件，系统仍可运行，只有两个元件坏了才能造成系统故障。这种"二重化"也可扩充到整个系统，甚至达到三重或四重系统。

除了计算机系统硬件可靠性外，软件可靠性也是十分重要的。好的软件可以减少出错的可能性，保证系统正常运行。为此，要求计算机控制系统软件具有较强的自诊断、自检测以及容错功能，即对运算过程中偶然出现的数据超界、运算溢出及未曾定义过的操作指令或其他事先不曾预料的运算错误能进行适当处理。软件的这种特性将会改善和提高计算机控制系统的实用性。

此外，为了保证整个系统的可靠工作，还应采取各种措施，提高系统的抗干扰能力。

为提高计算机控制系统的使用效率，除了可靠性外，还必须提高计算机系统的可维护性。可维护性是指进行维护工作时方便的程度。提高可维护性的措施是采用插件式硬件，采用自检测、自诊断程序，以便及时发现故障，判断故障部位并进行维修。

控制用计算机除了应满足上述一些要求外，还应注意计算机系统成本。在能满足系统性能要求的条件下，不应随意增加计算机系统的功能，以降低计算机系统的成本。

此外，输入输出通道的特性对计算机控制系统是极为重要的。关于这部分内容，将在第2章作专门论述。

目前计算机控制系统正朝着网络化、智能化的方向飞速发展。随着超大规模集成技术的发展，计算机技术还会有惊人的进步。计算机将具有更强的计算功能，在显示技术和通信方面还会有更重大的改进，性能价格比会显著提高。因此为计算机控制技术向高阶段智能化发展奠定了坚实的基础。

习 题 和 思 考 题

1-1 什么是计算机控制系统？它由哪几个部分组成？各部分的作用是什么？

1-2 什么叫做"联机"方式或"在线"方式？什么叫做"脱机"方式或"离线"方式？

1-3 简述计算机控制系统的工作过程。

1-4 "实时"的含义是什么？

1-5 如果按结构和应用场合分类，计算机控制系统大致可以分为几类？各有什么主要特点？
1-6 请比较计算机 DDC 系统和 SCC 系统的异同。
1-7 画出计算机控制系统的信号流程图，并说明各部分信号的特点。
1-8 简要说明集散控制系统和现场总线控制系统的区别。
1-9 计算机控制系统对计算机主机的要求有哪些？

第 2 章 计算机控制系统的硬件设计技术

在计算机控制系统中，完成信息传递和变换的装置称为过程输入输出通道。其主要功能：一是将模拟信号变换成数字信号；二是将数字信号变换成模拟信号；三是要解决输入信号与计算机之间的接口。此外，计算机控制系统往往安装在生产现场，检测信号中可能混入许多干扰信号，影响系统正常工作，因此过程输入输出通道必须采取必要的抗干扰措施。

2.1 数字量输入输出接口与过程通道

数字量过程通道需要处理的信息包括：开关量、脉冲量和数码。其中开关量是指一位的状态信号，如阀门的闭合与开启、电机的启与停、触点的接通与断开、指示灯的亮与灭等；脉冲量是指数字式传感器将被测物理量的值转换成的脉冲信号，如转速、位移、流量等数字传感器产生的数字脉冲信号；数码是指成组的二进制码，如用于设定系统参数的拨码开关等。它们的共同特征是幅值离散，可以用一位或多位二进制码表示。

2.1.1 数字量输入输出接口技术

1. 数字量输入接口

数字量输入接口包括信号缓冲电路和接口地址译码，如图 2-1 所示。图中开关输入信号 $S_0 \sim S_7$ 接到三态门缓冲器 74LS244 接入端，当 CPU 执行输入指令 IN 时，接口地址译码电路产生片选信号 $\overline{CS}$，将 $S_0 \sim S_7$ 的状态信号送到数据线 $D_0 \sim D_7$ 上，然后再送到 CPU 中，装入 AL 寄存器，设片选端口地址为 port，可用如下指令来完成取数：

MOV　　　　DX,　　　　　port
IN　　　　　AL,　　　　　DX

三态门缓冲器 74LS244 用来隔离输入和输出线路，在两者之间起缓冲作用，其 8 个通道可输入 8 个开关状态。

2. 数字量输出接口

数字量输出接口包括输出锁存器和接口地址译码，如图 2-2 所示。数据线 $D_0 \sim D_7$ 接

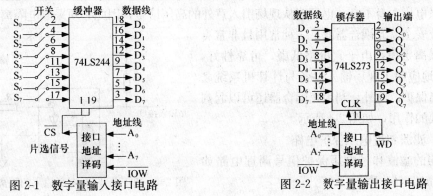

图 2-1　数字量输入接口电路　　　　图 2-2　数字量输出接口电路

到输出锁存器 74LS273 输入端,当 CPU 执行输出指令 OUT 时,接口地址译码电路产生写数据信号 $\overline{WD}$,将 $D_0 \sim D_7$ 状态信号送到锁存器的输出端 $Q_0 \sim Q_7$ 上,再经输出驱动电路送到开关器件。设片选端口地址为 port,可用如下指令来完成数据输出控制:

```
MOV      AL,     DATA
MOV      DX,     port
OUT      DX,     AL
```

74LS273 有 8 个通道,可输出 8 个开关状态,并可驱动 8 个输出装置。

2.1.2 数字量输入通道

数字量输入通道的基本功能就是接收外部装置或生产过程的状态信号。这些状态信号的形式可能是电压、电流、开关的触点,因此容易引起瞬时高压、过电压、接触抖动等现象。为了将外部开关量信号输入到计算机,必须将现场输入的状态信号经转换、保护、滤波、隔离等措施转换成计算机能够接收的逻辑信号,完成这些功能的电路称为信号调理电路。

1. 数字量输入通道的结构

数字量输入通道是把被控对象的数字信号传送给计算机的通道,简称 DI (Digital Input) 通道。数字量输入通道一般由输入缓冲器、输入信号调理电路和输入接口地址译码电路组成,如图 2-3 所示。

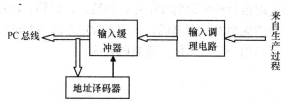

图 2-3 数字量输入通道结构

2. 输入调理电路

来自现场的数字信号通常是电流或电压信号,容易引入各种干扰,如过电压、瞬态尖峰电压、反极性输入等,因此外部信号须经过电平转换、滤波、隔离和过电压保护等处理后,才能送至计算机,这些功能措施称为信号调理技术。信号调理的一般方法有:(1) 用电阻分压法把电流信号转换为电压信号;(2) 用齐纳二极管或压敏电阻把瞬态尖峰箝位在安全电平上;(3) 串联一个二极管来防止反电压输入;(4) 用限流电阻和齐纳二极管构成的稳压电路作过电压保护;(5) 用光电耦合器实现计算机与外部的完全隔离;(6) 用 RC 滤波器抑制干扰。

(1) 隔离处理

在工业现场获取的开关量或数字量的信号电平往往高于计算机系统的逻辑电平,即使输入数字量电压本身不高,也可能从现场引入意外的高压信号,因此必须采取电隔离措施,以保障系统安全。光耦合器就是一种常用且非常有效的电隔离手段,由于它价格低廉,可靠性好,被广泛地应用于现场输入设备与计算机系统之间的隔离保护。此外,利用光耦合器还可以起到电平转换的作用,如图 2-4 所示。

(2) 滤波和过电压保护电路

常用的滤波和过电压保护信号调理电路如图 2-5 (a)、(b) 所示。

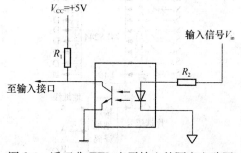

图 2-4 适于非 TTL 电平输入的隔离电路图

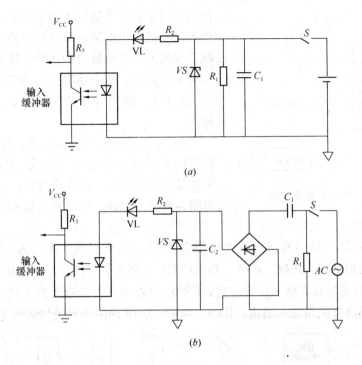

图 2-5 输入信号调理电路
(a) 直流输入电路；(b) 交流输入电路

交流输入电路比直流输入电路多一个降压电容和整流电桥，把高压交流变换为低压直流。开关 S 的状态经转换、滤波、保护、隔离等措施处理后送到输入缓冲器，CPU 通过执行输入指令便可读取开关 S 的状态。当开关闭合时，光耦中的发光二极管亮、光敏晶体管导通，对应"0"状态输入；反之，当开关断开时，光耦中的发光二极管灭、光敏晶体管截止，对应"1"状态输入。

2.1.3 数字量输出通道

1. 数字量输出通道的结构

数字量输出通道的任务是把计算机输出的信号传送给开关器件，如继电器、电磁阀或指示灯等，控制它们的通或断，亮或灭，简称 DO（Digital Output）通道。数字量输出通道一般由输出锁存器、输出口地址译码电路和输出驱动电路构成，如图 2-6 所示。

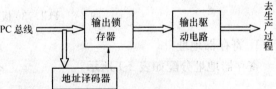

图 2-6 数字量输出通道结构

2. 输出信号驱动电路

要把计算机输出的微弱数字信号转换成能对生产过程进行控制的驱动信号，在输出通道中需要输出驱动电路，根据开关器件的功率不同，可有多种数字量驱动电路的构成方式，有大、中、小功率晶体管、可控晶闸管、固态继电器等。

驱动电路取决于开关器件，例如一般继电器采用晶体管驱动电路，如图 2-7 所示，其中因继电器的线圈呈感性负载，输出必须加装克服反电动势的续流二极管，防止反向击穿晶体管。数字信号 D_0 存入锁存器，再经光耦合驱动继电器。继电器经常用于计算机过程

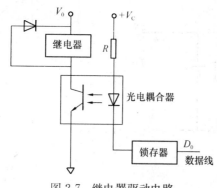

图 2-7 继电器驱动电路

控制系统中的开关量输出功率放大,即利用继电器作为计算机输出的第一级执行机构,通过继电器的触点控制大功率接触器的通断,从而完成从直流低压到交流高压、从小功率到大功率的转换。

2.1.4 数字(开关)量输入/输出通道模板举例

某 32 通道隔离型 I/O 板卡,提供 16 路开关量隔离输入通道和 16 路开关量隔离输出通道。组成框图如图 2-8 所示,由总线接口、地址译码及控制电路、光隔离电路、输出锁存器和输入缓冲器及连接器等部分组成。

图 2-8 中的 $D_7 \sim D_0$(对应 ISA 总线的 $D_7 \sim D_0$)为数据线、$A_9 \sim A_0$(对应 ISA 总线的 $A_9 \sim A_0$)为地址线、$\overline{IOR}$、$\overline{IOW}$、和 RESET 分别为 I/O 读、I/O 写和复位信号,$\overline{CS1}$ 用来选通隔离开关量输入低 8 位寄存器,$\overline{CS2}$ 选通隔离开关量输入高 8 位寄存器,$IDI_0 \sim IDI_{15}$ 为 16 路隔离开关量输入通道,$IDO_0 \sim IDO_{15}$ 为 16 路隔离开关量输出通道。

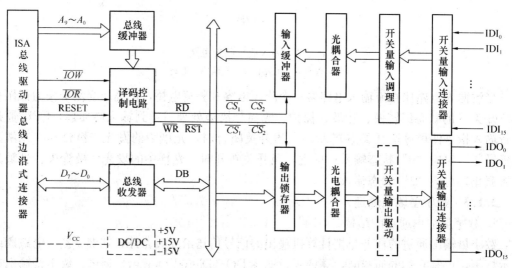

图 2-8 PCL-730 板卡组成框图

1. 寄存器地址

寄存器地址分配如表 2-1 所示。

表 2-1 PCL-730 寄存器地址分配

地址	W/R	寄存器名称	地址	W/R	寄存器名称
基地址+00	R	隔离开关量输入低 8 位	基地址+00	W	隔离开关量输出低 8 位
基地址+01	R	隔离开关量输入高 8 位	基地址+01	W	隔离开关量输出高 8 位

2. 程序设计举例

基地址设为 220H。该板卡的开关量输入/输出都只需要两条指令就可以完成。下面的程序段实现了隔离开关量输出的奇数通道输出低电平并读入 16 路隔离开关量输入通道的输入电平的功能。

C 语言程序如下：

```
outputb（0x220，0x55）      //隔离开关量输出的奇数通道输出低电平
outputb（0x221，0x55）
x=inportb（0x220）          //读入隔离开关量输入通道 0～7 输入电平
y=inportb（0x221）          //读入隔离开关量输入通道 8～15 输入电平
```

汇编语言程序如下：

```
MOV    DX,    220H；   隔离开关量输出的奇数通道输出低电平
MOV    AL,    55H
OUT    DX,    AL
MOV    DX,    221H
OUT    DX,    AL
MOV    DX,    220H    读入隔离开关量输入通道 0～7 输入电平
IN     AL,    DX
MOV    AH,    AL
MOV    DX,    221H    读入隔离开关量输入通道 8～15 输入电平
IN     AL,    DX；    读入 16 路隔离开关量输入通道的输入电平存在 AX 中
```

2.2 模拟量输入接口与过程通道

在计算机控制系统中，模拟量输入通道的任务是把从系统中检测到的模拟信号变成二进制数字信号，经接口送往计算机。传感器是将生产过程工艺参数转换为电参数的装置，大多数传感器的输出是直流电压（或电流）信号，也有一些传感器把电阻值、电容值或电感值的变化作为输出量。为了避免低电平模拟信号带来的麻烦，经常要将测量元件的输出信号经变送器变送，如温度变送器、压力变送器、流量变送器等将温度、压力、流量的电信号变成 0～10mA 或 4～20mA 的统一信号，然后经过模拟量输入通道来处理。

2.2.1 模拟量输入通道的组成

模拟量输入通道一般由信号处理、多路转换器、采样保持器、模/数转换器、接口及控制逻辑组成，任务是将被控对象的模拟量输入信号（如：温度、压力、流量、料位和成分等）进行变换、采样、放大、模/数转换，变成计算机可接收的数字信号。如图 2-9 所示。

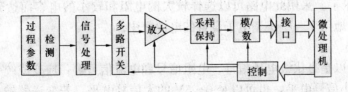

图 2-9 模拟输入通道

2.2.2 信号调理和 I/V 变换

信号调理电路主要通过非电量的转换、信号的变换、放大、滤波、线性化、共模抑制

及隔离等方法,将非电量和非标准信号转换成标准的电信号。信号调理电路是传感器和 A/D 之间及 D/A 之间和执行机构的桥梁,为了保证 A/D 转换的精度,模拟信号在输入 A/D 转换器之前,要进行适当的处理。

1. 信号滤波

由于工业过程参数变化的时间常数一般很大,实际生产现场干扰因素较多,模拟信号中常混有干扰信号,需要通过滤波使输入信号中的最高频率低于采样频率的一半。滤波的方法有软件方式和硬件方式两种,硬件滤波常用 RC 滤波和有源滤波电路实现。

(1) RC 滤波

如图 2-10 所示的 $RC\text{-}\pi$ 型滤波电路,实质上是在电容滤波的基础上再加一级 RC 滤波电路组成的。若用 S 表示 C_1 两端电压的脉动系数,则输出电压两端的脉动系数 $S=1/\omega C_2 R$。由分析可知,电阻 R 的作用是将残余的纹波电压降落在电阻两端,最后由 C_2 再旁路掉。在 ω 值一定的情况下,R 愈大,C_2 愈大,则脉动系数愈小,也就是滤波效果越好。而 R 值增大时,电阻上的直流压降会增大,这样就增大了直流电源的内部损耗;若增大 C_2 的电容量,又会增大电容器的体积和重量,实现起来也不现实。这种电路一般用于负载电流比较小的场合。

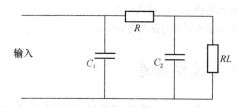

图 2-10 $C\text{-}R\text{-}C$ 或 $RC\text{-}\pi$ 型滤波

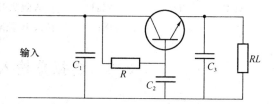

图 2-11 有源滤波

(2) 有源滤波

电路如图 2-11 所示,由 C_1、R、C_2 组成的 π 型 RC 滤波电路与有源器件晶体管 T 组成的射极输出器连接而成的电路。流过 R 的电流 $I_R = I_E/(1+\beta) = I_{RL}/(1+\beta)$。流过电阻 R 的电流仅为负载电流的 $1/(1+\beta)$。所以可以采用较大的 R,与 C_2 配合以获得较好的滤波效果,以使 C_2 两端的电压的脉动成分减小,输出电压和 C_2 两端的电压基本相等,因此输出电压的脉动成分也得到了削减。从 RL 负载电阻两端看,基极回路的滤波元件 R、C_2 折合到射极回路,相当于 R 减小了 $(1+\beta)$ 倍,而 C_2 增大了 $(1+\beta)$ 倍。这样所需的电容 C_2 只是一般 $RC\pi$ 型滤波器所需电容的 $1/\beta$,比如晶体管的直流放大系数 $\beta=50$,如果用一般 $RC\text{-}\pi$ 型滤波器所需电容容量为 $1000\mu F$,如采用电子滤波器,那么电容只需要 $20\mu F$ 就满足要求了。采用此电路可以选择较大的电阻和较小的电容而达到同样的滤波效果,因此被广泛地用于一些小型电子设备的电源之中。

2. I/V 变换

输入信号可以是毫伏级电压信号、电阻信号和电流信号等,应变成统一的电平,可以是 0~50mV 的小信号电平,也可以是 0~5V 的大信号电平。若变送器输出的信号为 0~10mA 或 4~20mA 的信号,则需要经过 I/V 变换变成电压信号后才能处理。对于电动单元组合仪表,DDZ-II 型的输出信号标准为 0~10mA,而 DDZ-III 型和 DDZ-S 系列的输出信号标准为 4~20mA,因此,针对以上情况来讨论 I/V 变换的实现方法。

(1) 无源 I/V 变换

图 2-12 所示的无源 I/V 变换电路主要是利用无源器件电阻来实现，在实际应用中需要加滤波和输出限幅等保护措施。

对于 0～10mA 输入信号，可取 $R_1=100\Omega$，$R_2=500\Omega$，且 R_2 为精密电阻，这样当输入的电流为 0～10mA 电流时，输出的电压为 0～5V；对于 4～20mA 输入信号，可取 $R_1=100\Omega$ 及 $R_2=250\Omega$，且 R_2 为精密电阻，这样当输入的电流为 4～20mA 时，输出的电压为 1～5V。

(2) 有源 I/V 变换

有源 I/V 变换主要是利用有源器件运算放大器、电阻组成，如图 2-13 所示。利用同相放大电路，把电阻 R_1 上产生的输入电压变成标准的输出电压。该放大电路的放大倍数为

$$A = 1 + \frac{R_4}{R_3} \tag{2-1}$$

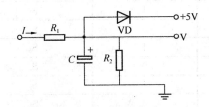
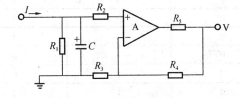

图 2-12 无源 I/V 变换电路图　　　图 2-13 有源 I/V 变换电路图

R_1 为精密电阻，阻值为 200Ω，通过取样电阻 R_1，将电流信号转换为电压信号。若取 $R_3=100\mathrm{k}\Omega$ 及 $R_4=150\mathrm{k}\Omega$，$R_1=200\Omega$，则 0～10mA 输入对应于 0～5V 的电压输出。若取 $R_3=100\mathrm{k}\Omega$ 及 $R_4=25\mathrm{k}\Omega$，$R_1=200\Omega$，则 4～20mA 输入对应于 1～5V 的电压输出。

2.2.3 多路转换器

多路转换器又称多路开关，多路开关是用来切换模拟电压信号的关键器件。在计算机控制中，往往是几路或十几路被测信号共用一只 A/D 转换器，因此常用模拟多路开关轮流切换各被测信号，采用分时 A/D 转换方式。为了提高过程参数的测量精度，对多路开关提出了较高的要求。理想的多路开关的开路电阻为无穷大，接通时的导通电阻为零。此外，还希望切换速度快、噪声小、寿命长、工作可靠。

常用的多路模拟开关有 CD4051、AD7501、LF13508 等。CD4051 的原理如图 2-14 所示。它有单端 8 通道开关，3 根二进制的控制输入端和一根禁止输入端 $\overline{\mathrm{INH}}$（高电平禁止）。片上有二进制译码器，可由 A、B、C 3 个二进制信号在 8 个通道中选择一个，使输入和输出接通，而当 $\overline{\mathrm{INH}}$ 为高电平时，不论 A、B、C 为何值，8 个通道均不导通。

CD4051 有较宽的数字和模拟信号电平，数字信号为 3～15V，模拟信号峰-峰值 $15\mathrm{V_{p-p}}$；当 $V_{DD}-V_{EE}=15\mathrm{V}$，输入幅值为 $15\mathrm{V_{p-p}}$ 时，其导通电阻为 80Ω；当 $V_{DD}-V_{EE}=10\mathrm{V}$ 时，其断开时的漏电流为 ±10pA，静态功耗为 1μW。

CD4051 的引脚如图 2-15 所示。它由三根地址线 A、B、C 及控制线 $\overline{\mathrm{INH}}$ 的状态来选择 8 个通路 S_0～S_7 之一，其真值表如表 2-2 所示。

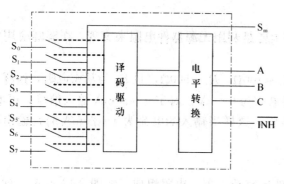

图 2-14 CD4051 原理图

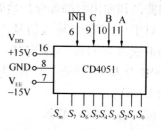

图 2-15 CD4051 引脚

CD4051 真值表　　　　　　　　　　　表 2-2

$\overline{INH}$	C	B	A	所选通道
0	0	0	0	S_0
0	0	0	1	S_1
0	0	1	0	S_2
0	0	1	1	S_3
0	1	0	0	S_4
0	1	0	1	S_5
0	1	1	0	S_6
0	1	1	1	S_7
1	×	×	×	无

2.2.4 前置放大器

前置放大器的任务是将模拟输入小信号放大到 A/D 转换的量程范围之内（如 DC0～5V）。它可分为固定增益和可变增益两种，前者适用于信号范围固定的传感器，后者适用于信号范围不固定的传感器。为了适应多种小信号的放大需求，一般选用可变增益放大器，如图 2-16 所示。

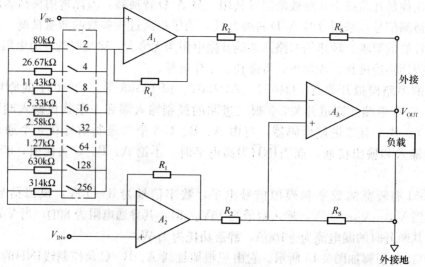

图 2-16 可变增益放大器

测量放大器的差动输入端 V_{IN+} 和 V_{IN-} 分别是两个运放 A_1 和 A_2 的同相输入端,因此输入阻抗高,由于被测信号直接加到输入端,因而有着极强的抗共模干扰能力。测量放大器的增益 G 为

$$G = \frac{V_{OUT}}{V_{IN+} - V_{IN-}} = \frac{R_S}{R_2}\left(1 + \frac{2R_1}{R_i}\right) \tag{2-2}$$

式中,R_i 为电阻网络中的电阻,通过电组开关自上而下依次通断就可以改变放大器的增益,其增益分别为 2、4、8、16、32、64、128、256 倍。

2.2.5 信号的采样、量化和采样定理

1. 信号的采样

采样过程如图 2-17 所示,按照一定的时间间隔 T,把时间上连续和幅值上也连续的模拟信号,转变成在时刻 0、T、$2T$、$\cdots kT$ 的一连串脉冲输出信号的过程称为采样过程。执行采样动作的开关 S 称为采样开关或采样器。τ 称为采样宽度,代表采样开关闭合的时间。采样后的序列脉冲 $y^*(t)$ 称为采样信号,采样器的输入信号 $y(t)$ 称为原信号,采样开关每次通断的时间间隔 T 称为采样周期。采样信号 $y(t)$ 在时间上是离散的,但在幅值上仍是连续的,所以采样信号是一个离散的模拟信号。

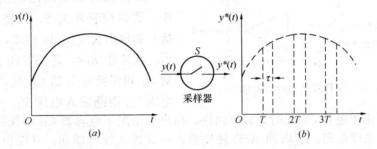

图 2-17 信号的采样过程
(a) 采样器输入信号;(b) 采样后的序列脉冲

2. 采样定理

从信号的采样过程可以看出,连续信号 $f(t)$ 经过采样信号 $y^*(t)$ 只能给出采样点上的数值,不知道各采样时刻之间的数值,因此从时域上看采样过程损失了 $f(t)$ 所含的信息。怎样才能使采样信号 $y^*(t)$ 大体上正确反映连续信号 $f(t)$ 的变化规律呢?

香农(Shannon)采样定理指出:如果模拟信号包括噪声干扰在内频谱的最高频率为 f_{max},只要按照采样频率 $f \geq 2f_{max}$ 进行采样,那么采样信号 $y^*(t)$ 就能无失真复现原来的连续信号 $f(t)$。采样定理给出了 $y^*(t)$ 无失真的复现原来的连续信号 $f(t)$ 所必需的最低采样频率。实际应用中,通常取 $f \geq (5 \sim 10)f_{max}$ 甚至更高。

3. 量化

所谓的量化,就是采用一组数码(如二进制码)来逼近离散模拟信号的幅值,将其转换为数字信号。将采样信号转换为数字信号的过程称为量化过程,执行量化动作的装置是 A/D 转换器。字长为 n 的 A/D 转换器把 $y_{min} \sim y_{max}$ 范围内变化的采样信号,变换为数字 $0 \sim 2^n - 1$,其最低有效位(LSB)对应的模拟量 Q 称为量化单位,Q 与采样信号和 n 的关系如式(2-3)所示。

$$Q = \frac{y_{\max} - y_{\min}}{2^n - 1} \tag{2-3}$$

量化实际上是一个用 Q 去度量采样值幅值高低的小数归整过程,如同用单位长度(毫米或其他)去度量人的身高一样。由于量化过程是一个小数归整过程,因而存在量化误差,量化误差为 $(\pm 1/2)Q$。例如,$Q=20\text{mV}$ 时,量化误差为 $\pm 10\text{mV}$,$0.99\sim 1.009\text{V}$ 范围内的采样值,其量化结果是相同的,都是数字 50。

在 A/D 转换器的字长 n 足够长时,量化误差足够小,可认为数字信号近似于采样信号。在这种假设下,数字系统就可以采用采样定理系统理论进行分析、设计。

2.2.6 采样/保持器

A/D 转换器需要一定的时间才能完成一次 A/D 转换,因此在进行 A/D 转换时间内,希望输入信号不再变化,以免造成转换误差。这样,就需要在 A/D 转换器之前加入采样保持器 S/H(Sample Hold)。如果输入信号变化很慢,如温度信号;或者 A/D 转换时间较快,使得在 A/D 转换期间输入信号变化很小,在允许的 A/D 转换精度内,不必再选用采样保持器。

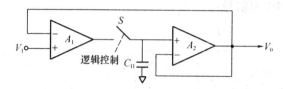

图 2-18 采样保持器原理框图

采样保持器集成电路由输入放大器 A_1、逻辑控制开关 S、保持电容 C_H(外接)和输出放大器 A_2 构成,如图 2-18 所示。在采样期间,开关 S 闭合,输入放大器 A_1 和保持电容器 C_H 快速充电,输出电压 V_O 跟随输入电压 V_I。在保持期间,开关 S 断开,由于电容 C_H 此时无放电回路,在理想情况下电容器 C_H 将保持充电时的最终值电压。在采样期间,不启动 A/D 转换器,一旦进入保持期间,立即启动 A/D 转换器,从而保证 A/D 转换的模拟输入电压恒定,提高了 A/D 转换的精度。

常用的采样保持器集成电路芯片有 AD582、LF398 等。其采用 TTL 逻辑电平控制采样和保持,如 AD582 的采样电平为"0",保持电平为"1",而 LF398 则反之,采样电平为"1",保持电平为"0"。如图 2-19 所示。

保持电容 C_H 通常是外接的,其取值与采样频率和精度有关,常选 510~1000pF。减

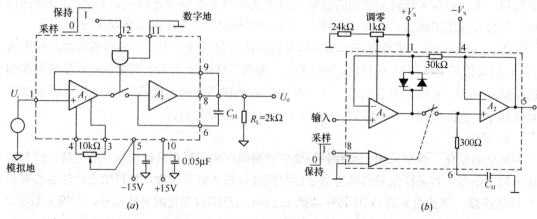

图 2-19 集成采样保持器的原理结构
(a) AD582;(b) LF398

小 C_H 可提高采样频率，但会降低精度。

选择采样保持器的主要因素有获取时间、电压下降率等。LF398 的 C_H 取为 $0.01\mu F$ 时，信号达到 0.01% 精度所需要获取的时间（采样时间）为 $25\mu s$，保持器输出电压下降约为 $300\mu s$。当被测信号变化缓慢时，若 A/D 转换器转换时间足够短，可以不加采样保持器。

在 A/D 通道中，采样保持器的采样或保持电平应与后级的 A/D 转换器相配合，该电平既可以由其他控制电路产生，也可由 A/D 转换器直接提供。

2.2.7 A/D 转换器及其接口技术

要正确地使用 A/D 转换器必须了解它的工作原理、性能指标和引脚功能。

1. A/D 转换器工作原理

常用的 A/D 转换原理分为计数比较型、逐位逼近型和双积分型。计数比较型转换速度慢，较少采用；最广泛使用的是逐位逼近型，其转换速度快，精度也较高，适用于工业生产过程的控制；双积分型转换速度较慢，但精度高，抗干扰能力强，适用于实验室标准测试。

下面介绍计算机控制系统中常用的逐位逼近式 A/D 转换器的工作原理。一个 n 位逐位逼近式 A/D 转换器是由 n 位寄存器、n 位 D/A 转换器、运算比较器、控制逻辑电路、输出锁存器等 5 部分组成。现以 4 位 A/D 转换器将模拟量 9 转换为二进制数 1001 为例，说明逐位逼近式 A/D 转换器的工作原理。

如图 2-20 所示，当启动信号作用后，时钟信号在控制逻辑作用下，首先使寄存器的最高位 $D_3=1$，其余为 0，此数字量 1000 经 D/A 转换器转换成模拟电压即 $V_O=8$，送到比较器输入端与被转换的模拟量 $V_{IN}=9$ 进行比较，控制逻辑根据比较器的输出进行判断。因 $V_{IN} \geqslant V_O$，则保留 $D_3=1$；再对下一位 D_2 进行比较，同样先使 $D_2=1$，与上一位 D_3 位一起即 1100 进入 D/A 转换器，转换为 $V_O=12$ 再进入比较器，与 $V_{IN}=9$ 比较，因 $V_{IN} < V_O$，则使 $D_2=0$；再下一位 D_1 位也是如此，$D_1=1$ 即 1010，经 D/A 转换为 $V_O=10$，再与 $V_{IN}=9$ 比较，因 $V_{IN} < V_O$，则使 $D_1=0$；最后一位 $D_0=1$ 即 1001 经 D/A 转换为 $V_O=9$，再与 $V_{IN}=9$ 比较，因 $V_{IN}=V_O$，保留 $D_0=1$。比较完毕，寄存器中的数字量 1001 即为模拟量 9 的转换结果，保存在输出锁存器中等待输出。

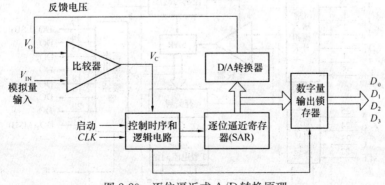

图 2-20 逐位逼近式 A/D 转换原理

根据逐位逼近式 A/D 转换器的原理，n 位逐位逼近式 A/D 转换器输出的二进制数字量 B 与模拟输入电压 V_{IN}、基准电压源提供的正基准电压 V_{REF+} 和负基准电压 V_{REF-} 的关

系为

$$B = \frac{V_{IN} - V_{REF-}}{V_{REF+} - V_{REF-}} \times 2^n \tag{2-4}$$

设 A/D 转换器为 8 位。$V_{REF+}=5V$，$V_{REF-}=0V$，那么 V_{IN} 为 0V、2.5V、5V 对应的二进制数字量 B 分别为 00H、80H、FFH。

2. A/D 转换器的性能指标

（1）分辨率　通常用数字输出最低有效位 LSB（Least Significant Bit）所对应的模拟量输入电压值表示。通常把小于 8 位的称为低分辨率，10～12 位称为中分辨率，14～16 位称为高分辨率。

（2）转换时间　从发出转换命令信号到转换结束信号之间的有效时间间隔，即完成 n 位转换需要的时间。转换时间的倒数即每秒能完成的次数，称为转换速率。

（3）转换精度　绝对精度是指满量程输出情况下模拟量输入电压的实际值与理想值之间的差值；相对精度是指在满量程已校准的情况下，整个转换范围内任一数字量输出所对应的模拟输入电压的实际值与理想值之间的最大差值。转换精度用 LSB 的分数值表示，如：±1/2LSB、±1/4LSB 等。

（4）线性度　理想的 A/D 转换器的输入输出特性曲线应该是线性的，满量程范围内转换的实际特性与理想特性的最大偏移称为非线性度，用 LSB 的分数值表示，如：±1/2LSB、±1/4LSB 等。

（5）转换量程　所能转换的模拟量输入电压范围。

3. A/D 转换器芯片

A/D 转换器的品种很多，有低分辨率、中分辨率和高分辨率，也有并行转换和串行转换。一般只要掌握芯片的外特性和引脚功能便可使用。下面重点介绍 A/D 转换器芯片及其与 CPU 的接口。

（1）ADC0809　ADC0809 为并行 8 位 A/D 转换器芯片，它采用逐位逼近式原理，其结构和引脚如图 2-21 所示。在 A/D 转换器基本原理的基础上，增加了 8 路输入模拟开关

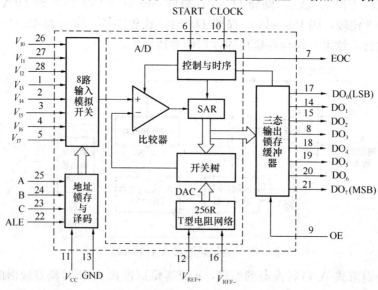

图 2-21　ADC0809 原理框图及引脚

和开关选择电路。一般 A/D 转换器无此电路,必须外接。其各引脚功能如下:

$V_{I0} \sim V_{I7}$ (Analog Inputs):8 路 0~5VDC 模拟量输入端。

A、B、C(3—Bit Address):3 位地址线输入端,地址译码与对应输入端关系如表 2-3 所示。

ADC0809 输入真值表　　　　　　　　　表 2-3

地址线			选择输入
C	B	A	
0	0	0	V_{I0}
0	0	1	V_{I1}
0	1	0	V_{I2}
0	1	1	V_{I3}
1	0	0	V_{I4}
1	0	1	V_{I5}
1	1	0	V_{I6}
1	1	1	V_{I7}

ALE:允许地址锁存信号(输入,高电平有效),要求信号宽度为 100~200ns,上升沿锁存 3 位地址 A、B、C。

CLOCK:时钟脉冲输入端,标准频率 640kHz。

START:启动信号(输入,高电平有效),要求信号宽度为 100~200ns,上升沿进行内部清零,下降沿开始 A/D 转换。

EOC(End of Conversion):转换结束信号(输出,高电平有效),在 A/D 转换期间,EOC 为低电平,一旦转换结束就变为高电平。EOC 可用作 CPU 查询 A/D 转换是否结束的信号,或向 CPU 申请中断信号。

$DO_0 \sim DO_7$(Data Output):8 位数据转换输出端,三态输出锁存(逻辑 0 和 1,高阻态),可与 CPU 数据线直接相连。

OE(Output Enable):允许输出信号(输入,高电平有效)。在 A/D 转换期间,$DO_0 \sim DO_7$ 呈高阻态,一旦转换完毕,如果 OE 为高电平,则输出 $DO_0 \sim DO_7$ 状态。

V_{REF+}、V_{REF-}:基准电源正、负端,标准 DC+5V。

V_{cc}:工作电压源端,DC+5V。

GND:电源地端。

(2) AD574A　AD574A 为并行 12 位 A/D 转换器芯片,它采用逐位逼近式原理,内部有时钟脉冲源和基准电压源,单路单极性或双极性电压输入,结构和引脚如图 2-22 所示。

$10V_I$、$20V_I$、BIP OFF:输入模拟信号为 0~DC10V 时,使用 $10V_I$ 端;输入模拟信号为 0~DC20V 时,使用 $20V_I$ 端;输入模拟信号为双极性 DC-5V~+5V 或 DC-10V~+10V 时,使用 BIP OFF,它还可以调节零点。

V_{CC}:工作电源正端,DC+12V 或 DC+15V。

V_{EE}:工作电源负端,DC-12V 或 DC-15V。

V_{LOGIC}:逻辑电源正端,DC+5V,数字量输出及控制信号的逻辑电平与 TTL 兼容。

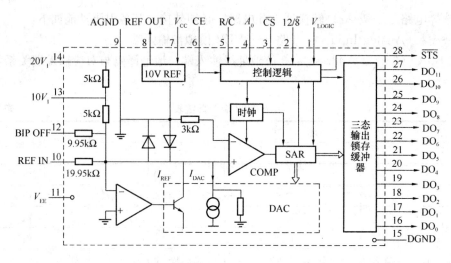

图 2-22 AD574A 的内部结构与引脚

DGND，AGND：数字地、模拟地。

REF OUT：基准电压源输出端。

REF IN：基准电压源输入端，若将 REF OUT 通过电阻接至 REF IN，可用来调节量程。

$\overline{STS}$：转换结束信号，输出低电平有效，表示已经转换完毕，高电平表示正在转换。

$DO_0 \sim DO_{11}$：12 位数据输出线，三态输出锁存，可与 CPU 数据线直接相连。

CE：便能信号，输入，高电平有效。

$\overline{CS}$：片选信号，输入，低电平有效。

$R/\overline{C}$：读转换信号，输入。高电平读 A/D 转换数据，低电平启动 A/D 转换。

$12/\overline{8}$：数据输出方式选择信号，输入为高电平时输出 12 位数据，低电平时与 A_0 信号配合输出高 8 位或低 4 位数据，其不能用 TTL 电平控制。

A_0：字节信号，输入。在转换状态，为低电平时 AD574A 产生 12 位转换，为高电平时 AD574A 产生 8 位转换。在输出状态，$12/\overline{8}$ 为低电平时，当 A_0 为低电平时，输出高 8 位数，当 A_0 为高电平时，输出低 4 位数据。

CE、$\overline{CS}$、$R/\overline{C}$、$12/\overline{8}$、A_0 各控制信号的组合作用如表 2-4 所示。

AD574A 各控制信号的组合功能　　　　　　　　　　　　　　　　表 2-4

	CE	$\overline{CS}$	$R/\overline{C}$	$12/\overline{8}$	A_0	功　能
转换	1	0	0	×	0	启动 12 位转换
	1	0	0	×	1	启动 8 位转换
输出	1	0	1	+5V	×	输出 12 位数字
	1	0	1	地	0	输出高 8 位数字
	1	0	1	地	1	输出低 4 位数字
无效	×	1	×	×	×	无效
	0	×	×	×	×	无效

(3) MAX186（188） MAX186（188）是 12 位串行 A/D 转换芯片，该芯片是由美国 MAXIM 公司生产的，它内含 8 通道多路切换开关、高带宽跟踪/保持器、12 位逐位逼近式 A/D 转换器、串行接口电路等，具有变换速率高（最高可达 133kbit/s）、低功耗等特点。它自带 4.096V 参考基准源，本身即为一完整的单片 12 位数据采集系统，具有 4 线串行接口可直接与其他器件相连。MAX186（188）提供了 $\overline{SHDN}$ 管脚和软件可选关断模式，使它能通过在两次转换之间处于关断模式而使功耗达到最低。其模拟输入可由软件设置为单/双极性、单端/差分工作方式。处于单端方式时，模拟输入端 IN_+ 在内部接到 CH0～CH7，而 IN_- 转接到 AGND；处于差分方式时，在 CH0/CH1、CH2/CH3、CH4/CH5、CH6/CH7

图 2-23 MAX186（188）芯片管脚图

这些对中选择 IN_+ 和 IN_-。图 2-23 为 MAX186（188）的全部 20 个管脚图。

CH0～CH7：数据采集用的模拟输入通道。

$\overline{SHDN}$：三电平的关断输入。把 $\overline{SHDN}$ 拉至低电平可关闭 MAX186，使电源电流降至 $10\mu A$；否则 MAX186 处于全负荷工作状态。把 $\overline{SHDN}$ 拉至高电平使基准缓冲放大器处于内部补偿方式。悬空 $\overline{SHDN}$ 使基准缓冲放大器处于外部补偿方式。

VREF：用于 A/D 转换的基准电压，同时也是基准缓冲放大器的输出（MAX186 为 4.096V）。使用外部补偿方式时，在此端与地之间加一个 $4.7\mu F$ 的电容器。使用精密的外部基准时，作为输入。

REFADJ：基准缓冲放大器输入。要禁止基准缓冲放大器，可把 REFADJ 接到 V_{DD}。

AGND：模拟地，也是单端变换的 IN_- 输入端。

DGND：数字地。

SSTRB：串行选通脉冲输出。处于内部时钟方式且当 MAX186 开始 A/D 转换时，SSTRB 变为低电平，在变换完成时再变为高电平。处于外部时钟方式且在决定 MSB 之前，SSTRB 保持一个周期的脉冲高电平。当 $\overline{CS}$ 为高电平时，处于高阻态（外部方式）。

DIN：串行数据输入。数据在 SCLK 的上升沿由时钟信号控制输入。

$\overline{CS}$：片选信号，低电平有效。除非 $\overline{CS}$ 为低电平，否则数据不能被时钟信号输入至 DIN；当 $\overline{CS}$ 为高电平时，DOUT 为高阻态。

SCLK：串行时钟输入，为串行接口数据输入和输出定时。处于外部时钟方式时，SCLK 同时设置变换速率（其占空系数必须是 45%～55%）。

V_{DD}：正电源电压，+5V（±5%）。

由于 MAX186 具有片内时钟电路和外部串行时钟信号输入端，允许用户根据需要选择外部时钟模式。选择外部时钟模式，则逐位逼近式 A/D 转换和数据的输入/输出均由外部串行时钟信号完成；选择内部时钟模式，采用内部时钟信号完成逐位逼近式 A/D 转换，而数据的输入/输出则由外部串行时钟信号完成。表 2-5 所示的控制字中的 PD1 和 PD0 位可用于设定所需的时钟模式。无论 MAX186 工作于内部或外部时钟模式，对 A/D 转换控制字的移入和变换结果的移出，均须在外部时钟 SCLK 的控制下进行。MAX186 可使用单一的+5V或±5V电源供电，在便携式数据采集、高精度过程控制、自动测试、医用仪器等方面有着广泛的应用。

控制字格式　　　　　　　　　　　　　　　　　　表2-5

START	SEL2	SEL1	SEL0	UNI/BIP	SGL/DIF	PD1	PD0

START：当$\overline{CS}$变低后的第一个逻辑"1"定义控制字节的开始。

SEL2、SEL1、SEL0：通道地址选择，地址译码与对应输入端关系如表2-6所示。

MAX186（188）输入真值表　　　　　　　　　　　表2-6

通道地址选通位			选择输入
SEL2	SEL1	SEL0	
0	0	0	CH0
1	0	0	CH1
0	0	1	CH2
1	0	1	CH3
0	1	0	CH4
1	1	0	CH5
0	1	1	CH6
1	1	1	CH7

UNI/BIP：单/双极性选择。"0"为双极性，"1"为单极性。

SGL/DIF：单端/差分选择。"0"为差分，"1"为单端。

PD1、PD0：选择时钟和关断方式，其对应关系如表2-7所示。

MAX186（188）时钟和关断方式选择表　　　　　　表2-7

方式选择位		状态
PD1	PD0	
0	0	全关断
0	1	快速关断
1	0	内部时钟方式
1	1	外部时钟方式

需要指出的是，表2-6中所列的通道地址是在单端方式下的选择；差分方式下的选择可查阅相关手册。

MAX186进行数据采集操作时，要启动MAX186进行一次数据采集（即A/D转换），首先把表2-5所示的一个控制字与时钟同步送入DIN。当$\overline{CS}$为低电平时，SCLK的每一个上升沿把一个位从DIN送入MAX186的内部移位寄存器。当$\overline{CS}$变低后第一个到达的逻辑"1"定义控制字节的最高有效位，在此之前与时钟同步送入DIN的任意逻辑"0"位均无效。一个8位控制字的格式及意义如表2-5所示。

一般来说，使用典型电路时的最简单软件接口只需传送3B即可完成一次变换，其中传送的第一个8位（A/D转换控制字）用来配置ADC，向MAX186器件发启动转换命令和通道选择命令、选择单极性/双极性变换模式、单端/差分变换模式、内/外部时钟模式等。另外两个 8 位用来保证与时钟同步，以输出 12 位转换结果。

4. A/D 转换器接口

A/D 转换器需要 CPU 给出外加启动转换信号才能开始工作，一般芯片用脉冲启动，在片选信号选中的基础上，在启动转换引脚加一个符合电路要求的脉冲信号即可。有些芯片要求用电平启动转换，并且在整个过程中保持这一电平，CPU 给出的启动信号一般要用 D 触发器锁存一段时间。A/D 转换结束后，A/D 芯片内部的结束信号使触发器置位，输出转换结束标志电平。因此必须在 A/D 转换器和 CPU 两者之间设置接口与控制电路，接口电路的构成既取决于 A/D 转换器本身的性能特点，又取决于采用何种方式读取 A/D 转换结果。串行 A/D 转换器与 CPU 之间的接口比较简单，本节主要介绍并行 A/D 转换器的接口。

CPU 读取 A/D 转换数据的方法有以下 4 种：

(1) 查询法读 A/D 转换数据

下面以 ADC0809 和 8088CPU 为例对查询法读 A/D 转换数据的接口电路加以说明。如图 2-24 所示，ADC0809 和 8088CPU 之间通过接口电路连接。首先 CPU 执行输出 OUT 指令，产生信号 ALE 和 START，它们的作用是选择模拟量输入 $V_{I0} \sim V_{I7}$ 之一，并启动 A/D 转换。然后 CPU 执行输入 IN 指令，读转换结束信号 EOC，并判断它的状态。如果 EOC 为 "0"，表示 A/D 转换正在进行，需继续查询 EOC 的状态；反之 EOC 为 "1"，表示 A/D 转换结束。一旦 A/D 转换结束，CPU 立即执行输入 IN 指令，产生输出允许信号 OE，并读 A/D 转换数据（$DO_0 \sim DO_7$）。

由于 8088CPU 的数据线和低 8 位地址线分时复用 $AO_0 \sim AO_7$，所以在接口电路中要选用双向三态缓冲器。ADC0809 内部含有 8 路输入模拟开关和开关选择电路，地址线 $A_0 \sim A_2$ 选 $V_{I0} \sim V_{I7}$ 之一，地址线 $A_3 \sim A_7$ 产生接口地址信号 PA，也就是说为了选 $V_{I0} \sim V_{I7}$

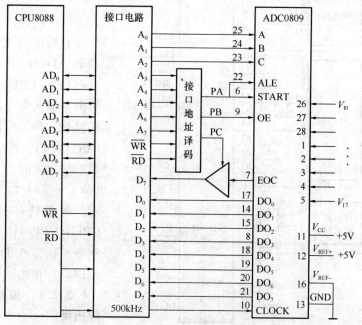

图 2-24 查询法读 A/D 转换数接口

用了8个接口地址（如80H~87H）。另外再用地址线 A_3~A_7 产生接口地址信号 PB 和 PC，其中 PC 选通转换结束信号 EOC 经数据线 D_7 进入 8088CPU，PB 选通转换数据输出 DO_0~DO_7，经数据线 D_0~D_7 进入 8088CPU。

（2）定时法读 A/D 转换数据

如果已知 A/D 转换所需时间 T_c，则启动 A/D 后，只需等待这段时间，就可以定时读 A/D 转换数。例如图 2-21 中 ADC0809 的时钟（CLOCK）频率为 500kHz，转换周期为 8×8 个时钟周期，相当于 128μs。这样，当 CPU 用输出指令启动 A/D 转换后，再利用程序至少延时 128μs 后，就可以用输入指令读 A/D 转换数。该接口电路不必查询转换结束信号 EOC，接线简单，在一般的微机控制系统中，CPU 是能安排这点延时的。

（3）等待方式读 A/D 转换数据

该方法是利用 CPU 的 READY 引脚功能，在 READY 处于低电平时 CPU 处于等待状态，只有当 READY 为高电平时，才能从 I/O 读入或输出数据。据此可将转换结束信号 EOC 直接或经反相接到 CPU 的 READY 引脚上，在转换阶段 READY 保持低电平，CPU 处于等待状态，直到转换结束变为高电平，CPU 重新开始工作。

（4）中断方式读 A/D 转换数据

上述三种方法的 A/D 接口比较简单，但在转换期间独占了 CPU，使 CPU 运行效率降低，为此可采用中断法读 A/D 转换数据。CPU 执行输出指令启动 A/D 转换后，就转向执行别的程序，一旦 A/D 转换完毕，就立即向 CPU 申请中断，CPU 相应中断后，再用中断服务程序读 A/D 转换数据。因此在 A/D 转换期间 CPU 可以照常执行别的程序，从而提高了运行效率。该接口电路比较复杂，适用于转换时间比较长的 A/D 转换器。对于转换时间比较短，例如 12 位 AD574A 转换时间为 25μs，选用定时法或等待法比较合适。

（5）12 位 A/D 转换器 AD574A 的接口

分辨率为 12 位的 A/D 转换器 AD574A，对于只有 8 位数据线的 CPU，CPU 需要执行两条输入指令，才能将 A/D 转换数（DO_0~DO_{11}）传送给 CPU。CPU 首先读高 8 位（DO_4~DO_{11}），再读低 4 位（DO_0~DO_3），如图 2-25 所示。对于只有 16 位数据线的 CPU，CPU 只需执行一条输入指令，就将 A/D 转换数（DO_0~DO_{11}）传送给 CPU。

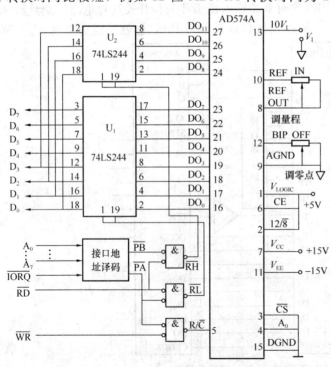

图 2-25　12 位 AD574A 接口

2.2.8 模拟量输入通道模板举例

PLC-813B 是研华公司推

出的基于ISA总线的数据采集卡,分辨率是12位,A/D转换器为AD574A,转换时间为$25\mu s/10\mu s$;提供32路单端隔离模拟量输入通道。通过软件编程双极性可选择$\pm 5V$、$\pm 2.5V$、$\pm 1.25V$、$\pm 0.625V$电压;单极性可选择$0\sim 10V$、$0\sim 5V$、$0\sim 2.5V$、$0\sim 1.25V$电压。

基于ISA总线的A/D板卡的组成如图2-26所示,由总线接口、地址译码、控制电路、光电隔离电路、A/D转换器、放大器、控制字寄存器、多路开关、滤波电路及连接器等部分组成。图2-26中的D7~D0(对应的ISA总线的SD7~SD0)为数据线,A9~A0(对应的ISA总线的SA9~SA0)为地址线,$\overline{IOW}$、$\overline{IOR}$和RESET分别为I/O读、I/O写和复位信号,IRQ为中断请求输入,CHS为通道选择线(多线),RDL(RDH)控制读A/D转换数据的低(高)字节,GC、SC、MC分别为增益控制信号、采样控制信号和多路开关控制信号,ADS表示隔离后的A/D转换状态,RL(RH)、ST和EOC分别表示隔离后的低(高)字节读控制、启动控制信号和隔离前的A/D转换状态。

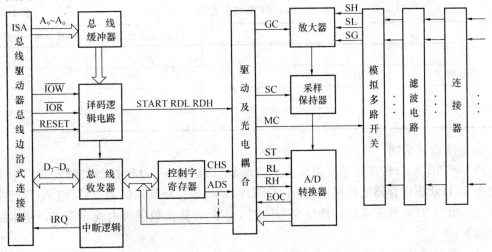

图2-26 PLC-813B数据采集卡组成框图

1. PLC-813B的寄存器地址

(1) 寄存器地址分配

基地址+04:A/D转换结果的低字节(只读);

基地址+05:A/D转换结果的高字节(只读,包括A/D转换准备位);

基地址+09:增益控制(只写);

基地址+10:多路转换控制(只写);

基地址+12:A/D转换软件触发,启动A/D。

(2) 寄存器格式

PLC-813B的寄存器格式如表2-8所示。表2-8中的DRDY为数据准备位(A/D转换状态位),"0"表示准备好,可以读结果;D11~D0为A/D转换结果的数据位;G1、G0为增益控制位,其组合用于选择增益及输入范围(见表2-9);C4~C0为通道选择位,C4为高位,C0为低位,其二进制组合与通道号相对应,全"0"时选择通道0(CH00),全"1"时选择通道31(CH31)。

启动 A/D 转换只需向基地址+12 单元进行一次写操作，与写入内容无关。

PLC-813B 的寄存器格式　　　　　　　　　　　　　表 2-8

基地址 +04 (BASE+04)								基地址 +05 (BASE+05)							
位	7	6	5	4	3	2	1	0	位	7	6	5	4	3	2	1	0
定义	D7	D6	D5	D4	D3	D2	D1	D0	定义	×	×	×	DRDY	D11	D10	D9	D8
基地址 +09 (BASE+09)								基地址 +10 (BASE+10)							
位	7	6	5	4	3	2	1	0	位	7	6	5	4	3	2	1	0
定义	×	×	×	×	×	×	G1	G0	定义	×	×	×	C4	C3	C2	C1	C0
基地址 +12 (BASE+12)																
位	7	6	5	4	3	2	1	0								
定义	×	×	×	×	×	×	×	×								

PLC-813B 增益控制　　　　　　　　　　　　　表 2-9

G1	G0	增益	双极性输入范围/V	单极性输入范围/V
0	0	×1	±5V	0～10V
0	1	×2	±2.5V	0～5V
1	0	×4	±1.25V	0～2.5V
1	1	×8	±0.625V	0～1.25V

2. 程序设计举例

PLC-813B A/D 转换是基于查询方式，由软件触发。A/D 转换器被触发后，利用程序检查 A/D 状态寄存器的数据准备位（DRDY）。如果检测到该位为"1"则 A/D 转换正在进行。当 A/D 转换完成后，该位变为低电平，此时转换数据可由程序读出，基本编程步骤如下：

（1）设置增益寄存器（BASE+09），选择输入范围；

（2）设置多路选择器，选择通道，并延时 5μs 以上；

（3）向触发寄存器 BASE+12 写入任意值，触发 A/D 转换，并延时 20μs 以上；

（4）等待 A/D 转换完成，直到数据准备好，信号变为低电平；

（5）读 A/D 数据寄存器（BASE+5 和 BASE+4）得到二进制数据。先读高字节再读低字节，并将二进制转换成整数。

C 语言参考程序段如下（基地址为 220H，单极性输入）：

```
int i, adch, adcl;
outputb (0x229, 0x01);              //设置增益地址、选择 0～5V 输入范围
for (i=0; i<20; i++)                //延时
outputb (0x22a, 0x01chno);          //写入通道号
for (i=0; i<50; i++)                //延时
outputb (0x22c, 0);                 //启动 A/D 转换
do {
adch=inportb (0x225);               //读 A/D 转换器的状态
} while ((adch&0x10) ==0x10);
```

```
adch=inportb (0x225);           //读高字节
adcl=inportb (0x224);           //读低字节
i= (adch&0x0f) *256+adcl;       //拼装成整数
```

汇编语言参考程序段如下（基地址为 220H，单极性输入）：

```
        MOV DX, 0229H           ;设置增益地址
        MOV AL, 01H             ;选择 0~5V 输入范围
        OUT DX, AL
        CALL L1                 ;L1 为延时 5μs 子程序
        MOV DX, 022AH           ;写入通道号
        MOV AL, 00H
        OUT DX, AL
        CALL L2                 ;L2 为延时 20μs 子程序
        MOV DX, 022CH           ;写入通道号
        MOV AL, 00H             ;启动 A/D 转换
        OUT DX, AL
        MOV DX, 0225H           ;设置状态口地址
POLLING:IN AL, DX               ;读 A/D 转换器的状态
        TEST AL, 00010000B      ;检测 DRDY 是否为 1
        JNZ POLLING
        MOV DX, 0225H           ;读高字节，存于 BH 中
        IN AL, DX
        AND AL, 0FH
        MOV BH, AL
        MOV DX, 0224H           ;读高字节，存于 BH 中
        IN AL, DX
        MOV BL, AL
```

3. A/D 接口设计

如果要设计的模拟量输入通道应满足的主要性能指标为：16 路单端模拟量输入，输入信号范围 4~20mA，分辨率为 12 位，转换时间 30μs，适用于 PC 总线。

根据这些性能指标设计的模拟量输入通道的 A/D 接口部分电路如图 2-27 所示，其中 A/D 转换器选用 AD574A，采用 16 路单端输入，选用 2 片 8 路模拟开关 CD4051；4~20mA 输入信号经 250Ω 电阻变换成 1~5V，可以满足 A/D 转换器范围，故隔离放大器增益为 1（图 2-25 中未画出）；采样保持器选用 AD582，AD574A 的转换结束信号 $\overline{STS}$ 直接作为 AD582 的采样保持信号；接口电路选用可编程并行接口 8255A，其数据线和控制线直接接到 PC 总线。

该 A/D 转换接口程序包括对 Intel 8255A 初始化、启动 A/D 转换、查询 A/D 转换是否结束、读 A/D 转换结果，并存入缓冲区 BUFFER，其 8 路双端输入部分的接口程序指令如下：

```
AD574A PROC NEAR
        CLD
        LEA DI, BUFFER          ;设置存 A/D 转换结果的缓冲区
```

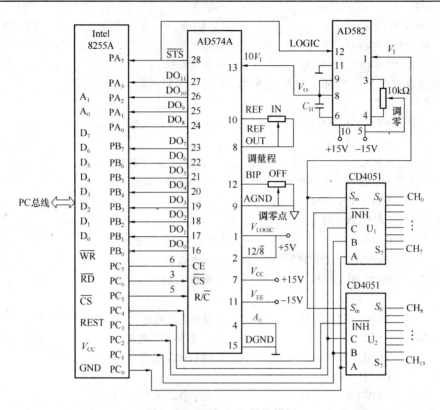

图 2-27　16 路 A/D 转换模板

```
            MOV BL, 0              ; CE= CS=R/C=NE1=NE2=0，通道 0
            MOV CX, 8              ; 通道数 8 送入 CX
ADC:        MOV DX, 01A2H          ; 8255A 端口 C 地址 01A2H
            MOV AL, BL
            OUT DX, AL             ; 选通多路开关，接通输入 V_I
            NOP
            NOP
            NOP
            OR AL, 10000000B       ; 置 CE=1，CS=0，R/C=0
            OUT DX, AL             ; 启动 A/D 转换
            MOV DX, 01A0H          ; 8255A 端口 A 地址 01A0H
POLLING:    IN AL, DX              ; 输入 STS
            TEST AL, 80H           ; 查询 STS
            JNZ POLLING            ; STS=1 再查询，否则继续
            MOV AL, BL
            OR AL, 00100000B       ; 置 CE=1，CS=0，R/C=1
            MOV DX, 01A2H          ; 8255A 端口 C 地址 01A2H
            OUT DX, AL             ; 准备读 A/D 转换结果
            MOV DX, 01A0H
            IN AL, DX              ; 读 A/D 转换结果高 4 位，并存入 AL
            STOSW                  ; 存 A/D 转换结果
```

```
        INC BL                      ;通道数加 1
        LOOP ADC                    ;若 CX-1≠0，转到 ADC 再转换
        MOV AL, 01111000            ;CE=0, CS=R/C= EN1 = EN2 =1
        MOV DX, 01A2H
        OUT DX, AL                  ;停止 A/D 转换，关闭多路开关
        RET
AD574A ENDP
```

2.3 模拟量输出接口与过程通道

模拟量输出通道是计算机控制系统实现控制输出的关键，它的任务是把计算机输出的数字量转换成模拟电压或电流信号，以驱动相应的执行机构，达到控制的目的。模拟量输出通道一般由接口电路、D/A 转换器、V/I 变换等组成。其核心是数/模（D/A）转换器，通常也把模拟量输出通道简称为 D/A 通道。

2.3.1 模拟量输出通道的结构形式

模拟量输出通道的结构形式，主要取决于输出保持器的结构方式。输出保持器的作用主要是在新的控制信号来到之前，使本次控制信号维持不变。保持器一般有数字保持方案和模拟保持方案两种，这就决定了模拟量输出通道的两种基本结构形式。

1. 一个通道设置一个 D/A 转换器的形式

图 2-28 给出了一个通道设置一个 D/A 转换器的形式，微处理器和通道之间通过独立的接口缓冲器传送信息，这是一种数字保持的方案。它的优点是转换速度快、

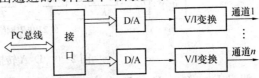

图 2-28 一个通道设置一个 D/A 转换器的形式

工作可靠，即使某一路 D/A 转换器有故障，也不会影响其他通道的工作。缺点是使用了较多的 D/A 转换器。但随着大规模集成电路技术的发展，这个缺点正在逐步得到克服，此方案较容易实现。

2. 多个通道共用一个 D/A 转换器的形式

如图 2-29 所示，因为共用一个 D/A 转换器，故它必须在微型机控制下分时工作。即一次把 D/A 转换器转换成的模拟

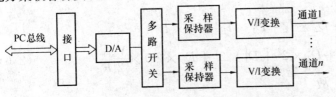

图 2-29 共用一个 D/A 转换器的形式

电压（或电流），通过多路模拟开关传送给输出采样保持器。这种结构形式的优点是节省了 D/A 转换器，但因为分时工作，只适用于通道数量多且速度要求不高的场合。它还要用多路开关，且要求输出采样保持器的保持时间与采样时间之比较大。

2.3.2 D/A 转换器及其接口技术

要正确地使用 D/A 转换器必须了解它的工作原理、性能指标和引脚功能。

1. D/A 转换器的工作原理

现以 4 位 D/A 转换器为例说明其工作原理。如图 2-30 所示，D/A 转换器主要由基准电压 V_{REF}、T 形电阻网络、位切换开关 S 和运算放大器 A 四部分组成。基准电压 V_{REF} 由外部稳压电源提供。位切换开关 $S_3 \sim S_0$ 分别接收要转换的二进制数 $D_3 \sim D_0$ 的控制，当某一位如 $D_3=1$，则相应开关 S_3 切换到"1"端（虚地），就会把基准电压 V_{REF} 在电阻 $2R$ 上的电流 I_3 由运算放大器 A 的正向端切换到反相端，此电流经反馈电阻 R_{fb} 送至输出端，从而把 $D_3=1$ 转换成相应的模拟电压 V_{OUT} 输出；而当 $D_3=0$ 时，S_3 切换到"0"端（地），则电流 I_3 切换到放大器的正相端流入地而对放大器输出不起作用。其他各位的工作原理也是如此。

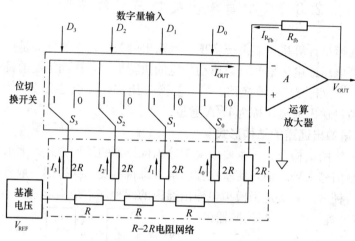

图 2-30 D/A 转换器原理框图

假设 D_3、D_2、D_1、D_0 全为 1，则 S_3、S_2、S_1、S_0 全部与"1"端相连。根据电流定律有

$$I_3 = \frac{V_{REF}}{2R} = 2^3 \times \frac{V_{REF}}{2^4 R}, I_2 = \frac{I_3}{2} = 2^2 \times \frac{V_{REF}}{2^4 R}, I_1 = \frac{I_2}{2} = 2^1 \times \frac{V_{REF}}{2^4 R}, I_0 = \frac{I_1}{2} = 2^0 \times \frac{V_{REF}}{2^4 R}$$

(2-5)

由于开关 $S_3 \sim S_0$ 的状态受要转换的二进制数 D_3、D_2、D_1、D_0 的控制，并不一定全是"1"。因此，可以得到通式

$$I_{OUT} = D_3 \times I_3 + D_2 \times I_2 + D_1 \times I_1 + D_0 \times I_0$$
$$= (D_3 \times 2^3 + D_2 \times 2^2 + D_1 \times 2^1 + D_0 \times 2^0) \times \frac{V_{REF}}{2^4 R}$$

(2-6)

考虑到放大器反相端为虚地，故

$$I_{R_{fb}} = -I_{OUT}$$

(2-7)

选取 $R_{fb}=R$，可以得到

$$V_{OUT} = I_{R_{fb}} \times R_{fb} = -(D_3 \times 2^3 + D_2 \times 2^2 + D_1 \times 2^1 + D_0 \times 2^0) \times \frac{V_{REF}}{2^4}$$

(2-8)

对于 n 位 D/A 转换器，它的输出电压 V_{OUT} 与输入二进制数 B（$D_{n-1} \sim D_0$）的关系式可写成

$$V_{OUT} = -(D_{n-1} \times 2^{n-1} + D_{n-2} \times 2^{n-2} + \cdots + D_1 \times 2^1 + D_0 \times 2^0) \times \frac{V_{REF}}{2^n} = -B \times \frac{V_{REF}}{2^n}$$

(2-9)

2. D/A 转换器的性能指标

(1) 分辨率 分辨率是指当输入数字最低有效位 LSB 产生一次变化时,所对应输出模拟量的变化量。定义为基准电压 VREF 与 2^n 的比值,n 为 D/A 转换器的位数。

(2) 稳定时间 稳定时间是当输入二进制数满量程变化时输出模拟量达到相应数值范围内,通常为 1/2LSB 所需要的时间。对于输出是电流的 D/A 转换器,稳定时间约为几 μs,输出是电压的 D/A 转换器,稳定时间主要取决于运算放大器的响应时间。

(3) 转换精度 其中绝对精度是指输入满刻度数字量时,D/A 转换器的输出值与理论值之间的最大偏差;相对精度是指在满刻度已校准的情况下,整个转换范围内对应于任一输入数据的实际输出值与理论值之间的最大偏差。转换精度可表示为 1/2LSB, 1/4LSB 等。

(4) 线性度 理想的 D/A 转换器的输入输出特性应该是线性的。在满刻度范围内,实际特性与理想特性的最大偏移称为线性度,可表示为 1/2LSB, 1/4LSB 等。

3. D/A 转换器芯片

D/A 转换器的种类很多,既有低分辨率和高分辨率,又有电流输出和电压输出,也有并行输出和串行输出。

(1) DAC0832

DAC0832 是 8 位并行 D/A 转换芯片,电流输出,稳定时间为 $1\mu s$,其结构和引脚如图 2-31 所示。它主要由 8 位输入寄存器、8 位 DAC 寄存器、$R-2R$ 权电阻网络的 8 位 D/A 转换器以及控制电路组成。它的两个数据寄存器可分别控制,可根据需要接成不同的输入工作方式。各引脚功能如下:

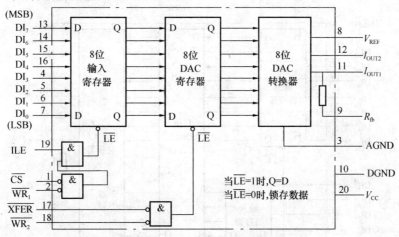

图 2-31 DAC0832 原理框图及引脚

$DI_0 \sim DI_7$:数据输入线,DI_0 为最低有效位,DI_7 为最高有效位。

$\overline{CS}$:片选信号,输入线,低电平有效。

$\overline{WR_1}$:写信号 1,输入线,低电平有效。

ILE:允许输入锁存信号,输入线,高电平有效。

当 ILE、$\overline{CS}$ 和 $\overline{WR_1}$ 同时有效时,8 位输入寄存器 D 端输入数据被锁存于输出 Q 端。

$\overline{WR_2}$:写信号 2,输入线,低电平有效。

$\overline{\text{XFER}}$：传送控制信号，输入线，低电平有效。

当$\overline{\text{WR}_2}$和$\overline{\text{XFER}}$同时有效时，8位DAC寄存器将第一级8位输入寄存器的输出Q端状态锁存到第二级8位DAC寄存器的输出Q端，以便进行D/A转换。

在实际应用中，通常把CPU的写信号$\overline{\text{WR}}$作为$\overline{\text{WR}_1}$、$\overline{\text{WR}_2}$的信号，把接口地址译码信号作为$\overline{\text{CS}}$信号，ILE接高电位，$\overline{\text{XFER}}$接地。

I_{OUT1}：DAC电流输出端1，作为运算放大器差动输入端。

I_{OUT2}：DAC电流输出端2，作为运算放大器另一差动输入端。

R_{fb}：芯片内部的电阻，可作为运算放大器的反馈电阻以便与运算放大器相连。

V_{REF}：基准电压源端，输入线，DC-10V～$+10$V。

V_{CC}：工作电压源端，输入线，DC$+5$V～$+15$V。

DGND：数字信号地。

AGND：模拟信号地。

数字地和模拟地在一般情况下最后总有一点联系在一起，以提高抗干扰能力。

(2) DAC1210

12位并行D/A转换芯片DAC1210的内部结构和引脚如图2-32所示。其原理和控制信号功能基本上与DAC0832相同。其区别为12条数据输入线DI_0～DI_{11}，DI_0为最低有效位，DI_{11}为最高有效位，比DAC0832多了4条数据输入线，故有24条引脚；内部也有两级缓冲器，第一级由高8位寄存器和低4位寄存器共同组成，由字节控制信号BYTE/$\overline{\text{BYTE2}}$控制区分。

(3) MAX536 MAX536是12位串行D/A转换器，该芯片是美国MAXIM公司推出

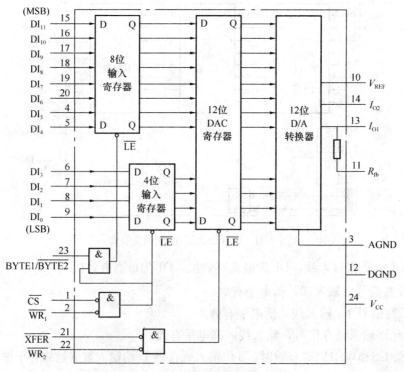

图2-32 DAC1210的内部结构和引脚

的产品。它片内集成 4 路独立可同步控制的 12 位高精度双缓冲 A/D 转换器（ADC），具有 3 线和 4 线串行接口，采用 16 脚封装，使其所占空间更小。它主要用于工业过程控制、工业监控装置和远程工业控制器等方面。芯片内部结构如图 2-33 所示。

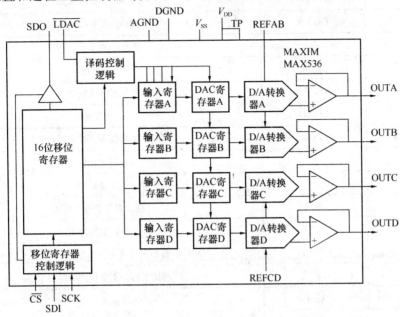

图 2-33　MAX536 内部结构图

MAX536 片内有 4 路 12 位电压输出 D/A 转换器，它包括一个 16 位输入/输出移位寄存器、4 个输入寄存器、4 个 DAC 寄存器和 4 个输出放大器。D/A 转换器采用倒 T 形 $R-2R$ 电阻网络 D/A 转换器，通过对输入参考电压分压获得模拟电压输出。其中，D/A 转换器 A 和 B 共享 REFAB 参考电压，D/A 转换器 C 和 D 共享 REFCD 参考电压。参考电压的范围为 0V 到 $V_{DD}-4V$。两路参考电压可以为每一对 D/A 转换器提供不同的输出电压范围。MAX536 所有的电压输出都带有精确的单位增益跟随器，使其输出电压具有更大的驱动能力。

MAX536 的引脚排列如图 2-34 所示，其引脚功能列于表 2-10。OUTA、OUTB、OUTC 和 OUTD 为模拟信号输出引脚。REFAB 和 REFCD 分别为 AB 和 CD 的参考电压输入端，$\overline{LDAC}$ 为加载 DAC 输入信号，低电平将把输入寄存器内容传送到相应的 DAC 寄存器。SDI 为串行数据输入端，SDO 为串行数据输出端。$\overline{CS}$ 为片选输入信号，低电平将允许输入/输出移位寄存器工作。SCK 为移位寄存器的输入时钟。V_{SS} 为负电压输入端，V_{DD} 为正电压输入端，AGND 为模拟地，DGND 为数字地。TP 为测试引脚，正常情况被接到 V_{DD}。

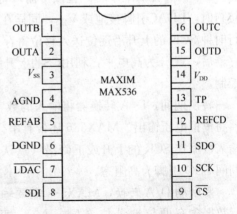

图 2-34　MAX536 引脚排列

MAX536 的引脚功能　　　　　　　　表 2-10

引脚	引脚名称	引脚功能
1	OUTB	DAC B 电压输出
2	OUTA	DAC A 电压输出
3	V_{ss}	负电压输入（−5V）
4	AGND	模拟地
5	REFAB	DAC A 和 B 的参考电压输出（$0-V_{DD}-4V$）
6	DGND	数字地
7	$\overline{LDAC}$	DAC 加载输入（低电平有效）
8	SDI	串行数据输入
9	$\overline{CS}$	片选信号
10	SCK	移位寄存器输入时钟
11	SDO	串行数据输出
12	REFCD	DAC C 和 D 的参考电压输出（$0-V_{DD}-2.2V$）
13	TP	测试引脚，正常使用时连接 V_{DD}
14	V_{DD}	正电压输入（12~15V）
15	OUTD	DAC D 电压输出
16	OUTC	DAC C 电压输出

  MAX536 的串行接口的最高时钟为 10MHz。工作期间 $\overline{CS}$ 引脚的低电平必须保持 20ns 后，才能开始接收数据。其接口方式可以使用 3 线接口或 4 线接口。在 4 线接口时，$\overline{LDAC}$ 引脚由 I/O 口控制。$\overline{CS}$ 为低电平期间，SDI 引脚的串行输入数据由串行时钟 SCK 的上升沿逐位送入移位寄存器，转换成并行数据。输入的数据全部进入移位寄存器后，置 $\overline{CS}$ 为高电平，利用 $\overline{CS}$ 的上升沿将移位寄存器输出的并行数据装入输入寄存器中。然后，在 $\overline{LDAC}$ 引脚为低电平时，直接将输入寄存器的数字量送 D/A 转换器进行转换。在 3 线接口时，$\overline{LDAC}$ 引脚接地或 V_{DD}，同样在 $\overline{CS}$ 为低电平期间，SDI 引脚的串行输入数据由串行时钟 SCK 的上升沿逐位送入移位寄存器，转换成并行数据。输入数据全部进入移位寄存器后，置 $\overline{CS}$ 为高电平，利用 $\overline{CS}$ 的上升沿执行命令字，对 MAX536 内部寄存器进行相应控制。

  转换期间，D/A 转换器将输入的数字量转换为所需要的模拟电压，最后由输出放大器将模拟电压输出。MAX536 还带有串行数据输出端 SDO，在 $\overline{CS}$ 低电平期间，上一次的输入数据在 SCK 的上升或下降沿（默认状态为上升沿）由 SDO 引脚输出。在 $\overline{CS}$ 高电平期间 SDO 引脚为高阻态。

  要启动 D/A 转换，MAX536 需要输入 16 位串行数据，最高位（MSB）在前。该串行数据含有两位地址位（A1，A0）、两位控制位（C1，C0），以及 12 位待转换数据（D11，…，D0），如表 2-11 所示。其中 4 位地址/控制位起到以下作用：①更新相应寄存器；②通过时钟控制在 SDO 引脚将上一次输入的数据输出。

表 2-11 MAX536 的 16 位串行数据

地址位		控制位		数据位	
MSB ←——————— 16位串行数据 ———————→ LSB					
A1	A0	C1	C0	MSB D11 .... D0 LSB	
←— 4位地址/控制位 —→				←——— 12位数据位 ———→	

表 2-12 为 MAX536 串行数据的具体说明，表中的"×"表示取值对芯片状态无影响。

表 2-12 MAX536 16 位串行数据具体说明

16 位串行数据					$\overline{LDAC}$	功　能
A1	A0	C1	C0	D11... D0		
0	0	0	1	12 位 DAC 数据	1	加载 DAC A 输入寄存器；DAC 输出不变
0	1	0	1		1	加载 DAC B 输入寄存器；DAC 输出不变
1	0	0	1		1	加载 DAC C 输入寄存器；DAC 输出不变
1	1	0	1		1	加载 DAC D 输入寄存器；DAC 输出不变
0	0	1	1	12 位 DAC 数据	1	加载 DAC A 输入寄存器；更新所有 DAC 寄存器
0	1	1	1		1	加载 DAC B 输入寄存器；更新所有 DAC 寄存器
1	0	1	1		1	加载 DAC C 输入寄存器；更新所有 DAC 寄存器
1	1	1	1		1	加载 DAC D 输入寄存器；更新所有 DAC 寄存器
×	0	0	0	12 位 DAC 数据	×	由移位寄存器加载所有 DAC
×	1	0	0	××××××××××××	×	无操作（NOP）
0	×	1	0	××××××××××××	1	由各 DAC 的输入寄存器更新所有的 DAC 输出
1	1	1	0	××××××××××××	×	工作方式 1（默认工作方式），在 SCK 时钟上升沿将数据输出，由各 DAC 的输入寄存器更新所有的 DAC 输出
1	0	1	0	××××××××××××	×	工作方式 0，在 SCK 时钟下降沿将数据输出 由各 DAC 的输入寄存器更新所有的 DAC 输出
0	0	×	1	12 位 DAC 数据	0	加载 DAC A 输入寄存器，立即更新 DAC A 的输出
0	1	×	1		0	加载 DAC B 输入寄存器，立即更新 DAC B 的输出
1	0	×	1		0	加载 DAC C 输入寄存器，立即更新 DAC C 的输出
1	1	×	1		0	加载 DAC D 输入寄存器，立即更新 DAC D 的输出

4. D/A 转换器接口

为使 CPU 能向 D/A 转换器传送数据，必须在两者之间设置接口电路。接口电路的主要功能是接口地址译码、产生片选信号或写信号。如果 D/A 转换器芯片内部无输入寄存器，则要外加寄存器。因此，D/A 转换器与 CPU 的连接方式可有三种：直接连接、采用锁存器连接、采用可编程并行接口。采用哪种方法，应根据 D/A 转换器的结构形式及系统要求进行选择。串行 D/A 转换芯片与 CPU 的接口电路较为简单，此处主要介绍并行 D/A 转换芯片与 CPU 的接口。

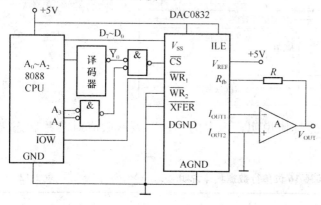

（1）D/A 与 CPU 直接连接

下面以 DAC0832 为例进行说明。DAC0832 与 8088CPU 直接连接的接口电路如图 2-35 所示。DAC0832 内部有输入寄存器，可直接与 CPU 数据线相连。$\overline{WR2}$ 和 $\overline{XFER}$ 直接接地，8 位 DAC 寄存器始终为直通，CPU 的地址线 $A_2 \sim A_0$ 经 3-8 译码器与或门产生接口地址信号，作为 DAC0832 的片选信号 $\overline{CS}$，输入输出写信号 $\overline{IOW}$

图 2-35　8 位 D/A 转换器与 CPU 直接连接

作为 DAC0832 的写信号 $\overline{WR1}$。当需要进行 D/A 转换时，把被转换的数据送入累加器，再执行一条输出指令时，$\overline{CS}$ 和 $\overline{WR1}$ 同为低电平，CPU 输出的数据存入 DAC0832 内的 8 位输入寄存器，再经 8 位 DAC 寄存器送入 D/A 转换器进行转换，转换后的电流信号通过运算放大器 A 变为电压输出信号输出。

（2）D/A 与 CPU 用锁存器连接

如果 D/A 转换器本身没有输入寄存器，如 DAC0808，则 D/A 转换器与 CPU 之间必须加一个数据锁存器，如 74LS273。其作用为：在 D/A 进行数据转换的稳定时间及模拟输出的控制周期内，锁存并保持住总线上初始出现的瞬间数据，其接口电路如图 2-36 所示。同样译码器的接法决定 I/O 接口地址，当 $\overline{Y_0}$ 与 $\overline{IOW}$ 同为低电平时，选通信号 CLK 变为高电平，将 CPU 数据总线的数据经锁存器输入 D 端送到输出端 Q，再送到 D/A 转换器中进行转换。当 $\overline{IOW}$ 恢复为高电平，则 CLK 变为低电平，数据被锁存在输出端，以保障 D/A 转换。

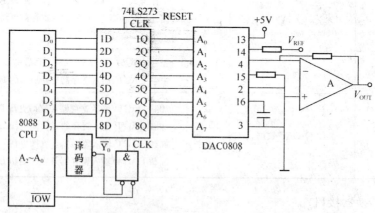

图 2-36　8 位 D/A 转换器与 CPU 锁存器连接

（3）D/A 与 CPU 用 8255 连接

若 D/A 转换器内部没有寄存器或为了控制方便，常用 8255 并行口把 CPU 与 D/A 转换器连接起来。如 8 位 D/A 转换器 NE5018，它有一个 8 位的并行输入寄存器，$\overline{CE}$ 为低电平时输入数据送入锁存器；$\overline{CE}$ 为高电平时数据被锁存，以保障 D/A 转换。如图 2-37 所示，8255 的 B 口为输出口，向 D/A 转换器传送数据，A 口也为输出口，PA_0 位作片选信号。8255 芯片的选通信号 $\overline{CS}$ 由译码器提供。

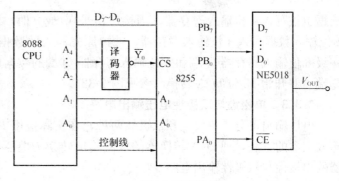

图 2-37　8 位 D/A 转换器与 CPU 用 8255 连接

（4）12 位 D/A 转换器接口

12 位 D/A 转换器与 16 位 CPU 的接口电路执行一条输出指令就可将被转换的 12 位数传送给 D/A 转换器；与 8 位 CPU 之间的接口电路则需要执行两条输出指令，才能将被转换的 12 位数传送给 D/A 转换器。

DAC1210 与 8 位 CPU 的接口电路如图 2-38 所示。要实现 8 位数据线传送给 12 位被转换数，CPU 需分两次传送给被转换数。首先被转换数的高 8 位 $DI_{11} \sim DI_4$ 传送给 8 位输入寄存器，再将低 4 位 $DI_3 \sim DI_0$ 传送给 4 位输入寄存器，然后将第一级 12 位输入寄存器的状态传给第二级 12 位 DAC 寄存器，并启动 D/A 转换。由于 CPU 数据线 $D_4 \sim D_7$ 同时接到 8 位输入寄存器的 $DI_8 \sim DI_{11}$ 端及 4 位输入寄存器的 $DI_0 \sim DI_3$ 端，当接口信号 $\overline{W0}$ 成立时，BYTE1/$\overline{BYTE2}$ 为高电平，将 8 位输入数据写入 8 位输入寄存器，其中高 4 位输入

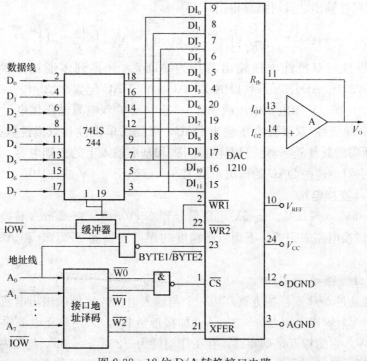

图 2-38　12 位 D/A 转换接口电路

数据也被写入 4 位输入寄存器；当接口信号 $\overline{W1}$ 成立时，$\overline{BYTE1/BYTE2}$ 为低电平，将低 4 位输入数据写入 4 位输入寄存器，冲掉原先写入的数据；当接口信号 $\overline{W2}$ 成立时，将第一级 8 位输入寄存器 Q 端和 4 位输入寄存器 Q 端的数据送到第二级 12 位 DAC 寄存器的 Q 端，并开始 12 位 D/A 转换（参见图 2-32）。

2.3.3 单极性与双极性电压输出电路

电压输出可分为单极性和双极性两种，在实际应用中，通常采用 D/A 转换器外加运算放大器的方法，把 D/A 转换器的电流输出转换为电压输出。图 2-39 给出了 D/A 转换器的单极性与双极性输出电路。

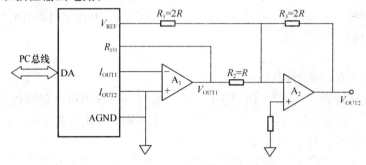

图 2-39 D/A 转换器的单极性与双极性电压输出

V_{OUT1} 为单极性输出，若 D 为输入数字量，V_{REF} 为基准参考电压，且为 n 位 D/A 转换器，则有

$$V_{OUT1} = -V_{REF} \frac{D}{2^n}$$

V_{OUT2} 为双极性输出，且可推导得出

$$V_{OUT2} = -\left(\frac{R_3}{R_1}V_{REF} + \frac{R_3}{R_2}V_{OUT1}\right) = V_{REF}\left(\frac{D}{2^{n-1}} - 1\right)$$

常见的单极性与双极性电压输出芯片为 AD57×× 系列多通道数模转换器芯片，AD572x，AD573x 和 AD575x 系列提供双 DAC 和四 DAC 配置，12bit、14bit 和 16bit 分辨率，采用 4.5～16.5V 单电源电压或 ±4.5～±16.5V 双电源电压供电。电路采用双通道、串行输入、单极性/双极性电压输出 DAC，可提供单极性和双极性数据转换，该 12 位 DAC 电路所需的其他外部器件只有电源引脚和基准输入上的去耦电容，从而可以节省成本和电路板空间。这些 DAC 的输出范围为 5V，10V，±5V 或 ±10V。

2.3.4 V/I 变换电路

在实现 0～5V、0～10V、1～5V 电压信号到 0～10mA、4～20mA 转换时，可直接采用集成的 V/I 转换电路来完成，下面以高精度的 V/I 变换器 ZF2B20 和 AD694 为例来分析其使用方法。

1. 集成 V/I 变换器 ZF2B20

ZF2B20 是通过 V/I 变换的方式产生一个与输入电压成比例的输出电流。它的输入电压范围是 0～10V，输出电流是 4～20mA（加接地负载），采用单正电源供电，电源电压范围是 10～32V，它的特点是低漂移，在工作温度为 −25℃～+85℃ 范围内，最大漂移为 0.005%/℃，可用于控制和遥测系统中，通常作为子系统之间的信息传递和连接部件。图

2-40 是 ZF2B20 的引脚图。

ZF2B20 的输入电阻为 10kΩ，动态响应时间小于 25μs，非线性小于±0.025%。

利用 ZF2B20 实现 V/I 转换极为方便，图 2-41 (a) 所示电路是一种带初值校准的 0~10V 到 4~20mA 转换电路；图 2-41 (b) 则是带满度校准的 0~10V 到 0~10mA 转换电路。

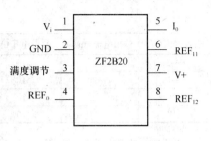

图 2-40 ZF2B20 引脚图

2. 集成 V/I 转换器 AD694

AD694 是一种输出为 4~20mA 的 V/I 转换器，适当连线也可使其输出范围为 0~20mA。AD694 的主要特点是：

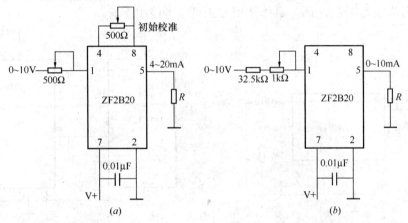

图 2-41 V/I 转换电路
(a) 0~10V/4~20mA 转换；(b) 0~10V/0~10mA 转换

(1) 输出范围：4~20mA，0~20mA。

(2) 输入范围：0~2V，0~10V。

(3) 电源范围：4.5~36V。

(4) 可与电流输出型 D/A 转换器配合使用，实现程控电流输出。

(5) 具有开路或超限报警功能。

图 2-42 为 AD694 的引脚图，对于不同的电源电压、输入和输出范围，其引脚接线也各不相同。表 2-13 为不同场合使用时的接线表。

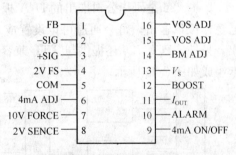

图 2-42 AD694 引脚图

AD694 引脚接线表   表 2-13

输入电压(V)	输出电流(mA)	参考电压(V)	minV/V	Pin9	Pin4	Pin8
0~2	4~20	2	4.5	Pin5	Pin5	Pin7
0~10	4~20	2	12.5	Pin5	open	Pin7
0~2.5	0~20	2	5.0	≥3	Pin5	Pin7
0~12	0~20	2	15.0	≥3	open	Pin7

续表

输入电压(V)	输出电流(mA)	参考电压(V)	minV/V	Pin9	Pin4	Pin8
0～2	4～20	10	12.5	Pin5	Pin5	open
0～10	4～20	10	12.5	Pin5	open	open
0～2.5	0～20	10	12.5	≥3	Pin5	open
0～12.5	0～20	10	15.0	≥3	open	open

AD694 的使用较为简便，对于 0～10V 输入，4～20mA 输出，电源电压大于 12.5V 的情况，可参考图 2-43 的基本接法。

AD694 还可以与 8 位、10 位、12 位等电流型的 D/A 转换器直接配合使用，如利用 12 位 D/A 转换器 DAC1210 时，可参考图 2-44 的接法。其中 DAC1210 用单电源供电，AD694 输出范围为 4～20mA。具体使用方法可参考使用手册。

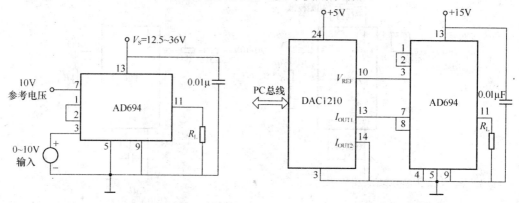

图 2-43 AD694 的基本应用　　　　图 2-44 DAC1210 与 AD694 的接口

2.3.5 模拟量输出通道模板举例

PCL-726 是研华公司推出的 D/A 板卡，分辨率为 12 位；线性度为 ±1/2 位，提供 6 通道模拟量输出，每个通道可以设置成 0～5V、0～10V、±5V、±10V 和 4～20mA 输出。另外，PCL-726 还提供与 TTL 兼容的 16 通道数字量输出和 16 通道数字量输入。板卡组成如图 2-45 所示。

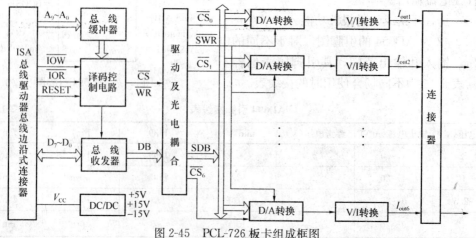

图 2-45 PCL-726 板卡组成框图

1. 寄存器格式

寄存器的地址分配如表 2-14 所示。

PCL-726 寄存器地址分配 表 2-14

地址	W/R	寄存器名称	地址	W/R	寄存器名称
基地址+00	W	D/A 通道 1# 高 4 位寄存器	基地址+06	W	D/A 通道 4# 高 4 位寄存器
基地址+01	W	D/A 通道 1# 低 8 位寄存器	基地址+07	W	D/A 通道 4# 低 8 位寄存器
基地址+02	W	D/A 通道 2# 高 4 位寄存器	基地址+08	W	D/A 通道 5# 高 4 位寄存器
基地址+03	W	D/A 通道 2# 低 8 位寄存器	基地址+09	W	D/A 通道 5# 低 8 位寄存器
基地址+04	W	D/A 通道 3# 高 4 位寄存器	基地址+10	W	D/A 通道 6# 高 4 位寄存器
基地址+05	W	D/A 通道 3# 低 8 位寄存器	基地址+11	W	D/A 通道 6# 低 8 位寄存器

2. D/A 转换程序流程

D/A 转换程序流程如下（以通道 1 为例）：

(1) 选择通道地址 $n=1$（$n=1\sim 6$）。
(2) 确定 D/A 高 4 位数据地址（基地址+00）。
(3) 置 D/A 高 4 位数据（$D_3\sim D_0$ 有效）。
(4) 确定 D/A 低 8 位数据地址（基地址+01）。
(5) 置 D/A 低 8 位数据并启动转换。

3. 程序设计举例

PCL-726 的 D/A 输出、数字量输入等操作均不需要状态查询，分辨率为 12 位，000H～0FFFH 分别对应输出 0～100%，若输出 50%，则对应的输出数字量为 7FFH，设基地址为 220H，D/A 通道 1 输出 50% 的程序如下：

C 语言参考程序段如下：

```
outportb ( 0x220，0x07 )        //D/A 通道 1 输出 50%
outportb ( 0x221，0xff )
```

汇编语言参考程序如下：（基地址为 220H）

```
    MOV AL, 07H          ; D/A 通道 1 输出 50%
    MOV DX, 0220H
    OUT DX, AL
    MOV DX, 0221H
    MOV AL, 0FFH
    OUT DX, AL
```

2.4 硬件抗干扰技术

所谓干扰，就是有用信号以外的噪声或造成计算机设备不能正常工作的破坏因素。克服干扰的措施有硬件措施、软件措施和软硬结合的措施。硬件措施如果得当，可解决大部分干扰问题，但仍有少数干扰窜入微机系统，引起不良后果；这时需要用到软件抗干扰措施软件抗干扰措施是以牺牲 CPU 的开销为代价的，影响到系统的工作效率和实时性，因此成功的抗干扰措施是采用软硬件结合。硬件抗干扰效率高，但需要增加系统的投资和设备的体积，软件抗干扰投资低，但要降低系统的工作效率。

对于计算机控制系统来说，干扰的来源主要有外部干扰和内部干扰。

外部干扰是指与系统结构无关，而是由外界的因素决定的；内部干扰则由系统结构、制造工艺等决定。外部干扰主要是由空间电或磁的影响。环境温度、湿度等气象条件等因素引起的。内部干扰主要是分布电容、分布电感引起的耦合感应，电磁场辐射感应，长线传输的波反射，多点接地造成的电位差引起的干扰，寄生振荡引起的干扰，甚至元器件产生的噪声。

2.4.1 过程通道抗干扰

1. 串模干扰及其抑制方法

（1）串模干扰

所谓串模干扰是指叠加在被测信号上的干扰噪声，也称为常态干扰。这里的被测信号指有用的直流信号或缓慢变化的交变信号，而干扰噪声是指无用的变化较快的杂乱交变信号。串模干扰和被测信号在回路中的地位是相同的，总是以两者之和作为输入信号，如图 2-46 所示，U_s 为信号源，U_n 为干扰源。

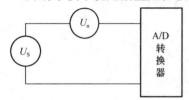

图 2-46 串模干扰示意图

（2）串模干扰的抑制方法

串模干扰的抑制方法应从干扰信号的特性和来源入手，分别对不同的情况采用相应的措施。

①如果串模干扰频率比被测信号频率高，则采用输入低通滤波器来抑制高频率串模干扰；如果串模干扰频率比被测信号频率低，则采用高通滤波器来抑制低频串模干扰；如果串模干扰频率落在被测信号频谱的两侧，则应用带通滤波器。一般情况下，串模干扰均比被测信号变化快，故常用二级阻容低通滤波网络作为 A/D 转换器的输入滤波器。如图 2-47 所示，它可使 50Hz 的串模信号衰减 600 倍左右，该滤波器的时间常数小于 200ms，因此当被测信号变化较快时，相应改变网络参数，以适当减小时间常数。

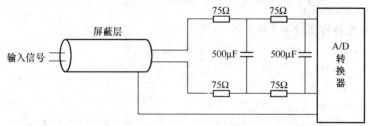

图 2-47 二级阻容滤波网络

②当尖峰型串模干扰成为主要干扰源时，用双积分式 A/D 转换器可以削弱串模干扰的影响。因为此类转换器是对输入信号的积分值进行测量，而不是测量信号的瞬时值。若干扰信号是周期性的而积分时间又为信号周期或信号周期的整数倍，则积分后干扰值为零，对测量结果不产生误差。

③对于串模干扰主要来自电磁感应的情况下，对被测信号应尽可能早地进行前置放大，从而达到提高回路中的信号噪声比的目的；或者尽可能早地完成 A/D 转换或采取隔离和屏蔽等措施。

④采用双绞线作信号引线的目的是减少电磁感应,并且使各个小环路的感应电势互相呈反向抵消。选用带有屏蔽的双绞线或同轴电缆做信号线,且有良好接地,并对测量仪表进行电磁屏蔽。

2. 共模干扰及其抑制方法

(1) 共模干扰

所谓共模干扰是指 A/D 转换器两个输入端上共有的干扰电压。共模干扰也称为共态干扰。

在计算机控制生产过程中,被控制和被测参量很多,并且分散在各个地方,一般用很长的导线把计算机发出的控制信号传送到现场的某个控制对象,或者把传感器所产生的被测信号传送到 A/D 转换器,因此,被测信号 U_s 的参考接地点和计算机输入信号的参考接地点之间往往存在着一定的电位差 U_{cm},如图 2-48 所示。对于 A/D 转换器的两个输入端来说,分别有 U_s+U_{cm} 和 U_{cm} 两个输入信号,显然,U_{cm} 是共模干扰电压。

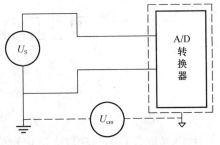

图 2-48 共模干扰示意图

(2) 共模干扰的抑制方法

①变压器隔离:利用变压器隔直流通交流的特点,可以把模拟信号电路与数字信号电路隔离开来,也就是把"模拟地"与"数字地"断开。被测信号通过变压器耦合获得通路,而共模干扰电压由于不成回路而得到有效的抑制。另外,隔离前后应分别采用两组相互独立的电源,切断两部分的地线联系。如图 2-49 所示,被测信号 U_s 经放大后,首先通过调制器变换成交流信号,经隔离变压器 B 传输到副边,然后用调制器再将它变换为直流信号 U_{s2},再对 U_{s2} 进行 A/D 转换。

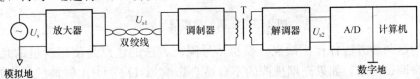

图 2-49 变压器隔离示意图

②光电隔离:另一种常用的隔离措施是采用光耦合器进行隔离,一般在计算机接口与 A/D 转换电路之间实施。光耦合器是以光为媒介传输电信号的一种电—光—电转换器件,它由发光二极管和光敏三极管封装在一个管壳内组成,发光二极管两端为信号输入端,光敏晶体管的集电极和发射极分别作为光耦合器的输出端,它们之间的信号传输是靠发光二极管在信号电压的控制下发光,传给光敏晶体管来完成的。其输入输出具有类似普通三极管的输出特性,即存在着截止区、饱和区和线性区三部分。

利用光耦合器的开关特性可对模拟量输入通道中的数字信号进行隔离,例如在 A/D 转换器与 CPU 或 CPU 与 D/A 转换器之间的数据信号和控制信号的耦合传送,可用光电隔离来实现。

图 2-50 是 4 路 8 位 D/A 转换原理图,给出了数字信号隔离的一种情形。8 位被转换数经缓存器存入寄存器,再经一组光耦合器(8 只)隔离后接到 D/A 转换器的数据输入

端；此外，控制信号经另一组光耦合器（4只）隔离后接到D/A转换器的片选和信号输入端，光耦合器前后两部分电路分别采用两组独立电源，以切断计算机和现场仪表之间地线联系。

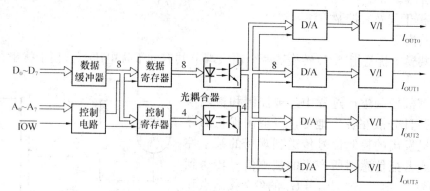

图2-50 光耦的数字信号隔离

利用光耦合器的线性放大区可对模拟信号进行隔离，例如在现场传感器与A/D转换器或D/A转换器与现场执行机构之间的模拟信号传送，可用光耦合器来实现。

图2-51是A/D输入通道中模拟信号隔离的一种情形。在输入通道中，光电耦合器一方面把放大器输出的信号线性地放大到A/D转换器的输入端，另一方面又切断了现场模拟地与计算机数字地之间的联系，起到了抑制共模干扰的目的。

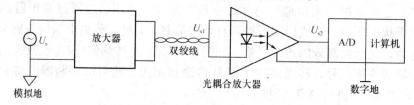

图2-51 光耦的模拟信号隔离

光耦的这两种方法各有优缺点。模拟信号隔离方法的优点是使用少量的光耦，成本低；缺点是调试困难，如果光耦挑选的不合适会影响A/D或D/A转换的精度和线性度。数字信号隔离方法的优点是调试简单，不影响系统的精度和线性度；缺点是使用较多的光耦器件，成本高。因为光耦越来越廉价，数字信号隔离方法优势越来越明显，因而在工程中使用得最多。

与变压器隔离相比，光电隔离实现起来比较容易，成本低，体积也小，因此在计算机控制系统中光电隔离得到广泛的应用。

③采用仪表放大器提高共模抑制比

仪表放大器具有共模抑制能力强、输入阻抗高、漂移低、增益可调等优点，是一种专门用来分离共模干扰与有用信号的器件。仪表放大器将两个信号的差值放大。抑制共模分量是使用仪表放大器的唯一原因。通常用的仪表放大器有AD620（低功耗，低成本，集成仪表放大器），还有AD623等。

2.4.2 系统供电与接地技术

1. 供电技术

(1) 供电系统的一般保护措施

计算机控制系统的供电一般采用如图 2-52 所示的结构。交流稳压器用来保证 220V AC 供电，交流电网频率为 50Hz，其中混杂了部分高频干扰信号。为此采用低通滤波器让 50Hz 的基波通过，而滤出高频干扰信号，最后由直流稳压电源给计算机供电，建议采用开关电源。开关电源用调解脉冲宽度的方法调整直流电压，调整管以开关方式工作，功耗低。这种电源用体积很小的高频变压器代替了一般线性稳压电源中体积庞大的工频变压器，对电网电压的波动适应性强，抗干扰性能好。

图 2-52　一般供电结构

(2) 电源异常的保护措施

计算机控制系统的供电不允许中断，一旦中断将会影响生产。为此，采用不间断电源 UPS，其原理如图 2-53 所示。正常情况下由交流电网供电，同时电池组处于浮充状态。如果交流供电中断，电池组经逆变器输出交流代替外界交流供电，这是一种无触点的不间断切换。UPS 使用电池组作为后备电源。如果外界交流电中断时间长，就需要大容量的蓄电池组。为了确保供电安全，可以采用交流发电机，或第二路交流供电线路。

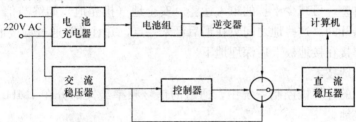

图 2-53　具有不间断电源的供电结构

2. 接地技术

(1) 地线系统分析

地线有安全地和信号地两种。前者是为了保证人身安全、设备安全而设置的地线，后者是为了保证电路正确工作所设置的地线，造成电路干扰现象的主要是信号地。在进行电磁兼容问题分析时，对地线使用下面的定义：地线是信号电流流回信号源的低阻抗路径。

在计算机控制系统中，一般有以下几种地线：模拟地、数字地、安全地、系统地、交流地。

模拟地作为传感器、变送器、放大器、A/D 和 D/A 转换器中模拟电路的零电位。模拟信号有精度要求，有时信号比较小，而且与生产现场连接，需要认真对待模拟地。

数字地作为计算机中各种数字电路的零电位，应该与模拟地分开，避免模拟信号受数字脉冲的干扰。

安全地的目的是使设备机壳与大地等电位，以避免机壳带电而影响人身及设备安全。通常安全地又称为保护地或机壳地，机壳包括机架、外壳、屏蔽罩等。

系统地就是上述几种地的最终回流点，直接与大地相连。众所周知，地球是导体而且体积非常大，因而其静电容量也非常大，电位比较恒定，所以人们把它的电位作为基准电位，也就是零电位。

交流地是计算机交流供电电源地，即动力线地，它的地电位很不稳定。在交流地上任意两点之间，往往很容易就有几伏至几十伏的电位差存在。另外，交流地很容易带来各种干扰，因此，交流地绝对不允许分别与上述几种地相连，而且交流电源变压器的绝缘性能要好，绝对避免漏电现象。

根据接地理论分析，低频电路应单点接地，高频电路应就近多点接地。一般来说，当频率小于1MHz时，可采用单点接地的方式；当频率高于1MHz时，可采用多点接地的方式。单点接地的目的是避免形成地环路，地环路产生的电流会引入到信号回路内引起干扰。

地环路产生的原因：地环路干扰发生在通过较长电缆连接的相距较远的设备之间，其产生的内在原因是设备之间的地线电位差，地线电压导致了地环路电流，由于电路的非平衡性，地环路电流导致对电路造成影响的差模干扰电压。

在过程控制计算机中，对各种地的处理一般是采用分别回流法单点接地。回流法单点接地：模拟地、数字地、安全地（机壳地）的分别回流法。回流线往往采用汇流条而不采用一般的导线。汇流条是由多层铜导体构成，截面呈矩形，各层之间有绝缘层。采用多层汇流条以减少自感，可减少干扰的窜入途径。安全地（机壳地）始终与信号地（模拟地、数字地）是浮离开的。这些地之间只在最后汇聚一点，并且常常通过铜接地板交汇，然后用多股铜软线焊接在接地极上后深埋地下。

（2）低频接地技术

在一个实际的计算机控制系统中，通道的信号频率绝大部分在1MHz以下，因此下面只讨论低频接地。

① 一点接地方式

信号地线的接地方式采用一点接地，而不采用多点接地。一点接地有两种接法：串联接地（或称共同接地）和并联接地（或称分别接地）。如图2-54和图2-55所示。

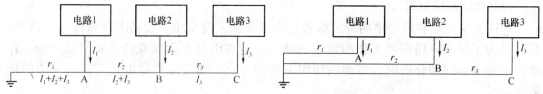

图2-54 串联一点接地　　　　　图2-55 并联一点接地

两种方法的优缺点：

从防止噪声角度看，如图2-54所示的串联接地方式是最不适用的，由于地电阻r_1、r_2和r_3是串联的，所以各电路间相互发生干扰。但由于比较简单，用的地方仍然很多。但各电路的电平相差不大时可以使用，各电路的电平相差很大时就不能使用，因为高电平将会产生很大的低电流并干扰到低电平电路中去。使用时还通常将低电平的电路放在距离接地点最近的地方，即图2-54的A点上。

并联接地方式在低频时是最适用的，因为各电路的地电流只与本电路的地电位和地线阻抗有关，不会因地电流而引起各电路间的耦合。这种方式的缺点是需要连很多根地线，用起来比较麻烦。

②实用的低频接地

一般在低频时用串联一点接地的综合接法，即在符合噪声标准和简单易行的条件下统筹兼顾。也就是说可用分组接法，即低电平电路经一组共同地线接地，高电平电路经另一组共同地线接地。一般系统中至少有三条分开的地线（为避免噪声耦合，3 种地线分开）如图 2-56 所示。一条是低电平电路地线；一条是继电器、电动机等的地线（称为"噪声"地线）；一条是设备机壳地线（称为"金属件"地线）。这三条地线应在一点连接接地。

（3）通道馈线（电缆）的接地技术

在导线屏蔽情况下，对存在的电场耦合和磁场耦合干扰涉及接地的问题，这里从如何克服地环流影响的角度来分析和解决接地技术。

①电路一点接地基准

一个实际的模拟量输入通道总可以简化为由信号源、输入馈线和输入放大器三部分组成，如图 2-57 所示的将信号源与输入放大器分别接地的方式是不正确的。原因在于会招致磁场耦合的影响和 A 与 B 两点地电位不等而引起的环流噪声干扰，误认为 A 和 B 两点都是地球地电位，应该相等。为了克服双端接地的缺点，应将输入回路改为单端接地方式。当单端接地点位于信号源端时，放大器电源不接地；当单端接地点位于放大器端时，信号源不地接。

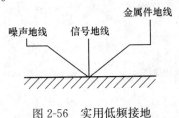

图 2-56 实用低频接地　　图 2-57 错误的接地方式

②电缆屏蔽层的接地

当信号电路是一点接地时，低频电缆的屏蔽层也应一点接地。当一个电路有一个不接地的信号源与一个接地的（即使不是接大地）放大器相连时，输入线的屏蔽应接至放大器的公共端；当接地信号源与不接地放大器相连时，即使信号源端接的不是大地，输入线的屏蔽层也应接到信号源的公共端。这种单端接地方式如图 2-58 所示。

③主机外壳接地但机芯浮空

为了提高计算机的抗干扰能力，将主机外壳作为屏蔽罩接地，而把机内器件架与外壳绝缘，绝缘电阻大于 50MΩ，即机内信号地浮空。这种方法安全可靠，抗干扰能力强，但制造工艺复杂，一旦绝缘电阻降低就会引入干扰。

④多机系统的接地

在计算机网络系统中，多台计算机之间相互

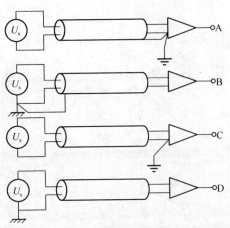

图 2-58 低频屏蔽电缆的单端接地方式

通信，资源共享。如果接地不合理，将使整个网络系统无法正常工作。近距离的几台计算机安装在同一机房内，可采用多机一点接地方法。对于远距离的计算机网络，多台计算机之间的数据通信，通过隔离的办法把地分开。例如：采用变压器隔离技术、光电隔离技术和无线电通信技术。

习 题 和 思 考 题

2-1 过程通道分为哪些类型？它们各有什么作用？

2-2 画出模拟量输入通道的结构框图，并简要说明各部分的作用。

2-3 什么是采样过程、量化和采样定理？

2-4 采样保持器的作用是什么？是否所有的模拟量输入通道中都需要采样保持器？为什么？

2-5 CPU 读取 A/D 转换数据的方法有几种？分别是什么？

2-6 某锅炉温度变化范围为 0~1500℃，要求控制精度为 3℃，温度变送器输出范围为 0~5V。若 A/D 转换器的输入范围也为 0~5V，则 A/D 转换器的字长应为多少位？

2-7 采用信号调理技术的一般方法有哪些？

2-8 请将图 2-27 所示的 16 路单端 A/D 转换模板改画为 8 路双端输入形式。

2-9 某执行机构的输入信号变化范围为 4~20mA，灵敏度为 0.05mA，应选 D/A 转换器的字长为多少位？

2-10 什么是开关量（数字量）？在实际过程中主要用于哪些场合？

2-11 光电隔离时，光电耦合器两侧能否使用同一个电源？为什么？

第3章 数据处理技术

在计算机控制系统的模拟输入信号中,一般均含有各种噪声和干扰,他们来自被测信号源本身、传感器、外界干扰等。为了进行准确测量和控制,必须消除被测信号中的噪声和干扰。噪声有两大类:一类为周期性的,其典型代表为50Hz的工频干扰,对于这类信号,采用积分时间等于20ms整数倍的双积分A/D转换器,可有效地消除其影响;另一类为非周期的不规则随机信号,对于随机干扰,可以用数字滤波方法予以削弱或滤除。

另外,由于控制系统应用的现场环境不同,采集的数据种类与数值范围不同,精度要求不一样,各种数据的输入方法及表示方法也各不相同。因此,为了满足不同系统的需要,就采取相应的数据处理技术,如数字滤波、标度变换、查表和越限报警等。

3.1 数字滤波

如前所述,由于工业对象所处的现场环境比较恶劣,各种干扰源很多,如环境温度、电磁场等,计算机系统通过输入通道采集到的数据信号虽经硬件电路的滤波处理,但仍会混有随机干扰噪声。当干扰作用于模拟信号之后,就会使A/D转换结果偏离真实值。如果仅采样一次,无法确定该结果是否可信,为了减少对采样值的干扰,提高系统可靠性,在进行数据处理和PID调节之前,首先对采样值进行数字滤波。

数字滤波就是计算机系统对输入信号多次采样,然后用某种计算方法进行数字处理,以削弱或滤除干扰噪声造成的随机误差,从而获得一个真实信号的过程。这种滤波方法不需要增加硬件设备,只需根据预定的滤波算法编制相应的程序即可达到目的,故实质上是一种程序滤波。

数字滤波与模拟滤波器相比其优点是:

(1) 不需增加任何硬件设备,只要在程序进入数据处理和控制算法之前,附加一段数字滤波程序即可。

(2) 由于数字滤波器不需要增加硬件设备,所以系统可靠性高,稳定性好,不存在阻抗匹配问题。

(3) 可以对频率很低的信号进行滤波,而模拟滤波器由于受电容容量的影响,频率不能太低。

(4) 数字滤波器可以根据信号的不同,采用不同的滤波方法或滤波参数,使用灵活、方便,滤波参数的修改容易,而且一种滤波子程序可以被多个通道所共用,因而成本很低。

正因为数字滤波具有上述优点,所以在计算机控制系统中得到了越来越广泛的应用。其不足之处是占用CPU时间。

常用的数字滤波方法有惯性滤波、平均值滤波、中值滤波、复合滤波(防脉冲干扰平均值滤波）和程序判断滤波等。

3.1.1 惯性滤波

计算机控制系统的工作环境存在着许多频率很低的干扰，如电源干扰等。由于电容容量的限制，硬件 RC 滤波器主要是滤除高频噪声。因此可以模仿 RC 滤波器的特性参数，用软件实现一阶惯性的数字滤波方法，做成低通数字滤波器，也称作惯性滤波。这是一种动态滤波方法。对于慢速随机变化的信号采用此方法可提高滤波效果。

模仿硬件 RC 滤波器，惯性滤波的数学表达式为：

$$y(k) = ax(k) + (1-a)y(k-1) \tag{3-1}$$

式中，$y(k)$ 为第 k 次采样的滤波输出值；$x(k)$ 为第 k 次的滤波输入值，即第 k 次采样值；$y(k-1)$ 为第 $k-1$ 次采样的滤波输出值；a 为滤波系数，$a = T/(T_f + T)$；T 为采样周期；T_f 为滤波环节的时间常数。

通常采样周期 T 远小于滤波环节的时间常数 T_f，即 a 远小于 1，表明本次有效采样值（滤波输出值）主要取决于上次有效采样值（滤波输出值），而本次采样值仅起到一点修正作用。

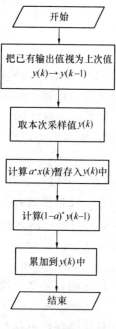

图 3-1 惯性滤波子程序流程图

这种算法模拟了具有较大惯性的低通滤波功能，当目标参数为变化很慢的物理量时，效果很好，但它不能滤除高于 1/2 采样频率的干扰信号。除低通滤波外，同样可以用软件来模拟高通滤波和带通滤波。

惯性滤波子程序流程如图 3-1 所示。

3.1.2 平均值滤波

平均值滤波就是对多个采样值进行平均计算，这是消除随机误差最常用的方法。具体又可分为以下几种。

1. 算术平均滤波

算术平均滤波的实质即把一个采样周期内对信号的 n 次采样值进行算术平均，作为本次的输出 $Y(n)$，即

$$Y(n) = \frac{1}{n}\sum_{i=1}^{n} y(i) \tag{3-2}$$

式中，$Y(n)$ 是 n 次采样值的算术平均值；$y(i)$ 是第 i 次采样值；n 是采样次数。

算术平均值法适用于对一般具有随机干扰的信号进行滤波，这种信号的特点是有一个平均值，信号在某一数值范围附近作上下波动，此时仅取一个采样值作依据显然是不准确的，如压力、流量、液面等信号的测量。但算术平均值法对脉冲性干扰的平滑作用尚不理想，因此它不适用于脉冲性干扰比较严重的场合。算术平均值法对信号的平滑滤波程度和灵敏度完全取决于 n。随着 n 的增大，平滑度提高，但灵敏度降低，即外界信号的变化对测量计算结果 Y 的影响小；当 n 较小时，平滑度低，但灵敏度高。应视具体情况选取 n，以便既少占用计算时间，又达到最好的效果。如对一般流量测量，可取 $n = 8 \sim 16$，对压力等测量，可取 $n = 4$。温度、成分等缓慢变化的信号 n 取 2 甚至不求平均。

在编制算法程序时，n 一般取 2、4、8 等 2 的整数次幂，以便于用移位来代替除法求

得平均值。一个简单的算术平均滤波子程序如图 3-2 所示。

2. 加权平均滤波

在算术平均滤波中，对于 n 次采样所得的采样值，在其结果的比重是均等的，但有时为了改进滤波效果，提高系统对当前所受干扰的灵敏度，需要增加新采样值在平均值中的比重，即将各采样值取不同的比例，然后再相加，此方法称为加权平均法。一个 n 项加权平均表达式如下：

$$Y_n = \sum_{i=1}^{n} C_i X_i \tag{3-3}$$

式中，$C_1, C_2, \cdots, C_n$ 称为加权系数，均为常数。且应满足下列关系：

$$\sum_{i=1}^{n} C_i = 1$$
$$0 < C_1 < C_2 < \cdots < C_n$$

加权系数体现了各次采样值在平均值中所占的比例，可根据具体情况决定。一般采样次数越靠后，取得比重越大。这样可以增加新的采样值在平均值中的比重。其目的是突出信号的某一部分，抑制信号的另一部分。

图 3-2 算术平均滤波子程序流程图

加权平均法适用于系统纯滞后时间常数较大、采样周期较短的过程，他给不同的相对采样时间得到的采样值以不同的权系数，以便能迅速反应系统当前所受干扰的严重程度。

在编制算法程序时，各加权系数用一个表格存放在 ROM 中，各次采样值依次存放在 RAM 中，算法流程如图 3-3 所示。

3. 滑动平均滤波

以上平均滤波算法有一个共同点，即每计算 1 次有效采样值必须连续采样 n 次，故需要采样时间较长，检测速度慢。对于采样速度较慢或采样的信号变化较快时，系统的实时性无法得到保证。例如 A/D 数据，数据采样速率为每秒 10 次，而要求每秒输入 4 次数据时，n 不能大于 2。滑动平均法是在每个采样周期内只采样 1 次，将本次采样值和以前的 $n-1$ 次采样值一起求平均，得到当前的有效采样值。如果取 n 个采样值求平均，RAM 中必须开辟 n 个数据的暂存区。每新采集一个数据便存入暂存区，同时去掉一个最老的数据。保持这 n 个数据始终是最近的数据。这种数据存放方式可以用环形队列结构方便地实现。每存入一个新数据便自动冲去一个最老的数据，滑动平均滤波算法的流程如图 3-4 所示。

滑动平均值法对周期性干扰有良好的抑制作用，平滑度高，灵敏度低。但对偶然出现的脉冲性干扰的抑制作用差，不易消除由于脉冲干扰引起的采样值的偏差。因此它不适用于脉冲干扰比

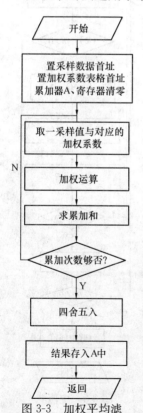

图 3-3 加权平均滤波子程序流程图

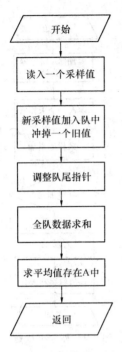

图 3-4 滑动平均滤波子程序流程图

较严重的场合,而适用于高频振荡系统。通过观察不同 n 值条件下滑动平均的输出响应来选取 n 值,以便既少占用时间,又能达到最好的滤波效果。其工程经验值为:流量 n 取 12,压力 n 取 4,液面 n 取 4~12,温度 n 取 1~4。

3.1.3 中值滤波

中值滤波是对某一被测参数连续采样 N 次,然后把 N 次采样值从小到大,或从大到小排队,再取其中间值作为本次采样值。采样次数应为奇数,常取 3 次或 5 次。对于变化很慢的参数,有时也可增加次数,如 15 次。

中值滤波对于去掉因偶然因素引起的波动或采样器不稳定而造成的误差所引起的脉冲干扰比较有效,对温度、液位等变化缓慢的被测参数采用此法能收到良好的滤波效果,但对流量、速度等快速变化的参数一般不宜采用。

编制中值滤波的算法程序时,首先把 N 个采样值从小到大(或从大到小)进行排队,然后再取中间值。把 N 个数据按大小顺序排队的具体做法是两两进行比较,设 R_0 为存放数据区首地址,先将 R_0 与 R_0+1 进行比较,若 $R_0 < R_0+1$,则不交换存放位置,否则将两数位置对调,即 R_0 存放较小数。再取 R_0+1 与 R_0+2 进行比较,判断方法同前,即把较小的数存放在 R_0+1 中,直到最后一个数比较完后得到最大数为止。然后再对 $N-1$ 个数重新进行比较,找出次大数,按此方法可将 N 个数从小到大顺序排列。设从 8 位 A/D 转换器输入的 5 次采样值的存放单元首址已送入 R_0,由于是 5 个采样值,所以要进行 4 轮比较判断,即大循环次数为 4,而每轮的两两比较次数即小循环次数递减,中值滤波子程序流程如图 3-5 所示。

3.1.4 程序判断滤波

工程实践表明,许多物理量的变化都需要一定的时间,相邻两次采样值之间的变化有一定的限度。程序判断滤波就是根据实践经验确定出相邻两次采样信号之间可能出现的最大偏差 ΔY,若超过此偏差值,则表明该输入信号是干扰信号,应该去掉;若小于此偏差值,可将信号作为本次采样值。

当采样信号由于随机干扰,如大功率用电设备的启动或停止,造成电流的尖峰干扰或误检测,以及变送器不稳定而引起的严重失真等,使得采样数据偏离实际值太远,可采用程序判断法进行滤波。

程序判断滤波根据滤波方法的不同,可分为限幅滤波和限速滤波 2 种。

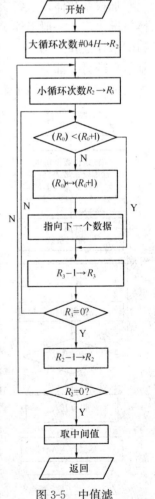

图 3-5 中值滤波子程序流程图

1. 限幅滤波

限幅滤波的作用是把两次相邻的采样值相减，求出其增量的绝对值，然后与两次采样允许的最大偏差值（由被控对象的实际情况决定）ΔY 进行比较，若小于或等于 ΔY，则表明本次采样值是真实有效的；若大于 ΔY，则说明本次采样值是不真实的，无效的，仍取上次采样值作为本次采样值。即：

$$|Y(k)-Y(k-1)|\leqslant \Delta Y \text{ 则 } Y(k)=Y(k) \tag{3-4}$$

$$|Y(k)-Y(k-1)|> \Delta Y \text{ 则 } Y(k)=Y(k-1) \tag{3-5}$$

式中，$Y(k)$ 为 $t=kT$ 时的采样值；$Y(k-1)$ 为 $t=(k-1)T$ 时的采样值；ΔY 为相邻两次采样值所允许的最大偏差，其大小取决于控制系统采样周期 T 和信号 Y 的正常变化率。

限幅滤波主要用于变化比较缓慢的参数，如温度、物理位置等测量系统。具体应用时，关键的问题是最大允差 ΔY 的选取，ΔY 太大，各种干扰信号将"乘虚而入"，使系统误差增大；ΔY 太小，又会使某些有用信号被"拒之门外"，使计算机采样效率变低。因此，门限值 ΔY 的选取是非常重要的。通常可根据经验数据获得，必要时也可由实验得出。限幅滤波子程序流程如图 3-6 所示。

2. 限速滤波

限幅滤波是用两次采样值来决定采样的结果，而限速滤波则最多可用 3 次采样值来决定采样结果。其方法是，当 $|Y(k)-Y(k-1)|>\Delta Y$ 时，不是如限幅滤波那样，用 $Y(k-1)$ 作为本次采样值，而是再采样一次，取得 $Y(k+1)$，然后根据 $|Y(k+1)-Y(k)|$ 与 ΔY 的大小关系来决定本次采样值，其具体判别如下：

设顺序采样时刻 t_1,t_2,t_3 的采样值分别为 Y_1,Y_2,Y_3，则

$|Y_2-Y_1|\leqslant \Delta Y$，则 Y_2 输入计算机

$|Y_2-Y_1|> \Delta Y$，则 Y_2 不采用，但仍保留，再继续采样一次，得 Y_3

$|Y_3-Y_2|\leqslant \Delta Y$，则 Y_3 输入计算机

$|Y_3-Y_2|> \Delta Y$，则取 $\dfrac{Y_2+Y_3}{2}$ 输入计算机

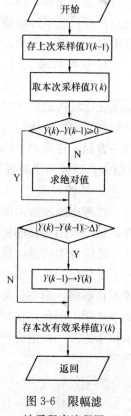

图 3-6 限幅滤波子程序流程图

这是一种折中的方法，既照顾了采样的实时性，又顾及了采样值变化的连续性。但这种方法也有明显的缺点：

(1) ΔY 的确定不够灵活，必须根据现场的情况不断更换新值；

(2) 不能反映采样点数 $N>3$ 时各采样值受干扰的情况，因而其应用受到一定的限制。具体应用时，可用 $(|Y_1-Y_2|+|Y_2-Y_3|)/2$ 作为 ΔY，这样也可基本保持限速滤波的特性，虽增加计算量，但灵活性提高了。

3.1.5 防脉冲干扰平均值滤波（复合数字滤波）

在脉冲干扰比较严重的场合，若采用一般的平均值法，则干扰将"平均"到计算结果中去，故平均值法不易消除由于脉冲干扰而引起的采样值偏差。防脉冲干扰平均值法先对 N 个数据进行比较，去掉其中的最大值和最小值，然后计算余下的 $N-2$ 个数据的算术平

均值。即：

$$Y = \frac{1}{N-2} \sum_{k=2}^{N-1} X(k) \tag{3-6}$$

其中，$X(1) \leqslant X(2) \leqslant \cdots \leqslant X(N), N \geqslant 3$

在实际应用中，N 可取任何值，但为了加快测量计算速度，N 一般不能太大，常取为 4，即为四取二再取平均值法。它具有计算方便、速度快、存储量小等特点，故得到了广泛应用。

3.1.6 各种滤波方法的比较

以上介绍了几种常用的经典数字滤波程序。随着计算机测控技术的发展，数字滤波方法将越来越完善，使用者可根据需要编写出更多的数字滤波程序，每种滤波程序都各有其特点，可根据实际需要测量的参数进行滤波方法的合理选择或者滤波方法的有效组合。在选用时可从以下两个方面考虑。

1. 滤波效果

一般来说，对于变化较缓慢的参数如温度，可选用程序判断滤波以及惯性滤波；而对于变化比较快的脉冲参数，如压力、流量等，则可选用算术平均和加权平均的方法，特别是加权平均滤波比算术平均滤波效果更好。对于要求比较高的系统可选用复合数字滤波。另一方面，在算术平均滤波和加权平均滤波中，其滤波效果与所选择的采样次数 n 有关，n 越大，滤波效果越好，但花费的时间也越长。

2. 滤波时间

在考虑滤波效果的前提下，尽量采用执行时间比较短的程序，如果计算机的时间允许，则可采用更好的复合滤波程序。

值得说明的是，数字滤波固然是消除计算机控制系统干扰的好办法，但一定要注意，并不是任何一个系统中都需要进行数字滤波，有时不适当地采用数字滤波会适得其反，造成不良影响。如在自动调节系统中，采用数字滤波有时会把偏差值滤掉，因而使系统失去调节作用。因此，在对计算机控制系统进行设计时，到底采用哪一种滤波，或者要不要采用数字滤波，一定要根据实验进行确定。

3.2 标度变换与线性化处理

3.2.1 标度变换

被测物理参数，如温度、压力、流量液位、气体成分等，通过传感器或变送器变成模拟量，送往 A/D 转换器，由计算机采样并转换成数字量，该数字量必须再转换成操作人员所熟悉的工程量，这是因为被测参数的各种数据的量纲与 A/D 转换的输入值是不一样的。例如：温度的单位为℃，压力的单位为 Pa 或 MPa 等。这些数学量并不一定等于原来带有量纲的参数值，它仅仅对应于参数值的大小，故必须把它转换成带有量纲的数值后才能运算、显示、记录和打印，这种转换称为标度变换。标度变换有各种类型，它取决于被测参数的传感器或变送器的类型，应根据实际情况选用适当的标度变换方法。

标度变换的任务是把计算机系统检测的对象参数的二进制数值还原为原物理量的工程实际值。如图 3-7 所示为标度变换原理图，这是一个温度测控系统，某种热电偶传感器把现场中的温度 0～1000℃ 转变为 0～50mV 信号，经输入通道中的运算放大器放大到 0～5V，再由 8 位 A/D 转换成 00～FFH 的数字量，这一系列的转换过程是由输入通道的硬件电路完成的。CPU 在将读入的数字信号送到显示器进行显示以前，必须把这一无量纲的二进制数值再还原变换成原量纲为℃的温度信号，比如最小值 00H 应变换为 0℃，最大值 FFH 应变换为 1000℃。

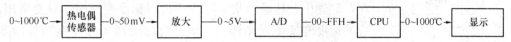

图 3-7　标度变换原理图

这个标度变换的过程是由算法软件程序来完成的，标度变换有各种不同的算法，它取决于被测参数的工程量与转换后的无量纲数字量之间的函数关系。一般而言，输入通道中的放大器、A/D 转换器基本上是线性的，因此，传感器的输入输出特性就大体上决定了这个函数关系的不同表达形式，也就决定了不同的标度变换方法。主要方法有线性变换和非线性变换。

1. 线性参数标度变换

所谓线性参数，指一次仪表测量值与 A/D 转换结果之间具有线性关系，或者说一次仪表是线性刻度的。其标度变换公式为：

$$A_x = A_0 + (A_m - A_0) \frac{N_x - N_0}{N_m - N_0} \tag{3-7}$$

式中，A_0——一次测量仪表的下限；

A_m——一次测量仪表的上限；

A_x——实际测量值（工程量）；

N_0——仪表下限对应的数字量；

N_m——仪表上限对应的数字量；

N_x——测量值所对应的数字量。

其中 A_0，A_m，N_0，N_m 对于某一个固定的被测参数来说是常数，不同的参数有不同的值。为使程序简单，一般把被测参数的起点 A_0（输入信号为 0）所对应的 A/D 输出值为 0，$N_0=0$，这样式（3-7）可化作：

$$A_x = \frac{N_x}{N_m}(A_m - A_0) + A_0 \tag{3-8}$$

式（3-7）和式（3-8）即为参量标度变换的公式。

有时，工程量的实际值还需经过一次变换，如电压测量值是电压互感器的二次侧的电压，则其一次侧的电压还有一个互感器的变比问题，这里上式应再乘上一个比例系数，即：

$$A_x = k \cdot \left[\frac{N_x}{N_m}(A_m - A_0) + A_0\right] \tag{3-9}$$

【例 3-1】 某加热炉温度测量仪表的量程为 200～1200℃，在某一时刻计算机系统采样并经数字滤波后的数字量为 CDH，设仪表量程是线性的，A/D 转换器位数为 8 位，求此时的温度值是多少？

解：根据前面所述，$A_0=200℃$，$A_m=1200℃$，$N_x=CDH=(205)_D$，$N_m=FFH=$

$(255)_D$，根据式（3-8）可得此时温度为：

$$A_x = \frac{N_x}{N_m}(A_m - A_0) + A_0 = \frac{205}{255}(1200 - 200) + 200 = 1004℃$$

在计算机控制系统中，为了实现上述转换，可把它设计成专门的子程序，各个不同参数所对应的 A_0，A_m，N_0，N_m 存放在存储器中，然后当某一参数要进行标度变换时，只要调用相应的标度变换子程序即可。线性标度变换子程序框图如图 3-8 所示。

2. 非线性参数标度变换

必须指出，上面介绍的标度变换，只适用于具有线性刻度的参量，如被测量为非线性刻度时，则其标度变换公式应根据具体问题具体分析，首先求出它所对应的标度变换公式，然后再进行设计。

例如，在过程控制中，最常见的非线性关系是差压变送器信号 ΔP 与流量 G 的关系

$$G = k\sqrt{\Delta P} \tag{3-10}$$

式中，k 是刻度系数，与流体的性质及节流装置的尺寸有关。

根据上式，流体的流量与被测流体流过节流装置时前后的压力差的平方根成正比，于是可得测量流量时的标度变换式为：

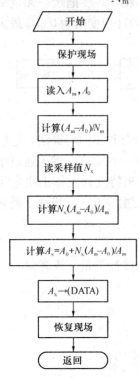

图 3-8 线性标度变换子程序框图

$$\frac{G_x - G_0}{G_m - G_0} = \frac{k\sqrt{N_x} - k\sqrt{N_0}}{k\sqrt{N_m} - k\sqrt{N_0}}$$

$$G_x = \frac{\sqrt{N_x} - \sqrt{N_0}}{\sqrt{N_m} - \sqrt{N_0}}(G_m - G_0) + G_0 \tag{3-11}$$

式中 G_0——流量仪表的下限值；

G_m——流量仪表的上限值；

G_x——被测量的流量值（工程量）；

N_0——差压变送器下限对应的数字量；

N_m——差压变送器上限对应的数字量；

N_x——差压变送器所测得的差压值（数字量）。

式（3-11）则为流量测量中标度变换的通用表达式。

对于流量测量仪表，一般下限取为 0，此时，$G_0=0$，$N_0=0$，故上式变为：

$$G_x = G_m \frac{\sqrt{N_x}}{\sqrt{N_m}} \tag{3-12}$$

据上式，可编制出计算 G_x 的程序流程图。

3.2.2 线性化处理

在数据采集和处理系统中，计算机得到的有关现场信号是通过数字滤波得到的比较真

实的被测参数。但此信号有时不能直接使用，因为该信号与其所代表的物理量不一定呈线性关系，另外，在显示时总是希望得到均匀的刻度，故还需对数据做线性化处理。

在常规的自动化仪表中，常引入"线性化器"来补偿其他环节的非线性，如非线性电位器、二极管阵列、运算放大器等。所有这些均属于硬件补偿，这些补偿方法精度不太高。在计算机数据处理系统中，可以用计算机进行非线性补偿，不仅补偿方法灵活，而且精度高。常用的补偿方法有计算法、插值法和折线法。

1. 计算法

当参数间的非线性关系可以用数学方程来表示时，计算机可按公式进行计算，完成非线性补偿。在过程控制中最常见的两个非线性关系是温度与热电势，差压与流量。

(1) 孔板差压与流量

用孔板测量气体或液体的流量，差压变送器输出的孔板差压信号 ΔP，同实际流量 G 之间呈平方根关系，即

$$G = k\sqrt{\Delta P} \tag{3-13}$$

式中　k 是流量系数。

为了计算平方根，可以采用牛顿迭代法。设

$$y = \sqrt{x} \quad x > 0$$

则

$$y(n) = \frac{1}{2}\left[y(n-1) + \frac{x}{y(n-1)}\right] \tag{3-14}$$

或

$$y(n) = y(n-1) + \frac{1}{2}\left[\frac{x}{y(n-1)} - y(n-1)\right] \tag{3-15}$$

(2) 热敏电阻与温度

热敏电阻具有灵敏度高、价格低廉等特点，但热敏电阻的阻值与所测温度之间的关系是非线性的。例如温度在 10~40℃ 之间，可取三阶多项式计算

$$t = P_3(R) = a_3 R^3 + a_2 R^2 + a_1 R + a_0 \tag{3-16}$$

其中，t 为温度，R 为电阻。

代入数据，可得

$$\begin{cases} a_3 = -0.2346989 \\ a_2 = 6.120273 \\ a_1 = -59.28043 \\ a_0 = 212.7118 \end{cases}$$

故可得其表达式，这可以很方便地用程序来实现。

一般来说，增加多项式的次数会提高逼近精度。但是，增加多项式的次数会增加计算机的计算时间，而且在某些情况下反而会造成误差的摆动；另一方面，如果本身非线性带有很多拐点，如果用一个多项式去逼近，将会产生较大的误差。为了提高逼近精度，且不占用过多的机时，可分段进行线性化，即用多段折线代替曲线。线性化过程是：首先将被逼近的函数根据其变化情况分成几段，然后将每一段区间分别用直线或抛物线去逼近。判断测量数据处于哪一折线段内，按相应段的线性化公式计算出线性值。折线段的分法并不是惟一的，可按实际曲线的情况灵活决定，既可以采用等距分段法，也可采用非等距分段法。当然，折线段数越多，线性化精度就越高，软件开销也就相应增加。分段数应视具体

情况和要求而定。当分段数多到线段缩成一个点时，实际上就是另一种方法——查表法。后面会介绍。

(3) 中间计算

来自被控对象的某些检测信号与真实值有偏差。例如，用孔板测量气体的体积流量，当被测气体的温度和压力与设计孔板的基准温度和基准压力不同时，必须对用式(3-11)计算出的流量 G 进行温度、压力补偿。一种简单的补偿公式为：

$$G_0 = G\sqrt{\frac{T_0 P_1}{T_1 P_0}} \tag{3-17}$$

其中，T_0 为设计孔板的基准绝对温度 [K]，P_0 为设计孔板的基准绝对压力，T_1 为被测气体的实际绝对温度 [K]，P_1 为被测气体的实际绝对压力。

对于某些无法直接测量的参数，必须首先检测与其有关的参数，然后依照某种计算公式，才能间接求出它的真实数值。例如，精馏塔的内回流流量是可检测的外回流流量、塔顶气相温度与回流液温度之差的函数，即

$$G_1 = G_2\left(1 + \frac{C_P}{\lambda}\Delta T\right) \tag{3-18}$$

其中，G_1 为内回流流量，G_2 为外回流流量，C_p 为液体比热，λ 为液体汽化潜热，ΔT 为塔顶气相温度与回流液温度之差。

2. 插值法

计算机非线性处理应用最多的方法就是插值法。其实质是找出一种简单的，便于计算和处理的近似表达式代替非线性参数。用这种方法所得到的公式叫做插值公式。

(1) 多项式插值公式

假设已知函数 $y = f(x)$ 在 $n+1$ 个相异点

$$a = X_0 < X_1 < \cdots < X_n = b$$

处的函数值为

$$f(X_0) = f_0, f(X_1) = f_1, \cdots, f(X_n) = f_n$$

希望找到一种函数 $P_n(X)$，使其能最大限度地逼近 $f(X)$，并且在 $X_i(i = 1,\cdots,n)$ 处与 $f(X)$ 相等，则函数 $P_n(X)$ 被称为 $f(X)$ 的插值函数，X_i 称为插值节点。

插值函数 $P_n(X)$ 可以用一个 n 次多项式来表示，即

$$P_n(X) = C_n X^n + C_{n-1} X^{n-1} + \cdots + C_1 X + C_0 \tag{3-19}$$

作为所求的近似表达式，使其满足条件：

$$P_n(X) = f_i$$

其中，$i = 0, 1, 2, \cdots, n$。多项式中各项的系数 $C_0, C_1, \cdots, C_n$ 应满足下列方程组：

$$\begin{aligned} C_n X_0^n + C_{n-1} X_0^{n-1} + \cdots + C_0 &= f_0 \\ C_n X_1^n + C_{n-1} X_1^{n-1} + \cdots + C_1 &= f_1 \\ &\vdots \\ C_n X_n^n + C_{n-1} X_n^{n-1} + \cdots + C_0 &= f_n \end{aligned} \tag{3-20}$$

由式（3-20）可以求解系数 $C_0, C_1, \cdots, C_n$，将其代回式（3-19），即可求出近似值。式（3-20）称为函数 $f(X)$ 以 $X_0, X_1, \cdots, X_n$ 为基点的插值多项式。

（2）拉格朗日插值公式

在式（3-19）中，为了避免求解 $n+1$ 阶线性方程组，可以把多项式 $P_n(X)$ 写成另外一种形式：

$$P_n(X) = g_0 l_0(X) + g_1 l_1(X) + \cdots + g_n l_n(X) = \sum_{i=0}^{n} g_i l_i(X) \tag{3-21}$$

其中，$l_i(X)$ 需满足关系

$$l_i(X) = \begin{cases} 1, & i=j \\ 0, & i \neq j \end{cases} \tag{3-22}$$

显然 $P_n(X_i) = g_i$，$i = 0, 1, 2, \cdots, n$

对于 $l_i(X)$ 可取

$$l_i(X) = \frac{(X-X_0)\cdots(X-X_{i-1})(X-X_{i+1})\cdots(X-X_n)}{(X_i-X_0)\cdots(X_i-X_{i-1})(X_i-X_{i+1})\cdots(X_i-X_n)} \tag{3-23}$$

将式（3-23）代入式（3-21），得

$$P_n(X) = \sum_{i=0}^{n} g_i l_i(X) = \sum_{i=0}^{n} g_i \frac{(X-X_0)\cdots(X-X_{i-1})(X-X_{i+1})\cdots(X-X_n)}{(X_i-X_0)\cdots(X_i-X_{i-1})(X_i-X_{i+1})\cdots(X_i-X_n)} \tag{3-24}$$

式（3-24）即为拉格朗日插值多项式，通常记作 $L_n(X)$。

（3）线性插值法

为了提高逼近精度，就需要增加插值节点和多项式的次数，这必然给计算带来麻烦，为此可以采用线性插值法。

线性插值法的原理即：假设 A、B 两点的点斜式直线方程为

$$y = y_0 + \frac{y_1 - y_0}{x_1 - x_0}(x - x_0) \tag{3-25}$$

方程（3-25）实质上是式（3-24）中 $n=1$ 的情况，称为一次插值多项式，其中 y_0 和 $\frac{y_1 - y_0}{x_1 - x_0}$ 均为常数，只要有一个 x 就能找到相应的 y 值。

线性插值法误差较大，故可以用三点决定的曲线来实现插值。若三点不在一条直线上，通过三点的曲线就是抛物线，故称为抛物线近似（二次插值）。一次线性插值运算速度快，但精度低，二次插值精度比一次插值精度高，但速度较慢，可根据实际情况选择使用。

3.3 查 表 法

所谓查表法就是把事先计算或测得的数据按照一定顺序编制成表格，查表程序的任务

就是根据被测参数的值或者中间结果，查出最终所需要的结果。它是一种非数值计算方法，利用这种方法可以完成数据的补偿、计算、转换等各种工作。比如输入通道中对热电偶特性的处理，可以利用非线性插值法进行标度变换，也可以采用精度更高、效果更好的查表法进行标度变换，即利用热电偶的 mV-℃分度表，通过计算机的查表指令就能迅速、便捷地由电势 mV 值查到相应的温度℃值。在控制系统中还有一些其他参数或表格也是如此，如对数表、三角函数表、模糊控制表等。

查表程序的繁简程度及查询时间的长短，除与表格的长短有关外，很重要的因素在于表格的排列方法。一般来讲，表格有两种排列方法，第一种是无序表格，即表格中的数据是任意排列的；第二种是有序表格，即表格中的数据是按一定的顺序排列。表格的排列不同，查表的方法也不尽相同。具体的查表方法有顺序查表法、计算查表法和折半查表法等。

3.3.1 顺序查表法

顺序查表法是针对无序排列表格的一种方法，其查表方法类似人工查表。因为无序表格中所有各项的排列均无一定的规律，所以只能按照顺序从第一项开始逐项寻找，直到找到所要查找的关键字为止。

顺序查表法虽然比较"笨"，但对于无序表格或较短表格而言，仍是一种比较常用的方法。

3.3.2 计算查表法

在计算机数据处理中，一般使用的表格都是线性表，它是若干个数据元素 $X_1, X_2, \cdots, X_n$ 的集合，各数据元素在表中的排列方法及所占的存储器单元个数都是一样的。因此，要搜索内容与表格的排列有一定的关系。只要根据所给的数据元素 X_i，通过一定的计算，求出元素 X_i 所对应的地址，然后将该地址单元的内容取出即可。

这种有序表格要求各元素在表中的排列格式及所占用的空间必须一致，而且各元素是严格按顺序排列。其关键在于找出一个计算表地址的公式，只要公式存在，查表的时间与表格的长度无关。正因为这种方法对表格的要求比较严格，因此并非任何表格均可采用，通常它适用于某些数值计算程序、功能键地址转移程序以及数码转换程序等。

3.3.3 折半查表法

前面两种方法中，顺序查表法速度比较慢，计算查表法虽然速度很快，但对表格要求严格，因而具有一定的局限性。在实际应用中，很多表格都比较长，且难以用计算查表法进行查找，但它们一般都满足从大到小或从小到大的排列顺序，如热电偶 mV－℃分度表、流量测量中差压与流量对照表等。对于这样的表格通常采用快速而且有效的折半查表法。

折半查表法的具体做法是先取数组的中间值 $D = n/2$ 进行查找，与要搜索的 X 值进行比较，若相等，则查到。对于从小到大的顺序来说，如果 $X > n/2$ 项，则下一次取 $n/2$ 到 n 的中间值，即取 $3n/4$ 与 X 进行比较；若 $X < n/2$，则取 0 到 $n/2$ 的中间值，即取 $n/4$ 与 X 进行比较。如此比较下去，则可逐次逼近要搜索的关键字，直到找到为止。

3.4 报警处理

在计算机控制系统中，为了安全生产，对一些重要的参数或系统部位，都设有上、下限检查及报警系统,以便提醒操作人员注意或采取相应的措施。其方法就是把计算机采集的数据经数据处理、数字滤波、标度变换之后,与该参数上、下限给定值进行比较。如果高于(或低于)上限(或下限),则进行报警,否则就作为采样的正常值,以便进行显示和控制。例如,锅炉水位自动调节系统中,水位的高低是非常重要的参数,水位太高将影响蒸汽的产量,水位太低则有爆炸的危险,所以要做越限报警处理。

在实际系统中作越限报警处理时,上、下限并非只是惟一的值,而是都在一个回差带,如图3-9所示。在此范围内都认为是正常的,这主要是为了避免测量值在极限值附近摆动造成频繁的报警。在图3-9中,H是上限带宽,L是

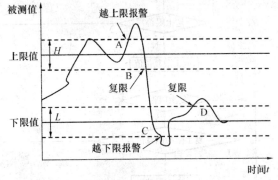

图 3-9 越限报警范围

下限带宽,只有当被测量值越过 A 点时,才做越限处理,测量值穿越带区下降到 B 点以下才算复限。同样的道理,测量值在 L 带区内摆动均不做越下限处理,只有它高于 D 点时才做越下限后复位处理。这样就避免了频繁的报警和复限。

3.4.1 越限报警处理

越限报警的基本思想是将采样、数字滤波后的数据与该被测点上、下限给定值进行比较,检查是否越限,或与上限复位值、下限复位值进行比较,检查是否复限。如越限,则分别置上、下限标志并输出相应的声、光报警信号;如复限,则清除相应标志。其越限报警子程序流程如图3-10所示。

3.4.2 越限报警方式

报警系统一般为声光报警信号,光多采用发光二极管(LED)或白炽灯光等,声响则多为电铃、电笛等。有些地方也采用闪光报警的方法,使报警的灯光或声音按一定的频率闪烁(或发声)。在某些系统中,需要增加功能,还带有打印输出,如记下报警的参数、时间等,并能自动进行处理,如自动切换到手动,切断阀门,打开阀门等。在计算机测控系统中常采用声光及语言进行报警。

1. 普通声光报警

普通光报警常采用发光二极管 LED 实现,声报警常用蜂鸣器或电笛实现。图 3-11 是普通声光报警接口电路图,发光二极管的驱动电流一般为 $10\sim20\mathrm{mA}$,单片机的 I/O 口往往不能直接驱动发光二极管,需要外接驱动器驱动,可采用 OC 门驱动器,如反相驱动器 74LS06、正相驱动器 74LS07 等,也可采用一般的锁存器如 74LS273、74LS373、74LS377,或带有锁存器的 I/O 接口芯片,如 8155、8255A 等。图中单片机 P1 口接 5 个 LED 用于 5 路信号的越限报警,P1.0 与 1 个驱动蜂鸣器的继电器线圈相连,当某一路需要报警时,只要对该路及 P1.0 输出高电平,经 74LS06 反相后,LED 点亮的同时,继电器线圈吸合,蜂鸣器发出鸣叫,达到声光报警效果。

2. 模拟声光报警

模拟声光报警最常用的方法是采用模拟声音集成电路芯片,如 KD-956X 系列,是一

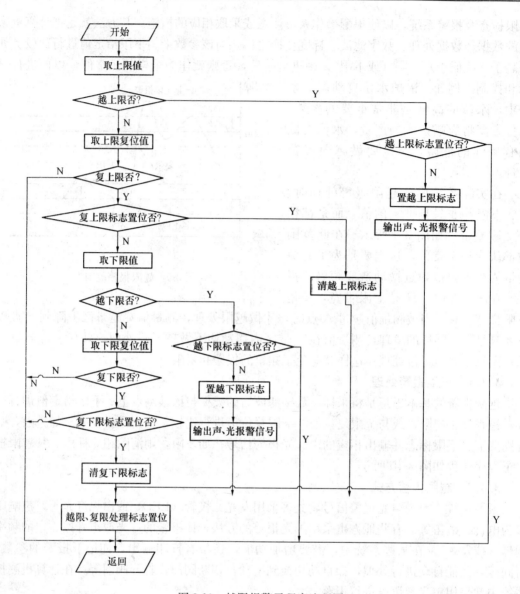

图 3-10 越限报警子程序流程图

种采用 CMOS 工艺、软封装的声报警 IC 芯片。KD-956X 系统具有工作电压范围大、静态电流小、体积小、价格低、音响逼真、控制简便等优点,所以在报警装置及儿童玩具中得到广泛的应用。

3. **语音报警**

随着单片机技术、语音信号处理技术和语音芯片制造技术的不断发展,增加语音功能已经成为智能仪表和计算机测控系统的设计方向。显然,用计算机直接发出语音告诉操作人员发生了什么以及应该采取什么样的应急措施,远比声、光报警传递了更为鲜明的信息,而且利用计算机语音系统还能实现运行参数的报读以及运行状态的提醒。

计算机语音系统是在计算机测控系统中扩展语音录放芯片实现的。目前已经有大量语音录放芯片可供选择,有的芯片可以录放 10s 或 20s 的信息,有的可以录放几分钟长度的

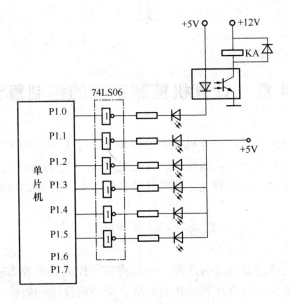

图 3-11 普通声光报警接口电路

信息，用户可以按照录放信息长短的需要来选择适当的芯片。

习 题 和 思 考 题

3-1 简述数字滤波及其特点。

3-2 简述各种数字滤波方法的原理或算法及适用场合。

3-3 某温度测量系统（假设为线性关系）的测温范围为 0～200℃，经 A/D 转换后对应数字量为 00～FFH，试写出其标度变换算式，并画出其程序框图。

3-4 在数据处理中，查表法能完成哪些功能？一般有哪些查表方法？

3-5 在计算机控制系统中，为什么要设置越限报警？可以考虑哪些越限报警方式？

3-6 标度变换在工程上有什么意义？在什么情况下需要使用标度变换？

第 4 章　计算机控制系统的控制算法

计算机控制系统组成以后，计算机控制的操作功能除了从被控对象获取信息外，最主要的任务是执行反映控制规律的控制算法，并把计算结果送到执行机构去控制被控对象。控制算法决定着控制规律，而控制规律反映计算机控制系统性能的核心。

4.1　数字控制器的设计方法

计算机控制系统的描述方法分为两种：一是将数字控制器等效为一个连续环节，然后采用连续系统的方法来分析与设计整个控制系统；二是将连续的被控对象离散化，建立等效的离散系统数学模型，然后在离散系统的范畴内分析整个闭环系统。相应地，在设计方法上就可以分为模拟化设计方法和离散化设计方法。

4.1.1　模拟化设计方法

当采样频率足够高，以至于采样保持所引起的误差可以忽略，则系统的离散部分可以用连续系统来代替。整个系统完全可用连续系统的设计方法来设计，待确定了连续校正装置（模拟控制器）后，再用合适的离散化设计方法将连续的模拟校正装置"离散"处理为数字校正装置，以便于用计算机实现。虽然这种方法是近似的，但用经典的方法（如频率法、根轨迹法等）设计连续系统早已为工程技术人员所熟悉，具有十分丰富的经验。特别是目前连续系统的计算机辅助设计已相当成熟与普及，因此这种设计方法被广泛采用。模拟化设计方法一般可按以下步骤进行：

第一步：用连续系统理论确定连续控制系统的控制器传递函数 $D(s)$；

第二步：用合适的离散化方法由 $D(s)$ 求出数字控制系统的传递函数 $D(z)$；

第三步：检查系统性能是否满足设计要求；

第四步：将 $D(z)$ 变为差分方程或状态空间方程，并编写计算机程序。需要时可运用混合仿真的方法检查系统的设计与程序编制是否正确。

4.1.2　离散化设计方法（直接数字设计法）

离散化设计方法的概念可用图 4-1 说明。

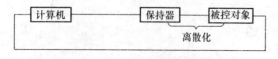

图 4-1　离散化设计方法示意图

首先用适当的离散化方法将连续部分（如图 4-1 所示的保持器和被控对象）离散化，使整个系统完全变成离散系统，然后用离散控制系统的设计方法来设计数字控制器，最后用计算机实现控制功能。

4.1.3　两种方法的比较

模拟化设计方法可引用成熟的经典设计理论和方法。但系统的动态特性会因采样周期的增加而改变，甚至导致闭环系统的不稳定。因而，它是一种近似方法。

离散化设计方法运用的数学工具是 Z 变换与离散状态空间分析法。它一般用于在对被控对象的特性了解较多，或可以精确计算对象数学模型的场合。这种方法是一种直接数字设计方法，相对而言有时称为精确法。需要注意的是，该法的精确性仅限于线性范围内以及采样点上才成立。如果采样频率选得不合理，则由于在实际系统中，控制器的饱和以及由于采用 Z 变换分析方法不可能检测到两个采样点间的系统特性，会使该方法丧失其精确性。

在一般工业过程控制和建筑智能化领域，大多数情况下计算机控制系统的采样时间可以做到相对对象时间常数来说足够短，离散控制与模拟控制的性能接近，因此系统控制器可采用模拟控制器数字化的方法来设计，目前在实际工程中这种系统设计方法应用较为普遍。本书主要讨论模拟化设计方法。

4.2 模拟控制器的离散化方法

从信号理论的角度看，模拟控制器用于反馈控制系统是作为校正装置来使用的。有关模拟控制器的离散化方法已提出许多，而且新方法还在不断出现。

离散化方法的实质就是求原连续传递函数 $D(s)$ 的等效离散传递函数 $D(z)$。"等效"是指 $D(s)$ 与 $D(z)$ 在以下特性方面的相近性：脉冲响应特性、阶跃响应特性、频率特性、稳态增益等。对多数熟悉连续域设计的控制工程师来说，采用连续域—离散化设计并不困难，关键是掌握各种离散化方法。离散化方法很多，不同的离散化方法所具有的特性不同，离散后的脉冲传递函数与原传递函数在上述几种特性方面接近的程度不一致。因此，应了解不同方法的特点，根据系统性能要求选择合适的离散化方法。

4.2.1 一阶后向差分法

1. 离散化公式

设连续传递函数为 $D(s)$，一阶后向差分离散化方法为

$$D(z) = D(s) \big|_{s=\frac{1-z^{-1}}{T}} \tag{4-1}$$

式中，T 为采样周期。

该方法实质是将连续域中的微分用一阶后向差分替换。所以若

$$D(s) = U(s)/E(s) = 1/s \tag{4-2}$$

微分方程为

$$du(t)/dt = e(t), u(t) = \int_0^t e(\tau)d\tau \tag{4-3}$$

用一阶后向差分代替式（4-3）中的微分，即

$$du(t)/dt = \{u(kT) - u[(k-1)T]\}/T \tag{4-4}$$

将式（4-4）代入式（4-3）则有

$$u(kT) = u[(k-1)T] + Te(kT) \tag{4-5}$$

对该式做 Z 变换，得

$$U(z) = z^{-1}U(z) + TE(z) \tag{4-6}$$

$$D(z) = U(z)/E(z) = T/(1-z^{-1}) \tag{4-7}$$

比较式（4-7）与式（4-2），得 s 与 z 之间的变换关系

$$s = (1-z^{-1})/T \tag{4-8}$$

或

$$z = \frac{1}{1-sT} \tag{4-9}$$

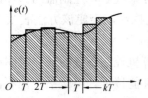

图 4-2 后向差分矩形积分法

实际上，这种方法相当于数学的矩形积分法，即以矩形面积近似代替积分。从式（4-5）可见，输出量 $u(kT)$ 是由矩形面积累加而成，其图形如图 4-2 所示。当采样周期 T 较大时，这种方法精度较差。

另外，当采样频率足够高时，一阶后向差分替换关系是 z 变量与 s 变量关系的一种近似。实际上，应用泰勒级数展开，可得

$$z = e^{sT} = \frac{1}{e^{-sT}} \approx \frac{1}{1-sT} \tag{4-10}$$

所以有式（4-8）成立。

2. 主要特性

由于一阶后向差分替换法使 s 平面与 z 平面的关系改变了，所以采用这种方法时，s 平面的一点（如极点）与 z 平面的对应关系就不具有 Z 变换的关系。

由式（4-9）可得

$$z = \frac{1}{1-sT} = \frac{1}{2} + \frac{1}{2} \times \frac{1+sT}{1-sT} \tag{4-11}$$

取模的平方并代入 $s = \sigma + j\omega$，则有

$$\left|z - \frac{1}{2}\right|^2 = \frac{1}{4} \times \frac{(1+\sigma T)^2 + (\omega T)^2}{(1-\sigma T)^2 + (\omega T)^2} \tag{4-12}$$

分析式（4-12）可得，当 $\sigma = 0$（s 平面虚轴），式（4-12）为 $|z-1/2| = 1/2$，这是 z 平面上圆的方程，圆心在 $(1/2, 0)$ 处，半径为 $1/2$。这表明 s 平面虚轴映射到 z 平面为该小圆的圆周，如图 4-3 所示。

当 $\sigma > 0$（s 右半平面），上式为 $|z-1/2| > 1/2$，映射到 z 平面为上述小圆的外部；当 $\sigma < 0$（s 左半平面），上式为 $|z-1/2| < 1/2$，映射到 z 平面为上述小圆的内部。

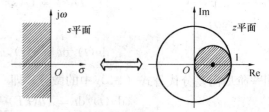

图 4-3 后向差分法的映射关系

由上述映射关系可见，若 $D(s)$ 稳定（即极点在 s 平面的左半平面），则变换后 $D(z)$ 一定也稳定。

3. 应用

由于这种变换的映射关系畸变严重，变换精度较低，所以工程应用受到限制。但这种变换简单易行，要求不高时，在采样周期 T 相对较小的场合也有一定的应用。

【例 4-1】 利用后向差分法求惯性环节 $D(s) = \dfrac{1}{T_1 s + 1}$ 的差分方程。

解： 由 $D(s) = \dfrac{U(s)}{E(s)} = \dfrac{1}{T_1 s + 1}$，且由式（4-8），有

$$D(z) = \frac{U(z)}{E(z)} = \frac{1}{T_1 \dfrac{1-z^{-1}}{T} + 1} = \frac{T}{T_1(1-z^{-1}) + T}$$

则有

$$T_1(1-z^{-1})U(z) + TU(z) = TE(z)$$
$$T_1 U(z) - z^{-1} T_1 U(z) + TU(z) = TE(z)$$
$$U(z) = \frac{1}{T_1 + T}[z^{-1} T_1 U(z) + TE(z)]$$

则可得差分方程为

$$u(kT) = \frac{1}{T_1 + T}\{T_1 u[(k-1)T] + Te(kT)\}$$

【例 4-2】 利用后向差分法求惯性环节 $D(s) = \dfrac{K_p}{s(T_1 s + 1)}$ 的差分方程。

解： 由 $D(s) = \dfrac{U(s)}{E(s)} = \dfrac{K_p}{s(T_1 s + 1)}$，且由式（4-8），有

$$D(z) = \frac{U(z)}{E(z)} = \frac{K_p}{\dfrac{1-z^{-1}}{T}\left(T_1 \dfrac{1-z^{-1}}{T} + 1\right)} = \frac{T^2 K_p}{T_1(1-z^{-1})^2 + (1-z^{-1})T}$$

$$= \frac{T^2 K_p}{T_1(1 - 2z^{-1} + z^{-2}) + (1-z^{-1})T}$$

则有

$$U(z)[T_1(1 - 2z^{-1} + z^{-2}) + (1-z^{-1})T] = T^2 K_p E(z)$$
$$T_1 U(z) - 2T_1 z^{-1} U(z) + T_1 z^{-2} U(z) + TU(z) - T z^{-1} U(z) = T^2 K_p E(z)$$
$$U(z) = \frac{1}{T_1 + T}[-T_1 z^{-2} U(z) + 2T_1 z^{-1} U(z) + T z^{-1} U(z) + T^2 K_p E(z)]$$

则可得差分方程为

$$u(kT) = \frac{1}{T_1 + T}\{-T_1 u[(k-2)T] + 2T_1 u[(k-1)T] + Tu[(k-1)T] + T^2 K_p e(kT)\}$$

为方便起见，一般在书写中用 k 表示 kT，则上式可写为

$$u(k) = \frac{1}{T_1 + T}[-T_1 u(k-2) + 2T_1 u(k-1) + Tu(k-1) + T^2 K_p e(k)]$$

4.2.2 一阶前向差分法

1. 离散化公式

设连续传递函数为 $D(s)$，则一阶前向差分法离散化公式为

$$D(z) = D(s)\big|_{s=\frac{z-1}{T}} \tag{4-13}$$

这种变换实质是将连续域中的微分用一阶前向差分替换，即

$$\mathrm{d}u(t)/\mathrm{d}t = \{u(k+1) - u(k)\}/T \tag{4-14}$$

$$u(k+1) = u(k) + Te(k) \tag{4-15}$$

实际上，这种方法也是一种矩形积分近似，如图 4-4 所示。

对式（4-15）做 Z 变换，得

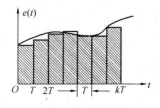

图 4-4 前向差分
矩形积分法

$$zU(z) = U(z) + TE(z) \quad (4\text{-}16)$$
$$D(z) = U(z)/E(z) = T/(z-1) \quad (4\text{-}17)$$

比较式 (4-17) 与式 (4-2)，得 s 与 z 之间的变换关系

$$s = (z-1)/T \quad (4\text{-}18)$$

或

$$z = 1 + sT \quad (4\text{-}19)$$

当采样频率足够高时，这种方法也是 Z 变换的一种近似。用泰勒级数将 $z = e^{sT}$ 展开，即得

$$z = e^{sT} \approx 1 + sT \quad (4\text{-}20)$$

2. 主要特性

由 s 与 z 之间的变换关系可得

$$z = 1 + sT = (1 + \sigma T) + j\omega T \quad (4\text{-}21)$$

上式两端取模

$$|z|^2 = (1+\sigma T)^2 + (\omega T)^2 \quad (4\text{-}22)$$

令 $|z| = 1$（单位圆），则对应到 s 平面上一个圆，即

$$1 = (1+\sigma T)^2 + (\omega T)^2 \quad (4\text{-}23)$$

或

$$\frac{1}{T^2} = \left(\frac{1}{T} + \sigma\right)^2 + \omega^2 \quad (4\text{-}24)$$

如图 4-5 所示。只有当 $D(s)$ 的所有极点位于左半平面的以点 $(-1/T, 0)$ 为圆心，$1/T$ 为半径的圆内，离散化后 $D(z)$ 的极点才位于 z 平面单位圆内。如图中 s_3 点映射到 z 平面就不会落在单位圆内。若想使极点 s_3 也映射到 z 平面的单位圆内，只能将采样周期 T 减小，从而使 s 平面上圆的半径增大，将点 s_3 包在 s 平面上的圆内。

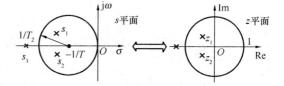

图 4-5 前向差分法的映射关系

3. 应用

由于这种变换的映射关系畸变严重，不能保证 $D(z)$ 一定稳定，或者如要保证稳定，要求采样周期很小，所以应用较少。

4.2.3 双线性变换法（突斯汀变换法）

1. 离散化公式

若连续域传递函数为 $D(s)$，则双线性变换法离散化公式为

$$D(z) = D(s) \big|_{s = \frac{2}{T} \frac{z-1}{z+1}} \quad (4\text{-}25)$$

实际上，这种方法相当于数学的梯形积分法，即以梯形面积近似代替积分。用梯形积分描述式 $D(s) = U(s)/E(s) = 1/s$ 中的积分，如图 4-6 所示，每个梯形面积的宽度为 T，上底与下底分别为 $e(k-1)$、$e(k)$。

根据 $u(t) = \int_0^t e(\tau)d\tau$，有

$$u(k) = u(k-1) + \frac{T}{2}[e(k) + e(k-1)] \quad (4\text{-}26)$$

式中 $u(k-1)$ 为前 $(k-1)$ 个梯形面积之和。进行 Z 变换有

$$U(z) = z^{-1}U(z) + \frac{T}{2}[E(z) + z^{-1}E(z)] \quad (4-27)$$

$$D(z) = \frac{U(z)}{E(z)} = \frac{\frac{T}{2}(1+z^{-1})}{1-z^{-1}} = \frac{1}{\frac{2}{T}\frac{z-1}{z+1}} = \frac{1}{\frac{2}{T}\frac{1-z^{-1}}{1+z^{-1}}}$$
(4-28)

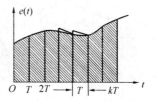

图 4-6 梯形积分法

与 $D(s) = U(s)/E(s) = 1/s$ 比较,可得 s 与 z 之间的变换关系

$$s = \frac{2}{T}\frac{z-1}{z+1} = \frac{2}{T}\frac{1-z^{-1}}{1+z^{-1}} \quad (4-29)$$

$$z = \frac{1+\frac{T}{2}s}{1-\frac{T}{2}s} \quad (4-30)$$

从式(4-29)和式(4-30)可知,s 与 z 的关系是双线性函数,故称为双线性变换。为纪念英国工程师 Tustin 对双线性变换研究的贡献,这种变换又称为突斯汀变换。

实际上,这种变换也是 Z 变换的一种近似。根据 Z 变换定义

$$z = e^{Ts} \quad (4-31)$$

则

$$\ln z = Ts \quad (4-32)$$

用泰勒级数将 $\ln z$ 展开,即得

$$\ln z = 2\left[\frac{z-1}{z+1} + \frac{1}{3}\left(\frac{z-1}{z+1}\right)^3 + \frac{1}{5}\left(\frac{z-1}{z+1}\right)^5 + \cdots\right] \quad (4-33)$$

忽略高次项,得

$$Ts = 2 \times \frac{z-1}{z+1} \quad (4-34)$$

则有式(4-29)和(4-30)成立。

2. 主要特性

(1) s 平面与 z 平面的映射关系

以 $s = \sigma + j\omega$ 代入式(4-30),得

$$z = \frac{1+\frac{T}{2}s}{1-\frac{T}{2}s} = \frac{\left(1+\frac{T}{2}\sigma\right)+j\frac{\omega T}{2}}{\left(1-\frac{T}{2}\sigma\right)-j\frac{\omega T}{2}} \quad (4-35)$$

两边取模的平方,得

$$|z|^2 = \frac{\left(1+\frac{T}{2}\sigma\right)^2 + \left(\frac{\omega T}{2}\right)^2}{\left(1-\frac{T}{2}\sigma\right)^2 + \left(\frac{\omega T}{2}\right)^2} \quad (4-36)$$

分析式(4-36),可得如下映射关系,如图 4-7 所示。

$\sigma = 0$(s 平面虚轴)映射为 $|z| = 1$(z 平面单位圆)。

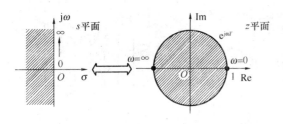

图 4-7 双线性变换映射关系

$\sigma<0$(s 左半平面)映射为 $|z|<1$(z 平面单位圆内)。

$\sigma>0$(s 右半平面)映射为 $|z|>1$(z 平面单位圆外)。

可见,双线性变换将整个 s 平面左半部映射到 z 平面单位圆内,而 s 平面右半部映射到单位圆外,s 平面虚轴映射为单位圆。但要注意,Z 变换的映射是重叠映射,但这种映射是一对一的非线性映射,即整个虚轴对应一个有限长度的单位圆的圆周长。

上述结论可详细说明如下:若令 s 域的角频率以 ω_A 表示,z 域角频率以 ω_D 表示,根据式(4-29)可得

$$j\omega_A = \frac{2}{T}\frac{1-e^{-j\omega_D T}}{1+e^{-j\omega_D T}} = \frac{2}{T}\frac{e^{j\omega_D T/2}-e^{-j\omega_D T/2}}{e^{j\omega_D T/2}+e^{-j\omega_D T/2}} = \frac{2}{T}\frac{2j\sin(\omega_D T/2)}{2\cos(\omega_D T/2)} = j\frac{2}{T}\tan\frac{\omega_D T}{2} \quad (4\text{-}37)$$

即

$$\omega_A = \frac{2}{T}\tan\frac{\omega_D T}{2} \quad (4\text{-}38)$$

由式(4-38)可推出,当 s 平面角频率 ω_A 沿正虚轴从 0 变化至 ∞,对应 z 平面角频率 ω_D 沿单位圆由 0 变化到 π/T,即 s 平面整个正虚轴对应 z 平面单位圆上半圆周。

(2)稳定性

由上述的映射关系可见,若 $D(s)$ 是稳定的,离散后 $D(z)$ 也一定是稳定的。

(3)频率畸变

双线性变换的一对一映射,保证了离散频率特性不产生频率混叠现象,但产生了频率畸变。式(4-38)表明 s 域角频率和 z 域角频率是非线性关系,如图 4-8 所示,s 域 0~∞ 频段均压缩到 z 域的有限频段 0~π/T 上。也正是由于这种非线性压缩,才使双线性变换不产生频率的混叠。

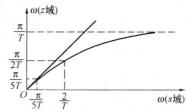

图 4-8 双线性变换的频率关系

由图 4-8 还可看到,当采样频率较高时,s 域和 z 域的频率在低频段近似保持线性关系,因而在此频段内,双线性变换频率失真小。同时,采样频率越高,线性段越宽。当频率 ω_D 接近 π/T 时,$\tan(\omega_D T/2)$ 将趋于 $\tan(\pi/2)$,而连续域频率 ω_A 迅速增至 ∞。故当 ω_D 接近 π/T 时,频率畸变严重,特性失真亦较大。

(4)双线性变换后环节的稳态增益不变

即

$$D(s)|_{s=0} = D(z)|_{z=1} \quad (4\text{-}39)$$

这表明双线性变换保证了连续控制器离散化后,稳态增益不必进行修正。离散化算法本身将自动保证稳态增益不变。

(5)双线性变换后 $D(z)$ 的阶次不变,且分子、分母具有相同的阶次

若 $D(s)$ 分子阶次比分母低 $p=n-m$ 次,则 $D(z)$ 分子上必有 $(z+1)^p$ 的因子,即在

第 4 章 计算机控制系统的控制算法

$z=-1$ 处有 p 重零点。这是采用 $s=\dfrac{2}{T}\dfrac{z-1}{z+1}$ 进行置换的必然结果。在 $z=-1$ 的零点，表示它的输出在 $z=-1$ 处为零，而 $z=-1$ 处的频率为 π/T，因此有下式成立：

$$D(e^{j\omega T})|_{\omega=\pi/T}=0 \tag{4-40}$$

3. 应用

（1）这种方法使用方便，且有一定的精度和前述一些好的特性，应用较为普遍。双线性变换方法是一种较为适合工程应用的方法。

（2）这种方法的主要缺点是高频特性失真严重，主要用于低通环节的离散化，不易用于高通环节的离散化。

【例 4-3】 已知某连续控制器的传递函数为 $D(s)=\dfrac{s+0.5}{(s+1)^2}$，试用双线性变换法求出相应数字控制器的脉冲传递函数 $D(z)$，已知采样周期为 1s。

解： 由 $D(s)=\dfrac{U(s)}{E(s)}=\dfrac{s+0.5}{(s+1)^2}$，且由式（4-29），有

$$D(z)=\dfrac{U(z)}{E(z)}=\dfrac{\dfrac{2}{T}\dfrac{1-z^{-1}}{1+z^{-1}}+0.5}{\left(\dfrac{2}{T}\dfrac{1-z^{-1}}{1+z^{-1}}+1\right)^2}$$

由 $T=1$s，可得

$$\begin{aligned}D(z)=\dfrac{U(z)}{E(z)}&=\dfrac{2(1-z^{-1})(1+z^{-1})+0.5(1+z^{-1})^2}{[2(1-z^{-1})+(1+z^{-1})]^2}\\&=\dfrac{2.5+z^{-1}-1.5z^{-2}}{9-6z^{-1}+z^{-2}}\\&=\dfrac{0.278(1+0.4z^{-1}-0.6z^{-2})}{1-0.667z^{-1}+0.111z^{-2}}\end{aligned}$$

得出数字控制器的脉冲传递函数 $D(z)$ 后，可很容易地得出其差分方程，读者可自行推导。

4.2.4 其他方法

除上述介绍的几种方法外，还有其他一些方法，如 Z 变换法（又称脉冲响应不变法）、带零阶保持器 Z 变换法（又称阶跃响应不变法）等。

Z 变换法离散化公式

$$D(z)=Z[D(s)] \tag{4-41}$$

带零阶保持器 Z 变换法离散化公式

$$D(z)=Z\left[\dfrac{1-e^{-Ts}}{s}D(s)\right] \tag{4-42}$$

由于这两种变换使用麻烦，多个环节串联时无法单独变换以及产生频率混叠等缺点，在一般的工业控制和建筑智能化领域很少使用，限于篇幅，此处不作详细介绍。

4.3 数字 PID 算法

在过程控制中，按误差信号的比例、积分和微分进行控制的调节器，简称 PID 调节

器。PID 调节器具有原理简单、易于实现和适用面广等优点,是一种技术成熟、应用最为广泛的模拟调节器。在实际应用中,根据实际工作经验在线整定 PID 各参数,往往可以取得较为满意的控制效果。数字 PID 控制则以此为基础,与计算机的计算与逻辑功能结合起来,不但继承了模拟 PID 调节器的这些特点,而且由于软件系统的灵活性,PID 算法可以得到修正而更加完善,使之变得更加灵活多样,更能满足生产过程中提出的各种控制要求。

4.3.1 PID 控制规律及其基本作用

PID 调节器是一种线性调节器,其框图如图 4-9 所示。

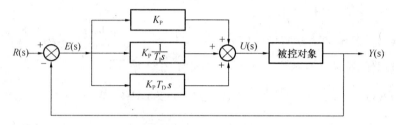

图 4-9 PID 控制器方框图

设系统的误差为 $e(t)$,则模拟 PID 控制规律为

$$u(t) = K_P \left[e(t) + \frac{1}{T_I} \int_0^t e(\tau) d\tau + T_D \frac{de(t)}{dt} \right] \tag{4-43}$$

式中,$u(t)$ 为控制量(控制器输出),$e(t)$ 为被控量与给定值的偏差,即 $e(t) = r(t) - y(t)$,K_P 为比例系数,T_I 表示积分时间常数,T_D 表示微分时间常数。

它所对应的连续时间系统传递函数为

$$D(s) = \frac{U(s)}{E(s)} = K_P + \frac{K_P}{T_I s} + K_P T_D s \tag{4-44}$$

在实际应用中,可以根据被控对象的特性和控制要求,灵活地改变其结构,取其中一部分环节构成调节器。如比例(P)调节器、比例积分(PI)调节器、比例微分(PD)调节器等。

1. 比例调节器

比例调节器(P)的控制规律为

$$u(t) = K_P e(t) \tag{4-45}$$

比例调节器对于误差是即时反应的。根据误差进行调节,使系统沿着减小误差的方向运动。误差大则控制作用也大。比例调节器一般不能消除稳态误差。增大 K_P 可以加快系统的响应速度及减少稳态误差。但过大的 K_P,有可能加大系统超调,产生振荡,以至于系统不稳定。

2. 比例积分(PI)调节器

仅采用比例调节的系统存在静差,为了消除静差,在比例调节器的基础上加入积分调节器,组成比例积分(PI)调节器,其控制规律为

$$u(t) = K_P \left[e(t) + \frac{1}{T_I} \int_0^t e(\tau) d\tau \right] \tag{4-46}$$

积分调节的引入,可以消除或减少控制系统的稳态误差。但是积分的引入,有可能使

系统的响应变慢,并有可能使系统不稳定。增加 T_I 即减少积分作用,有利于增加系统的稳定性,减少超调,但系统静态误差的消除也随之变慢。T_I 必须根据对象特性来选定,对于管道压力、流量等滞后不大的对象,T_I 可选得小一些,对温度等滞后较大的对象,T_I 可选得大一些。

3. 比例积分微分(PID)调节器

比例积分调节消除系统误差需经过较长的时间,为进一步改进控制器,可以通过检测误差的变化率来预报误差,根据误差变化趋势,产生调节作用,使偏差尽快地消除在萌芽状态,这就是微分的作用。因此在 PI 调节器的基础上加入微分调节,就构成了比例积分微分(PID)调节器,其控制规律为

$$u(t) = K_P\left[e(t) + \frac{1}{T_I}\int_0^t e(\tau)\mathrm{d}\tau + T_D\frac{\mathrm{d}e(t)}{\mathrm{d}t}\right] \tag{4-47}$$

微分环节的加入,可以在误差出现或变化瞬间,按偏差变化的趋向进行控制。它引进一个早期的修正作用,有助于增加系统的稳定性。微分时间常数 T_D 的增加,即微分作用的增加,将有助于加速系统的动态响应,使系统超调减少,系统趋于稳定。但微分作用有可能放大系统的噪声,减低系统的抗干扰能力。理想的微分器是不能物理实现的,必须采用适当的方式近似。

4.3.2 标准数字 PID 控制算法

1. 模拟 PID 算式离散化

为了实现利用计算机控制生产过程变量,必须将模拟 PID 算式离散化,变为数字 PID 算式。假设当前时刻为 kT,可采用上一节介绍的各种方法进行离散化。当采样周期 T 远小于信号变化周期时,可采用一阶后向差分离散化方法。由式(4-44),可得

$$D(z) = \frac{U(z)}{E(z)} = K_P + \frac{K_P}{T_I}\frac{1}{1-z^{-1}} + K_P T_D\frac{1-z^{-1}}{T}$$

$$= K_P + \frac{K_P T}{T_I(1-z^{-1})} + K_P T_D\frac{1-z^{-1}}{T} \tag{4-48}$$

则有

$$TT_I(1-z^{-1})U(z) = K_P TT_I(1-z^{-1})E(z) + K_P T^2 E(z) + K_P T_D T_I(1-2z^{-1}+z^{-2})E(z) \tag{4-49}$$

写出式(4-49)的差分方程,用 k 表示 kT,有

$$TT_I u(k) - TT_I u(k-1) = K_P TT_I e(k) - K_P TT_I e(k-1) + K_P T^2 e(k)$$
$$+ K_P T_D T_I e(k) - 2K_P T_D T_I e(k-1) + K_P T_D T_I e(k-2) \tag{4-50}$$

整理后,得

$$u(k) = u(k-1) + K_P e(k) - K_P e(k-1) + \frac{K_P T}{T_I}e(k) + \frac{K_P T_D}{T}e(k)$$
$$- 2\frac{K_P T_D}{T}e(k-1) + \frac{K_P T_D}{T}e(k-2)$$
$$= u(k-1) + K_P[e(k) - e(k-1)] + K_I e(k) + K_D[e(k) - 2e(k-1) + e(k-2)] \tag{4-51}$$

式（4-51）中，$K_I = \dfrac{K_P T}{T_I}$，$K_D = \dfrac{K_P T_D}{T}$。$u(k)$ 是全量值输出，每次的输出值都与执行机构的位置（如控制阀门的开度）一一对应，所以式（4-51）又被称为位置型 PID 算法。

2. 增量型 PID 控制算法

当控制系统中的执行器为步进电动机、电动调节阀、多圈电位器等具有保持历史位置功能的这类装置时，一般均采用增量型 PID 控制算法。

$$\Delta u(k) = u(k) - u(k-1)$$
$$= K_P[e(k) - e(k-1)] + K_I e(k) + K_D[e(k) - 2e(k-1) + e(k-2)] \tag{4-52}$$

与位置算法相比，增量型 PID 算法有如下优点：

（1）位置型算式每次输出与整个过去状态有关，计算式中要用到过去偏差的累加值，容易产生较大的累积计算误差；而在增量型算式中由于消去了累加项，在精度不足时，计算误差对控制量的影响较小，容易取得较好的控制效果。

（2）为实现手动—自动无扰切换，在切换瞬时，计算机的输出值应设置为原始阀门开度。若采用增量型算法，其输出对应于阀门位置的变化部分，即算式中不出现原始阀门开度项，所以易于实现从手动到自动的无扰动切换。

（3）采用增量型算法时所用的执行器本身都具有寄存作用，所以即使计算机发生故障，执行器仍能保持在原位，不会对生产过程造成恶劣影响。

将式（4-52）进一步整理，可得下式

$$\Delta u(k) = K_P[(1 + T/T_I + T_D/T)e(k) - (1 + 2T_D/T)e(k-1) + (T_D/T)e(k-2)]$$
$$= K_P[Ae(k) - Be(k-1) + Ce(k-2)] \tag{4-53}$$

式中，$A = 1 + T/T_I + T_D/T$，$B = 1 + 2T_D/T$，$C = T_D/T$。从式（4-53）可见，增量式算法的实质就是根据误差在 $e(k)$、$e(k-1)$ 和 $e(k-2)$ 这三个时刻的采样值，通过适当加权计算出控制量，调整加权值即可获得不同的控制品质和精度。

计算出控制量的增量 $\Delta u(k)$ 后，在需要输出值与执行机构位置相对应的场合，可由下式得出当前时刻控制量 $u(k)$ 的值，即位置型 PID 控制算法的递推形式

$$u(k) = u(k-1) + \Delta u(k) \tag{4-54}$$

3. 工程上采用的离散化方法

工程上，常采用以下方法进行离散化

$$\int_0^{kT} e(t)dt \approx T\sum_{j=1}^{k} e(jT) \tag{4-55}$$

$$\frac{de(t)}{dt} \approx \frac{e(k) - e(k-1)}{T} \tag{4-56}$$

其离散化思想是：采用矩形面积累加近似表示积分，用本次采样得到的偏差值 $e(k)$ 和上次采样获得的偏差值 $e(k-1)$ 这两点之间的直线斜率近似表示 $e(k)$ 点的切线斜率。T 足够小时，上述逼近足够准确，被控过程与连续系统十分接近。由 PID 调节器的微分方程（4-47）可得

$$u(k) = K_P\{e(k) + \frac{T}{T_I}\sum_{j=1}^{k} e(j) + \frac{T_D}{T}[e(k) - e(k-1)]\} \tag{4-57}$$

式（4-57）为工程上常用的位置型 PID 算法，它和式（4-51）本质上是相同的。由

$\Delta u(k) = u(k) - u(k-1)$ 可推出相应的增量型 PID 控制算法，与式（4-53）完全相同，因此这种工程上常用的离散化方法本质上是一阶后向差分离散化方法。图 4-10 示出了数字 PID 算法的程序流程图。

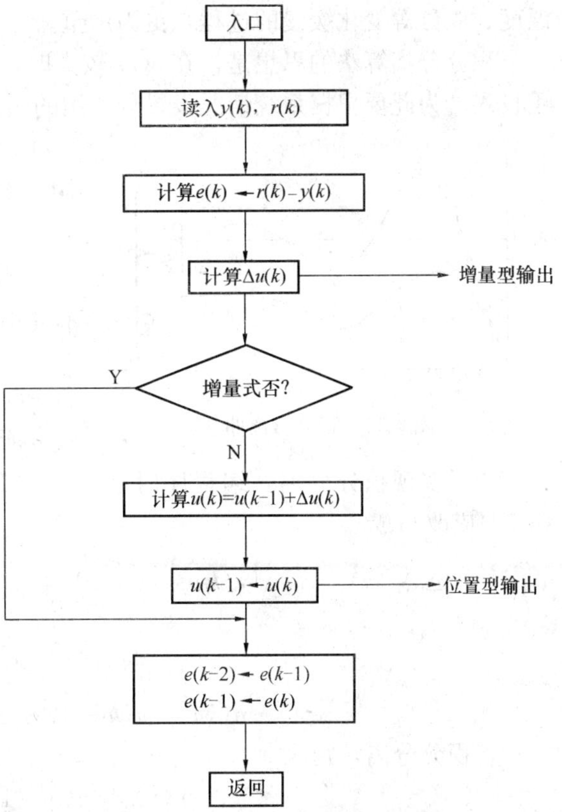

4. PID 算法中的数值积分问题

在上述离散化过程中，积分控制是采用矩形积分近似的。这里讨论较为精确的积分方法，即梯形积分的离散化问题。采用梯形积分进行离散化可通过前面讨论过的双线性变换实现，这里采用工程上常用的梯形积分方法进行离散化，相应的位置算法为

$$u(k) = K_P \left\{ e(k) + \frac{T}{T_I} \sum_{j=1}^{k} \frac{e(j) + e(j-1)}{2} + \frac{T_D}{T}[e(k) - e(k-1)] \right\} \quad (4\text{-}58)$$

则有

$$u(k-1) = K_P \left\{ e(k-1) + \frac{T}{T_I} \sum_{j=1}^{k-1} \frac{e(j) + e(j-1)}{2} + \frac{T_D}{T}[e(k-1) - e(k-2)] \right\} \quad (4\text{-}59)$$

图 4-10 数字 PID 算法程序流程图

将式（4-59）与式（4-58）两式相减，可得增量式算法为

$$\Delta u(k) = u(k) - u(k-1) = K_P \left\{ [e(k) - e(k-1)] + \frac{T}{2T_I}[e(k) + e(k-1)] + \frac{T_D}{T}[e(k) - 2e(k-1) + e(k-2)] \right\}$$

$$(4\text{-}60)$$

整理后，式（4-60）又可写成

$$\Delta u(k) = K_p [A'e(k) - B'e(k-1) + C'e(k-2)] \quad (4\text{-}61)$$

式中，$A' = 1 + T/2T_I + T_D/T$，$B' = 1 - T/2T_I + 2T_D/T$，$C' = T_D/T$。

读者可以利用双线性变换法推导数字 PID 算法，可以发现双线性变换法得到的 PID 算法与本节梯形积分方法得到的结果一致。

4.3.3 数字 PID 控制算法的改进

为了解决计算机自动控制中所遇到的一些实际问题，以便提高 PID 的控制性能，需要对数字 PID 控制算法作某些改进。

1. 积分项的改进

（1）积分分离 PID 控制算法

当系统有较大的扰动或给定值有较大变化时，由于系统的惯性，偏差 $e(t)$ 将随之增

大，在积分项的作用下将使调整时间加长，被控量超调增大，这种现象对大惯性对象（如温度、成分等变化缓慢的过程）更为严重。

积分分离算法的思想是，在 $e(t)$ 较大时，取消积分作用；而在 $e(t)$ 较小时将积分作用投入。为此要根据系统情况设置分离用的门限值 β（也称阈值），当 $|e(t)|\leqslant\beta$，即偏差值

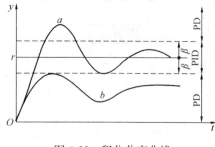

图 4-11 积分分离曲线

$e(t)$ 比较小时，采用 PID 控制，可保证系统的控制精度，消除静差；当 $|e(t)|>\beta$，即偏差 $e(t)$ 比较大时，采用 PD 控制，可降低超调量。

积分分离值 β 应根据具体对象及要求确定。若 β 值过大，达不到积分分离的目的；若 β 值过小，一旦被控量 $y(t)$ 无法跳出积分分离区，只进行 PD 控制，将会出现静差（残差），如图 4-11 曲线 b 所示。

为了实现积分分离，编程序时必须从 PID 差分方程式中分离出积分项。例如，式 (4-52) 应改写成

$$\Delta u_{PD}(k) = K_P\{[e(k)-e(k-1)]+\frac{T_D}{T}[e(k)-2e(k-1)+e(k-2)]\} \quad (4\text{-}62)$$

$$\Delta u_I(k) = K_P \frac{T}{T_I} e(k) \quad (4\text{-}63)$$

$$u(k) = u(k-1) + \Delta u_{PD}(k) + \Delta u_I(k) \quad (4\text{-}64)$$

若积分分离，则取

$$u(k) = u(k-1) + \Delta u_{PD}(k) \quad (4\text{-}65)$$

对于同一控制对象，分别采用普通 PID 控制和积分分离式 PID 控制，其响应曲线如图 4-12 所示。图中曲线 1 为普通 PID 控制响应曲线，它的超调量较大，振荡次数也多；曲线 2 为积分分离式 PID 控制响应曲线。显然，与曲线 1 比较，超调量、调整时间明显减小，控制性能有了较大的改善。

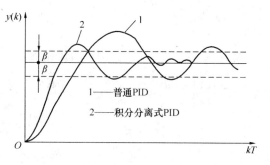

图 4-12 积分分离式 PID 控制效果

(2) 抗积分饱和

控制系统在开工、停工或大幅度改变给定值时，系统输出会出现较大的偏差，不可能在短时间内消除，经过 PID 算法中积分项的积累后，可能会使控制量 $u(k)$ 很大，甚至超过执行机构由力学或物理性能所确定的极限，控制量达到了饱和。即在长时间存在偏差或偏差较大的场合，计算出的控制量 $u(k)$ 有可能溢出，或小于零。

所谓"溢出"就是计算机运算出的控制量 $u(k)$ 超出 D/A 所能表示的数值范围。例如，12 位 D/A 的数值范围为 000H～FFFH（H 表示十六进制）。一般执行机构有两个极限位置，如调节阀全开或全关。设 $u(k)$ 为 FFFH 时，调节阀全开；反之，$u(k)$ 为 000H 时，调节阀全关。由于为了提高运算精度，通常采用双字节或浮点数计算 PID 差分方程式，在这种情况下，如果执行机构已到极限位置，仍然不能消除偏差时，由于积分作用，

计算 PID 差分方程式所得的结果会继续增大或减小,而执行机构已无相应的动作,这就称为积分饱和。当出现积分饱和时,闭环控制系统相当于被断开,控制量不能根据被控量的误差按控制算法进行调节,势必使控制品质变坏。防止积分饱和的办法之一为,对运算出的控制量 $u(k)$ 限幅,同时把积分作用切除掉。

以 12 位 D/A 为例,当 $u(k)<0$ 时,取 $u(k)=0$,并取消积分运算;当 $u(k)>$ FFFH 时,取 $u(k)=$ FFFH,并取消积分运算。

(3) 消除积分不灵敏区

在增量型 PID 算式中,当计算机的运算字长较短时,如果采样周期 T 较短,而积分时间 T_I 又较长,则容易出现 $\Delta u_I(k)$ 小于计算机字长所能表示的精度的情况(参看式(4-63)),此时 $\Delta u_I(k)$ 就要被丢掉,该次采样后的积分控制作用就会消失,这种情况称为积分不灵敏区,它将影响积分消除静差的作用。

例如,某温度控制系统,温度量程为 $0 \sim 1275$℃,A/D 转换为 8 位,并采用单字节 (8 位) 定点运算。设 $K_P=1$,$T_I=10s$,$T=1s$,$e(k)=50$℃,根据式(4-63)得

$$\Delta u_I(k) = K_P \frac{T}{T_I} e(k) = \frac{1}{10}\left(\frac{255}{1275} \times 50\right) = 1$$

上式说明,如果偏差 $e(k)<50$℃,则 $\Delta u_I(k)<1$,计算机就作为"零"将此数丢掉,控制器没有积分作用,只有当 $e(k) \geqslant 50$℃时,才会有积分作用,这样势必会造成控制系统出现静差。

为了消除积分不灵敏区,通常采用以下措施:

①增加 A/D 转换位数,加长运算字长,这样可提高运算精度。

②当积分项 $\Delta u_I(k)$ 连续出现小于输出精度 ε 的情况时,不要把它们作为"零"舍掉,而是把它们一次次累加起来,即

$$S_I = \sum_{j=1}^{n} \Delta u_I(j) \tag{4-66}$$

直到累加值 S_I 大于 ε 时,才将 S_I 作为积分项输出,同时把累加单元清零。

2. 微分项的改进

(1) 不完全微分 PID 控制算法

微分环节的引入改善了系统的动态特性,但它也存在不利的一面,即对高频干扰特别敏感。当系统中存在高频干扰时,它反而会降低控制效果。此外,输出变化很快时,微分作用会使控制效果下降,例如,当被控量突然变化时,正比于偏差变化率的微分输出就很大。但由于持续时间很短,执行部件因惯性或动作范围和速度的限制,其动作位置达不到控制量的要求值,因而限制了微分的正常校正作用,这样就产生了所谓的微分失控(饱和),其后果必然使过渡过程变长。

此外标准数字 PID 中的微分作用为

$$u_D(k) = \frac{T_D}{T}[e(k) - e(k-1)] \tag{4-67}$$

由式(4-67)可看出,若有阶跃信号输入,则 $e(k)=1$,此时标准数字 PID 中微分部分的输出序列为 $u_D(0) = \frac{T_D}{T}$,$u_D(1) = u_D(2) = \cdots = 0$,即微分作用只能维持一个控制周期。

为了克服这种完全微分存在的弊病,人们采用了一种不完全微分的方式,即在微分部分串联一个低通滤波器(一阶惯性环节),或在 PID 控制器之后串联一个低通滤波器来抑制高频干扰,平滑控制器输出。

不完全微分 PID 的结构如图 4-13 所示,图 (a) 是将低通滤波器直接加在微分环节上,图 (b) 是将低通滤波器加在整个 PID 控制器之后。下面以图 4-13 (a) 结构为例,说明不完全微分 PID 是怎样改进一般 PID 的性能的,并给出相应的控制算法。图 4-13 (b) 的控制算法请读者自己推导。

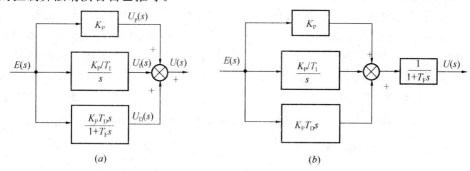

图 4-13 不完全微分 PID 结构框图
(a) 低通滤波器加在微分环节上;(b) 低通滤波器加在整个 PID 控制器之后

对于图 4-13 (a) 所示不完全微分 PID 结构,它的传递函数为

$$U(s) = U_P(s) + U_I(s) + U_D(s) = K_P \left(1 + \frac{1}{T_I s} + \frac{T_D s}{T_F s + 1} \right) E(s) \tag{4-68}$$

式 (4-68) 中第一、二项分别对应于比例、积分部分,显然,它与普通 PID 控制器中比例、积分部分是完全相同的。不同的只是第三项—微分部分 $U_D(s)$。

$$U_D(s) = \frac{K_P T_D s}{T_F s + 1} E(s) \tag{4-69}$$

将其离散化,有

$$u_D(k) = \frac{T_F}{T + T_F} u_D(k-1) + \frac{K_P T_D}{T + T_F} [e(k) - e(k-1)] \tag{4-70}$$

设当 $k \geq 0$ 时,$e(k) = b$,则由式 (4-70) 可得

$$u_D(0) = \frac{K_P T_D}{T + T_F} [e(0)] = \frac{K_P T_D}{T + T_F} b$$

$$u_D(1) = \frac{T_F}{T + T_F} u_d(0) + \frac{K_P T_D}{T + T_F} [e(1) - e(0)] = \frac{T_F}{T + T_F} u_D(0) = \frac{K_P T_F T_D}{(T + T_F)^2} b$$

$$u_D(2) = \frac{T_F}{T + T_F} u_D(1) + \frac{T_D}{T + T_F} [e(2) - e(1)] = \frac{T_F^2}{(T + T_F)^2} u_d(0) = \frac{K_P T_F^2 T_D}{(T + T_F)^3} b$$

$$\vdots$$

显然,$u(k) \neq 0$,$k = 1, 2, 3, \cdots$,说明在阶跃输入情况下,微分作用可持续多个周期;且不完全微分数字 PID 调节器的微分作用是逐渐减弱的,不易引起振荡,可改善控制效果。

两种 PID 算法的控制作用比较如图 4-14 所示,图中比例、积分部分输出是完全一样的,微分部分的输出差别较大。在 $e(k)$ 发生阶跃突变时,完全微分作用仅在控制作用发

生的一个周期内起作用,且微分作用较强,相比较而言,更易引起微分饱和;而不完全微分作用则按指数规律逐渐衰减到零,可以延续几个周期,且第一个周期内的微分作用减弱。

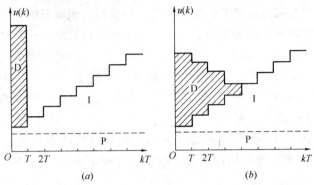

图 4-14 完全微分和不完全微分的阶跃响应
(a) 基本 PID;(b) 不完全微分 PID

从改善系统动态性能的角度看,不完全微分 PID 算法除了有滤除高频噪声的作用外,它的控制质量也较好,因此在控制质量要求较高的场合,常采用不完全微分 PID 算法。

(2) 偏差平均

微分项是 PID 数字控制器中响应最敏感的一项,所以应尽量减少数据误差和噪声,以消除不必要的扰动。为此,可将多次测量所得的偏差取平均值来代替单一时刻的偏差,以对信号进行平滑处理,消除高频干扰的影响。

偏差平均的公式为

$$\bar{e}(k) = \frac{1}{m}\sum_{j=1}^{m} e(j) \tag{4-71}$$

式中,平均项数 m 的选取取决于被控对象的特性。一般流量信号 m 取 10 项,压力信号 m 取 5 项,温度、成分等缓慢变化的信号 m 取 2 项或不进行偏差平均。

(3) 测量值微分

当控制系统的给定值 $r(k)$ 发生阶跃变化时,微分动作将导致控制量 $u(k)$ 有较大的变化,不利于系统的稳定运行。因此,在微分项中可不考虑给定值 $r(k)$,只对测量值 $y(k)$(被控量)进行微分。考虑到在正反作用下,偏差的计算方法不同,即

$$e(k) = y(k) - r(k) \quad (\text{正作用}) \tag{4-72}$$

或

$$e(k) = r(k) - y(k) \quad (\text{反作用}) \tag{4-73}$$

参照式 (4-52) 中的微分项 $\Delta u_\mathrm{D}(k) = K_\mathrm{P}\dfrac{T_\mathrm{D}}{T}[e(k) - 2e(k-1) + e(k-2)]$,改进后的微分项算式为

$$\Delta u_\mathrm{D}(k) = K_\mathrm{P}\frac{T_\mathrm{D}}{T}[y(k) - 2y(k-1) + y(k-2)] \quad (\text{正作用}) \tag{4-74}$$

$$\Delta u_\mathrm{D}(k) = -K_\mathrm{P}\frac{T_\mathrm{D}}{T}[y(k) - 2y(k-1) + y(k-2)] \quad (\text{反作用}) \tag{4-75}$$

测量值微分也被称为微分先行。

4.3.4 数字 PID 调节器参数的整定方法

当一个控制系统已经组成，系统的控制质量就取决于控制器参数的整定，控制器参数的整定就是求取能满足某种控制质量指标要求的最佳控制参数。整定的实质是通过调整控制器的参数使其特性与被控对象的特性相匹配，以获得最为满意的控制效果。

控制器参数的整定方法可分为两大类：一类是理论计算整定法，这类方法基于被控对象的数学模型来计算控制器参数，理论复杂，计算繁冗，所得结果的可靠性依赖于模型精度；另一类方法是工程整定法，它是直接在控制回路的实际运行中对控制器参数进行整定，具有简捷、实用和易于掌握的特点，如扩充临界比例度法、扩充响应曲线法等工程整定法在实际中得到了广泛的应用。

模拟 PID 调节器参数的整定是按照工艺对控制性能的要求，决定调节器的参数 K_P、T_I、T_D；而数字 PID 调节器参数的整定，除了需要确定 K_P、T_I、T_D 外，还需要确定系统的采样周期 T。

由于一般的热工过程具有较大的时间常数，而随着计算机技术的发展，一般可以选较短的控制周期 T，所以计算机控制系统的参数整定可以按照模拟调节器的各种参数整定方法进行分析和综合。因此数字 PID 控制参数的整定可首先按模拟 PID 控制参数整定的方式来选择，然后再适当调整，并考虑控制周期 T 对整定参数的影响。

1. PID 调节器参数对控制性能的影响

下面讨论控制参数，即比例系数 K_P、积分时间常数 T_I 和微分时间常数 T_D 对系统性能的影响。

（1）比例系数 K_P 对系统性能的影响

① 对动态特性的影响

比例系数 K_P 加大，使系统的动作灵敏度提高，速度加快。K_P 偏大，会使振荡次数增多，调节时间加长。当 K_P 太大时，系统会趋于不稳定。若 K_P 太小，又会使系统的动作缓慢。图 4-15 比较了不同 K_P 对动态性能的影响。

② 对稳态特性的影响

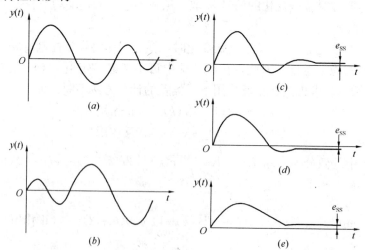

图 4-15 不同 K_P 对动态性能的影响

(a) K_P 偏大；(b) K_P 太大；(c) K_P 合适；(d) K_P 偏小；(e) K_P 太小

在系统稳定的情况下,加大比例系数 K_P,可以减小稳态误差 e_{ss},提高控制精度。但是加大 K_P 只是减少 e_{ss},却不能完全消除稳态误差。

(2) 积分时间常数 T_I 对控制性能的影响　积分控制通常与比例控制或微分控制联合作用,构成 PI 控制或 PID 控制。积分控制对性能的影响如图 4-16 所示。

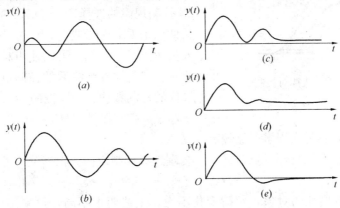

图 4-16　积分时间常数 T_I 对控制性能的影响
(a) T_I 太小；(b) T_I 偏小；(c) T_I 偏大；(d) T_I 太大；(e) T_I 合适

① 对动态特性的影响。积分时间常数 T_I 会影响系统的动态性能。T_I 太小系统将不稳定；T_I 偏小,振荡次数较多；T_I 偏大时,对系统动态性能的影响减少；当 T_I 合适时,过渡特性比较理想。

② 对稳态特性的影响。积分时间常数 T_I 能消除系统的稳态误差,提高控制系统的控制精度。但是若 T_I 太大时,积分作用太弱,以至不能减小稳态误差。

(3) 微分时间常数 T_D 对控制性能的影响

微分控制经常与比例控制或积分控制联合作用,构成 PD 控制或 PID 控制。微分控制可以改善系统动态特性,如使超调量减少,调节时间缩短,允许加大比例控制,使稳态误差减小,提高控制精度。图 4-17 反映了微分时间常数 T_D 对控制性能的影响。

当 T_D 偏大或偏小时,都会使超调量较大,调节时间较长。只有 T_D 合适时,才可以

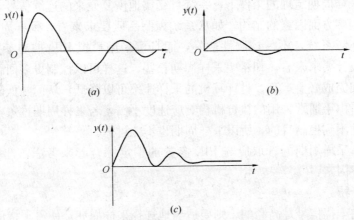

图 4-17　微分时间常数 T_D 规律对控制性能的影响
(a) T_D 偏大；(b) T_D 合适；(c) T_D 偏小

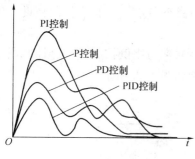

图 4-18 各种控制规律对控制性能的影响

得到比较满意的过渡过程。

综合起来,不同的控制规律各有特点,对于相同的控制对象,不同的控制规律有不同的控制效果,图 4-18 是不同控制规律时的过渡过程曲线。

2. 控制规律的选择

长期以来 PID 调节器应用十分普遍,为广大工程技术人员所接受和熟悉。可以证明对于特性为一阶惯性纯滞后、二阶惯性纯滞后的控制对象,PID 控制是一种最优的控制算法。PID 控制参数 K_P、T_I、T_D 相互独立,参数整定比较方便,PID 算法比较简单,计算工作量比较小,容易实现多回路控制。

使用中应根据对象特性、负荷情况,合理选择控制规律。根据分析可以得出如下几点结论:

(1) 对于一阶惯性的对象,负荷变化不大,工艺要求不高,可采用比例(P)控制。例如,用于对控制精度要求不高的压力、液位控制等。

(2) 对于一阶惯性与纯滞后环节串联的对象,负荷变化不大,要求控制精度较高,可采用比例积分(PI)控制。例如,用于对控制精度有一定要求的压力、流量、液位控制。

(3) 对于纯滞后时间 τ 较大,负荷变化也较大,控制性能要求较高的场合,可采用比例积分微分(PID)控制。例如,用于过热蒸汽温度控制、pH 值控制。

(4) 当对象为高阶(二阶以上)惯性环节又有纯滞后特性,负荷变化较大,控制性能要求也高时,应采用串级控制、前馈——反馈、前馈——串级或纯滞后补偿控制。

3. 采样周期 T 的选择

采样周期 T 在计算机控制系统中是一个重要参量,从信号的保真度来考虑,采样周期 T 不宜太长,也就是采样角频率 ω_s 不能太低,香农采样定理给出了下限频率即 $\omega_s \geqslant 2\omega_{max}$,$\omega_{max}$ 是输入信号的最高频率。由于被控对象的物理过程及参数的变化比较复杂,致使模拟信号的最高频率 ω_{max} 很难确定。因此,采样定理仅从理论上给出了采样周期的上限,即在满足采样周期定理的条件下,系统可真实地恢复原来的连续信号,而实际采样周期的选取要受到多方面因素的制约,如从系统控制品质要求来看,采样周期应取得小些,这样更接近于连续系统,不仅控制性能好,而且可采用模拟 PID 控制参数的整定方法。从控制系统的设计要求来看,却希望采样周期长些,这样可以控制更多回路,保证每个回路有足够的时间完成必要运算,且计算机的采样速率可以降低,从而降低硬件成本。从执行机构特性来看由于通常采用的执行机构响应速度不高,若采样周期过短,执行机构来不及响应,仍然达不到控制目的,所以采样周期也不能过短。

综上所述,采样周期的选取应与 PID 参数的整定综合起来考虑,选取采样周期时,一般应考虑以下因素:

(1) 扰动信号

如果系统的干扰信号是高频的,则要适当地选择采样周期,使得干扰信号处于采样器频带之外,从而使系统具有足够的抗干扰能力。如果干扰信号是频率已知的低频干扰,则可采用数字滤波的方法排除干扰信号。

(2) 对象的动态特性

采样周期应比对象的时间常数小得多，否则采样信号无法反映瞬变过程。一般来说，采样周期 T 的最大值受系统稳定性条件和香农采样定理的限制而不能太大。若被控对象的时间常数为 T_c，纯滞后时间常数为 τ，当系统中 T_c 起主导作用时，$T < (1/10) T_c$；当系统中 τ 处于主导位置时，可选 $T \approx \tau$。

(3) 计算机所承担的工作量

如果控制的回路较多，计算工作量较大，采样周期长些；反之，可以短些。

(4) 对象所要求的控制品质

一般而言，在计算机运算速度允许情况下，采样周期短，控制品质高。因此，当系统的给定频率较高时，采样周期 T 相应减少，以使给定的改变能迅速地得到反映。另外，当采用数字 PID 控制器时，积分作用和微分作用都与采样周期 T 有关。选择 T 太小时，积分和微分作用都将不明显，这是因为当 T 太小时，$e(k)$ 的变化也就很小。

(5) 计算机及 A/D、D/A 转换器的性能

计算机字长越长，计算速度越快，A/D、D/A 转换器的速度越快，则采样周期可减小，控制性能也较高，但这将导致计算机等硬件费用增加，所以应从性能价格比出发加以选择。

(6) 执行机构的响应速度

通常执行机构惯性较大，采样周期 T 应能与之相适应。如果执行机构响应速度较慢，则过短的采样周期就失去意义。

由上可见，影响采样周期的因素众多，有些还是相互矛盾的，故必须视具体情况和主要要求做出选择，采样周期选择的理论计算法比较复杂，特别是被控系统各环节时间常数等参数难以确定时，工程上较少应用。而经验法在工程上应用较多，表 4-1 列出了常见对象采样周期选择的经验数据。由于生产过程千变万化，因此实际采样周期要经过现场调试后确定。

常见被控对象采样周期 T 的经验数据　　　　　表 4-1

受控物理量	采样周期/s	备注	受控物理量	采样周期/s	备注
流量	1~5	优先选用 1~2s	温度	15~20	取纯滞后时间常数
压力	3~10	优先选用 6~8s	成分	15~20	优先选用 18s
液位	6~8	优先选用 7s			

4. 实验确定法整定 PID 参数

如前面所述，在选择采样周期 T 时，通常都选择 T 远远小于系统的时间常数。因此，PID 参数的整定可以按模拟调节器的方法来进行。参数整定通常有两种方法，即理论设计法和实验确定法。前者需要有被控对象的精确模型，然后采用最优化的方法确定 PID 的各参数。被控对象的模型可以通过物理建模或系统辨识等方法得到，但这样通常只能得到近似的模型。因此，通过实验确定法（如试凑法、工程整定法）来选择 PID 参数是经常采用且又行之有效的办法。

(1) 采用扩充临界比例度法整定 PID 参数

扩充临界比例度法是以模拟 PID 调节器中使用的临界比例度为基础的一种数字 PID

调节器参数的整定方法。整定步骤如下：

① 选择一个足够短的采样周期 T，例如被控过程有纯滞后时，采样周期 T 取滞后时间的 1/10 以下，此时调节器只作纯比例控制，给定值 r 作阶跃输入。

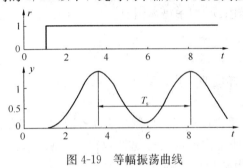

图 4-19 等幅振荡曲线

② 逐渐加大比例系数 K_P（即减小比例度 $\delta = 1/K_P$），控制系统出现临界振荡。由临界振荡过程求得相应的临界振荡周期 T_S（即振荡波形的两个波峰之间的时间，如图 4-19 所示），并记下此时的比例系数 K_P，将其记作临界振荡增益 K_S。此时的比例度为临界比例度，记作 $\delta_S = 1/K_S$。

③ 选择控制度。控制度 Q 的定义是：数字调节器和模拟调节器所对应的过渡过程的误差平方的积分之比。

$$Q = \frac{\left[\int_0^\infty e^2(t)\mathrm{d}t\right]_D}{\left[\int_0^\infty e^2(t)\mathrm{d}t\right]_A} \tag{4-76}$$

控制度专指反映数字 PID 控制所能达到的最佳控制品质与连续 PID 控制所能达到的最佳控制品质之间差距的指标。由于数字控制系统是周期地取得测量数据的，在一次实测之后，要经过一个采样周期才能获得新的测量信息，采样时刻之间的测量值成为未知值，获取信息的及时性将不如连续控制系统，控制品质受到一定影响。通常把偏差平方值对时间的积分值称为平方积分鉴定（ISE）。对同一个过程，数字 PID 控制所能达到的最小 ISE 值与连续 PID 控制所能达到的最小 ISE 值之比称为控制度。控制度以下为下限，其值越大，表示离散控制情况下控制品质越差。适当缩短采样周期，可使控制度得到改善。控制度一般应保持在 1.2 以下。

④ 根据所选择的控制度，查表 4-2 求出 T、K_P、T_I 和 T_D 值。

根据扩充临界比例度法选择 PID 参数　　表 4-2

控制度	控制规律	T/T_S	K_P/K_S	T_I/T_S	T_D/T_S
1.05	PI	0.03	0.55	0.88	—
	PID	0.014	0.63	0.49	0.14
1.20	PI	0.05	0.49	0.91	—
	PID	0.043	0.47	0.47	0.16
1.50	PI	0.14	0.42	0.99	—
	PID	0.09	0.34	0.43	0.20
2.00	PI	0.22	0.36	1.05	—
	PID	0.16	0.27	0.40	0.22
模拟调节器	PI	—	0.57	0.83	—
	PID	—	0.70	0.50	0.13
Ziegler-Nichols 整定式	PI	—	0.45	0.83	—
	PID	—	0.60	0.50	0.125

⑤ 按照求得的整定参数，将系统投入运行，观察控制效果，再适当调整参数，直到获得满意的控制效果为止。

(2) 采用扩充响应曲线法整定 PID 参数

扩充响应曲线法是对模拟调节器中使用的响应曲线法的扩充，也是一种实验经验法，其整定步骤如下：

① 断开数字调节器，使系统处于手动操作状态。将被调量调节到给定值附近并稳定后，然后突然改变给定值，即给对象输入一个阶跃信号。

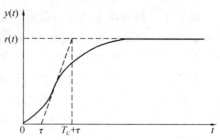

图 4-20 被控对象阶跃响应曲线

② 用仪表记录被控参数在阶跃输入下的整个变化过程曲线，如图 4-20 所示。

③ 在曲线最大斜率处作切线，求得滞后时间 τ、被控对象的时间常数 T_C，以及它们的比值 T_C/τ。

④ 由 τ、T_C、T_C/τ，查表 4-3，求出数字控制器的 T、K_P、T_I 和 T_D。

根据扩充响应曲线法选择 PID 参数　　　　　表 4-3

控制度	控制规律	T	K_P	T_I	T_D
1.05	PI	0.1τ	$0.84T_\tau/\tau$	0.34τ	
	PID	0.05τ	$1.15T_\tau/\tau$	2.0τ	0.45τ
1.2	PI	0.2τ	$0.78T_\tau/\tau$	3.6τ	
	PID	0.16τ	$1.0T_\tau/\tau$	1.9τ	0.55τ
1.5	PI	0.5τ	$0.68T_\tau/\tau$	3.9τ	
	PID	0.34τ	$0.85T_\tau/\tau$	1.62τ	0.65τ
2.0	PI	0.8τ	$0.57T_\tau/\tau$	4.2τ	
	PID	0.6τ	$0.6T_\tau/\tau$	1.5τ	0.82τ

(3) 采用试凑法整定 PID 参数

对于实际系统，即使按上述方法确定参数后，系统性能也不一定能满足要求，也还需要现场进行调整。而有些系统，可以直接进行现场参数试凑整定。在试凑调整时，应根据 PID 各项对控制性能的影响趋势，反复调整 K_P、T_I 和 T_D 参数的大小。通常，采用先比例、后积分、再微分的整定步骤：

① 首先只整定比例部分。只采用比例控制，将 K_P 由小变大，并观察系统的响应，直到得到反应快、超调小的曲线。若响应时间、超调、静差已达到要求，只采用比例调节即可。

② 若只采用比例控制系统静差不满足控制性能要求，则加入积分控制。整定时先将 T_I 设置成较大值，并将第一步确定的 K_P 减小一些，例如取 $0.8K_P$ 代替 K_P，然后将 T_I 由大逐渐减小，并使系统在保持良好动态响应的情况下，消除静差。此时可以反复测试多组 K_P 和 T_I 值，从中确定合适的参数。

③ 若只采用比例和积分控制动态特性不满足控制性能要求，比如超调量过大或调节时间过长，则加入微分控制，在第二步整定的基础上，将 T_D 由小逐渐增大，同时相应改

变 K_P 和 T_I 值,逐步凑出多组 PID 参数,从中找出一组最佳调节参数。

(4) PID 归一参数的整定法

调节器参数的整定乃是一项繁琐而又费时的工作,尤其是当一台计算机控制多个回路时更是如此。因此,近年来国内外在数字 PID 调节器参数的工程整定方面作了大量的研究工作,PID 归一参数的整定法是一种简易的整定法。

为了减少在线整定参数的数目,根据大量实际经验的总结,可以人为假设约束的条件,以减少独立变量的个数。根据表 4-2 中的 Ziegler-Nichols 整定式可得 $T\approx0.1T_S$,$T_I\approx 0.5T_S$,$T_D\approx 0.125T_S$,其中 T_S 是纯比例控制时的临界振荡周期。将上述关系代入 PID 的增量式

$$\Delta u(k) = K_P[(1+T/T_I+T_D/T)e(k) - (1+2T_D/T)e(k-1) + (T_D/T)e(k-2)] \tag{4-77}$$

则有

$$\Delta u(k) = K_P[2.45e(k) - 3.5e(k-1) + 1.25e(k-2)] \tag{4-78}$$

由式(4-78)可看出,对四个参数的整定简化成了对一个参数 K_P 的整定,使问题明显地简化了。

应用约束条件减少整定参数数目的归一参数整定法是有发展前途的,因为它不仅对数字 PID 调节器的整定有意义,而且对实现 PID 自整定系统也将带来许多方便。

4.4 串 级 控 制

前面讨论的控制系统是单回路控制系统。单回路控制系统是最基本最简单的控制系统,在大多数情况下能满足生产过程的要求。但是,如果被控对象比较复杂,各种扰动因素较多,控制精度又要求较高,这时单回路控制就难以满足要求,必须考虑一些新的控制方案。串级控制是改善系统控制质量的一种极为有效的控制方法,并且得到了广泛的应用。

4.4.1 串级控制的基本原理

本节结合一个具体例子对串级控制进行说明。

管式加热炉是工业中的重要装置之一,它的任务是把原油或重油加热到一定温度,以保证下一道工序(分馏或裂解)的顺利进行。加热炉的工艺过程如图 4-21 所示,燃料油经过蒸气雾化后在炉膛中燃烧,被加热油料流过炉膛四周的排管后,被加热到出口温度 T_1。在燃料油管道上安装了一个调节阀,用它来控制燃油量以达到调节温度 T_1 的目的。

如果燃料油的压力恒定不变,为了维持被加热油出口温度 T_1 恒定,只需测量出口油料的实际温度,用它与温度设定值比较,利用二者的偏差控制燃料油管道上的调节阀即可。这就是典型的单回路控制,如图 4-21(a)所示。

当燃料油管道压力恒定时,阀位与燃料油流量成线性关系,一定的阀位对应一定的流量,而控制量的大小与阀位是一一对应的,从而可保证控制量与燃料油流量一一对应,控制效果好。但当燃料油管道压力随负荷的变化而变化时(实际中往往是这样),阀位与流量不再成单值关系,控制量与流量不再一一对应。管道压力的变化必将引起燃料油流量变化,随之引起炉膛温度变化,致使被加热油料出口温度 T_1 变化。只有在出口温度发生偏

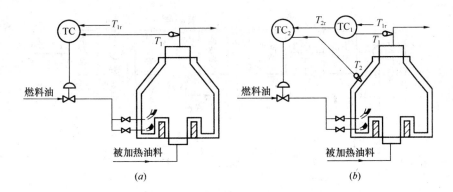

图 4-21 管式加热炉的温度控制
(a) 单回路控制；(b) 双回路控制

离后才会引起调整,使温度回到给定值。这在控制时间上就存在一个滞后,由于控制的不及时就很难获得满意的控制效果,难以保证控制精度。

实际上引起炉膛温度变化从而导致被加热油料出口温度变化的扰动因素远不止燃料油压力一个,而是有多种,它们是：

(1) 燃料油方面的扰动 ω_2,包括燃料油压力、成分；
(2) 喷油用的过热蒸气压力波动 ω_3；
(3) 配风、炉膛漏风和大气温度方面的扰动 ω_4。

显然,如果在上述扰动出现的情况下,仍能保持炉膛温度恒定,则上述扰动的出现就不会引起被加热油料出口温度变化,其扰动作用被抑制。能达到这一目的方案是用炉膛温度 T_2 来控制调节阀,然后再用出口油温 T_1 来修正炉膛温度的给定值 T_{2r}。控制系统结构如图 4-21 (b) 所示,控制系统框图如图 4-22 所示。

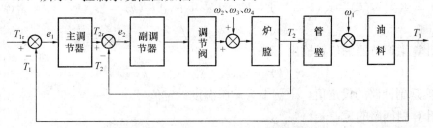

图 4-22 加热炉温度串级控制系统框图

由图 4-22 可知,控制系统中存在两个回路,干扰 ω_2、ω_3、ω_4 出现在内回路内,它们一出现,势必引起炉膛温度变化,这时通过副调节器及时调节,使炉膛温度回到设定值,维持不变。这样,干扰 ω_2、ω_3、ω_4 在内回路内就得到了及时的抑制,不会引起 T_1 变化,从而提高了控制精度。当被加热油料流量和入口温度变化（干扰 ω_1）时,它将引起 T_1 变化,这时通过外回路主调节器进行调节（通过修正内回路给定值,即炉膛温度给定值来调节）。具有这种结构的系统,就称为串级控制系统。

一般的串级控制系统结构框图如图 4-23 所示。从图中可以看到,串级控制系统有一个明显的特点：在结构上有两个闭环。一个环在里面,称之为副环或副回路,在控制过程中起着"粗调"的作用；一个环在外面,称之为主环或主回路,用来完成"细调"任务,以最终保证被调量满足工艺要求。

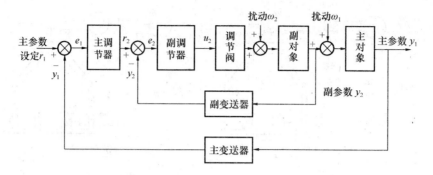

图 4-23 一般串级控制系统结构框图

无论主环还是副环都有各自的调节对象、测量变送元件和调节器。应该指出，系统中尽管有两个调节器，但它们的作用各不相同。主调节器具有自己独立的设定值，它的输出作为副调节器的设定值，而副调节器的输出信号则送到执行机构去控制生产过程。

4.4.2 串级控制算法

一般情况下，串级控制系统的算法是从外回路向内依次进行计算的，其计算步骤如下：

1. 计算主回路的偏差 $e_1(k)$

$$e_1(k) = r_1(k) - y_1(k) \tag{4-79}$$

式中，$r_1(k)$ 为主回路设定值，上面例子中为被加热油料的出口温度设定值；$y_1(k)$ 为主回路的被控参数，上面例子中为被加热油料的出口温度 T_1。

2. 计算主调节器的增量输出 $\Delta r_2(k)$

对于普通 PID 调节器，有

$$\Delta r_2(k) = K_{P1}[e_1(k) - e_1(k-1)] + K_{I1}e_1(k) + K_{D1}[e_1(k) - 2e_1(k-1) + e_1(k-2)] \tag{4-80}$$

3. 计算主调节器的位置输出 $r_2(k)$

$$r_2(k) = r_2(k-1) + \Delta r_2(k) \tag{4-81}$$

$r_2(k)$ 也就是副回路的设定值，上例中为炉膛温度设定值 T_{2r}。

4. 计算副回路的偏差 $e_2(k)$

$$e_2(k) = r_2(k) - y_2(k) \tag{4-82}$$

式中，$y_2(k)$ 为副回路被控参数，上例中为炉膛温度 T_2。

5. 计算副调节器的增量输出 $\Delta u_2(k)$

$$\Delta u_2(k) = K_{P2}[e_2(k) - e_2(k-1)] + K_{I2}e_2(k) + K_{D2}[e_2(k) - 2e_2(k-1) + e_2(k-2)] \tag{4-83}$$

式中，$\Delta u_2(k)$ 为作用于执行机构的控制增量。

计算主调节器的位置输出时，也可采用下列改进算法

$$r_2(k) = r_2(k-1) + \begin{cases} \sigma \Delta r_2(k), & |\Delta r_2(k)| > \varepsilon \\ \Delta r_2(k), & |\Delta r_2(k)| \leqslant \varepsilon \end{cases} \tag{4-84}$$

该改进算法的思想是限定主调节器输出变化幅度，目的是使副回路设定值的变化不要过于激烈，防止因变化过于激烈而使系统工作不平稳。参数 σ、ε 是根据具体对象确定的系

数，σ 总是选择小于 1 的数。

上述算法每个采样周期计算一次，并将副调节器的输出 $\Delta u_2(k)$ 送到 D/A 转换器，经 D/A 转换成模拟信号驱动执行机构，去控制被控对象。当执行机构可接受数字信号时，则可不必进行 D/A 转换，直接将 $\Delta u_2(k)$ 送去控制执行机构。

串级控制算法程序框图如图 4-24 所示。

图 4-23 中主、副调节器也可采用改进型的 PID 控制器，当采用改进型的 PID 控制器时，上述 $\Delta r_2(k)$ 和 $\Delta u_2(k)$ 的计算算式要进行相应的修改。

4.4.3 串级控制系统中副回路的设计

如果把串级控制系统中整个闭环副回路作为一个等效对象来考虑，可以看到主回路与一般单回路控制系统没什么区别，无需特殊讨论。但是副回路应怎样设计，副参数应如何选择，这是系统设计和实施中应予以考虑的问题。

串级控制系统的种种优点都是因为增加了副回路的缘故。可以说，副回路的设计质量是保证发挥串级系统优点的关键所在。从结构上看，副回路也是一个单回路，问题的实质在于如何从整个对象中选取一部分作为副对象，即如何选择副参数。这里给出副回路设计的几个原则：

（1）副参数的选择应使副回路的时间常数小，调节通道短，反应灵敏。通常串级系统被用来克服对象的惯性和纯滞后。副回路的选择原则之一是使得副回路时间常数小，调节通道短，从而使等效对象的时间常数大大减小，提高系统的工作频率，加快反应速度，缩短控制时间，最终改善系统的控制品质。

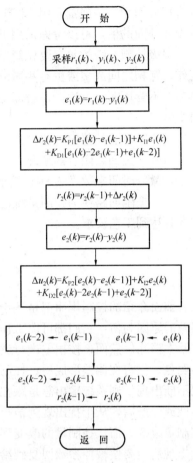

图 4-24 串级控制算法程序框图

（2）副回路应包含被控对象所受到的主要干扰。串级系统对副回路内的干扰有较强的抑制能力。为了发挥这一特殊作用，在系统设计时，副参数的选择应使得副环尽可能多地包括一些扰动。

在具体情况下，副环的范围应当取多大，决定于对象中各环节的分布情况以及各种扰动的大小。副环的范围要适当，不是愈大愈好，太大了，副环本身调节性能变差，达不到预期的控制目标。

4.4.4 串级控制系统调节器的选型和参数的整定

在串级控制系统中，主调节器和副调节器的任务不同，对于它们的选型即调节规律的选择也有不同考虑。副调节器的任务是要快速动作以迅速抵消落在副环内的扰动，而且副参数一般并不要求无差，所以一般都选 P 调节器，也可采用 PD 调节器。如果主、副环的频率相差很大，也可以考虑采用 PI 调节器。

主调节器的任务是准确保持被控参数符合生产要求。凡是要求采用串级控制的场合，工艺上对控制品质的要求总是很高的，不允许被控参数存在偏差。因此，主调节器都必须具有积分作用，一般都采用 PI 调节器。如果副环外面惯性环节较多，同时有主要扰动落在副环外面的话，可以考虑采用 PID 调节器。

串级控制系统的整定要比简单系统复杂些。因为两个调节器串在一起，在一个系统中工作，互相之间或多或少有些影响。串级控制系统应用比较成熟，所以参数整定的方法也很多。不管用哪种方法，一般都是先副回路后主回路，由内层向外层逐层进行。这里介绍两步整定法。

两步整定法的整定步骤是：

(1) 在主回路闭合的情况下，将主调节器的比例系数 K_{P1} 设置为 1，积分时间常数 $T_{I1} \to \infty$，微分时间常数 $T_{D1} \to 0$，按前面介绍的 PID 控制器参数整定方法整定副调节器参数。

(2) 把副回路视为控制系统的一个组成部分，用同样的方法整定主调节器参数，使主控参数达到工艺要求。

4.5 前馈控制

前面介绍的控制规律都是基于反馈原理，采用闭环结构，按偏差进行调节。不论产生偏差的原因为何，它们都可以工作，只要外部干扰能够平稳下来，系统最终能使偏差消除或基本消除。然而，按偏差进行调节的控制方式尽管有较普遍的适用性，但也有其本质上的弱点，只有在偏差形成后，控制作用才发生改变，控制作用落后于干扰的作用。如果干扰不断出现，则系统输出总是跟在干扰后面波动。此外，一般工业控制对象总存在一定的惯性或纯滞后，从干扰出现到被控参数发生变化需要一定的时间。被控参数变化后，引起控制量改变，而从控制量的改变到对被控参数产生调节作用，又需要一定时间。所以，干扰出现后，要使被控参数回复到给定值需要相当长的时间。系统惯性或滞后越大，被控参数的波动幅度也越大，偏差持续的时间也越长。对于有大幅度干扰出现的系统，一般反馈控制往往难以满足生产要求。

所谓前馈控制，是一种直接按照扰动量大小进行补偿的控制方法，即当干扰一出现，前馈控制器就直接根据所测得的干扰大小和方向，按一定规律去控制，以抵消干扰对被控参数的影响。它比反馈控制要及时得多。

4.5.1 前馈控制的基本原理

下面以图 4-25 所示的热交换器为例对前馈控制方法加以说明。图 4-25 中加热蒸汽通过热交换器与排管内的被加热液料进行热交换，要求使液料出口温度 T 维持某一定值，可通过控制加热蒸汽流量来控制液料出口温度 T。

为此，在加热蒸汽管道上安装一个调节阀，用温度调节器来控制它。这种控制方案可行但不太理想。因为排管很长，热交换器容量较大，滞后现象严重，如果被加热液料流量 Q 发生变化，势必要经过较长一段时间，在被加热液料出口温度 T 发生变化后才会进行调节，再经过一段时间，才能使 T 回到设定值，控制很不及时，控制效果不好。如果对主要干扰—被加热液料流量 Q 采用前馈控制，即当流量 Q 变化时，产生一个成正比的控制量 m 作用于调节阀（如图 4-25 所示），这样就可及时抵消流量 Q 的作用，维持液料出口温度 T 不变，获得满意的控制效果。

图 4-25 中前馈控制部分框图如图 4-26 所示。图中 $V(s)$ 为干扰量，它对应于入口液

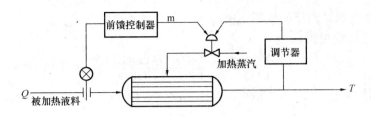

图 4-25 热交换器前馈控制示意图

料流量 Q 的变化量，$M(s)$ 为前馈控制器输出，$Y(s)$ 为被控参数，对应于出口液料温度 T，$G_D(s)$ 为干扰通道传递函数，$G(s)$ 为控制通道传递函数，$G_M(s)$ 为前馈控制器传递函数。

由图 4-26 可得（只考虑前馈作用）

$$Y(s) = G_D(s)V(s) + G_M(s)G(s)V(s)$$
$$= [G_D(s) + G_M(s)G(s)]V(s) \quad (4-85)$$

完全补偿的条件是：$V(s) \neq 0$ 时，$Y(s) = 0$，则必须有 $G_D(s) + G_M(s)G(s) = 0$，所以，完全补偿前馈控制器的传递函数为

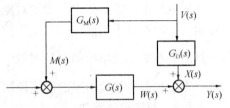

图 4-26 前馈控制方框图

$$G_M(s) = -\frac{G_D(s)}{G(s)} \quad (4-86)$$

式中，负号表示控制作用方向与干扰作用方向相反。

4.5.2 前馈——反馈控制

前馈控制虽然具有很突出的优点，但它也有不足之处。首先是准确性问题。要达到高度的准确性，实现完全补偿，既要有准确的数学模型，也要求检测装置非常准确。这在实际系统中是难以满足的。其次，前馈控制是针对具体的扰动进行补偿的。在实际工业对象中，往往存在许多扰动因素，其中有一些是无法测量的，人们不可能针对所有扰动进行补偿，实施前馈控制。为此，工业上常将前馈控制与反馈控制结合起来使用，构成前馈——反馈控制系统。这样既发挥了前馈控制作用及时、对特定扰动有很强抑制能力的特点，又保留了反馈控制能克服多个扰动和对控制效果最终检验的长处。前馈——反馈控制系统结构框图如图 4-27 所示。

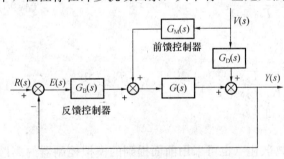

图 4-27 前馈——反馈控制系统结构框图

由图 4-27 可知，前馈——反馈控制系统的控制作用是反馈控制器和前馈控制器的输出之和。因此，这种系统实质上是一种偏差控制和扰动控制的结合，有时也称之为复合控制系统。

由图 4-27 可写出被控参数 $Y(s)$ 对干扰 $V(s)$ 的闭环传递函数（$R(s) = 0$）为

$$Y(s) = G_D(s)V(s) + [G_M(s)V(s) - Y(s)G_B(s)]G(s)$$
$$= G_D(s)V(s) + G_M(s)V(s)G(s) - Y(s)G_B(s)G(s) \quad (4-87)$$

式中，$G_D(s)V(s)$ 为干扰对被控参数的影响；$G_M(s)V(s)G(s)$ 为前馈通道的控制作用；

$Y(s)G_B(s)G(s)$ 为反馈通道的控制作用。

对上式进行简化可得

$$\frac{Y(s)}{V(s)} = \frac{G_D(s) + G_M(s)G(s)}{1 + G_B(s)G(s)} \tag{4-88}$$

在完全补偿情况下，$Y(s)/V(s) = 0$，即 $G_D(s) + G_M(s)G(s) = 0$，即有

$$G_M(s) = -\frac{G_D(s)}{G(s)} \tag{4-89}$$

式（4-89）与式（4-86）完全相同，由此得出结论，把单纯的前馈控制与反馈控制结合起来时，对于同一干扰，完全补偿的条件不变。

实际应用中，很难获得准确的对象模型，难以实现完全补偿。因此很少采用单纯的前馈控制，一般都是采用前馈——反馈控制。当干扰不能完全补偿时，前馈——反馈控制可将干扰的影响缩小到单纯前馈控制的 $\frac{1}{1 + G_B(s)G(s)}$（比较式（4-88）与式（4-85）可知），这也就为工程上实现较简单的前馈控制创造了条件。

4.5.3 前馈控制算法

由以上讨论可知，无论是单纯的前馈控制系统，还是前馈——反馈控制系统，完全补偿的条件是相同的，实现完全补偿的前馈控制器为 $G_M(s) = -G_D(s)/G(s)$，当 $G_D(s)$ 和 $G(s)$ 可以测得或算出时，$G_M(s)$ 可按上式求取。但通常 $G_D(s)$ 和 $G(s)$ 的阶次都较高，实现起来很困难。目前工程上结合其他措施，大都采用一个具有纯滞后的一阶或二阶惯性环节来近似描述被控对象各个通道的动态特性。实践证明，这种近似处理的方法是可行的。

设对象的干扰通道和控制通道的传递函数分别为

$$G_D(s) = \frac{K_1}{T_1 s + 1} e^{-\tau_1 s}$$

$$G(s) = \frac{K_2}{T_2 s + 1} e^{-\tau_2 s} \tag{4-90}$$

式中，τ_1、τ_2 为相应通道的纯滞后时间。

则

$$G_M(s) = \frac{M(s)}{V(s)} = -\frac{G_D(s)}{G(s)} = -\frac{K_1}{K_2} \frac{T_2 s + 1}{T_1 s + 1} e^{-(\tau_1 - \tau_2)s} = K_m \frac{T_2 s + 1}{T_1 s + 1} e^{-\tau_f s} \tag{4-91}$$

式中，$K_m = -\frac{K_1}{K_2}$，$\tau_f = \tau_1 - \tau_2$。

下面采用工程方法对式（4-91）进行离散化（也可采用前面提到的模拟控制器的离散化方法）。可求得式（4-91）对应的微分方程为

$$T_1 \frac{dm(t)}{dt} + m(t) = K_m \left[T_2 \frac{dV(t - \tau_f)}{dt} + V(t - \tau_f) \right] \tag{4-92}$$

对上式进行离散化处理可得

$$T_1 \frac{m(k) - m(k-1)}{T} + m(k) = K_m \left[T_2 \frac{V(k - k_f) - V(k - 1 - k_f)}{T} + V(k - k_f) \right] \tag{4-93}$$

式中，$k_f = \tau_f/T$(取整)。将式（4-93）整理后得

$$m(k) = a_1 m(k-1) + a_2 V(k - k_f) - a_3 V(k - 1 - k_f) \tag{4-94}$$

式中，$a_1 = \dfrac{T_1}{T_1+T}$，$a_2 = K_\mathrm{m}\dfrac{T_2+T}{T_1+T}$，$a_3 = K_\mathrm{m}\dfrac{T_2}{T_1+T}$。

式（4-94）为前馈控制的算法算式。

如果只考虑在稳态下的补偿扰动作用，不考虑补偿扰动对系统动态过程的影响，则前馈控制器取为纯比例环节，比例系数为 K_m。这时的前馈控制称为静态前馈控制。

4.5.4 前馈控制应用的场合

实现前馈控制的前提是干扰可以测量。下列几种情况采用前馈控制比较有利：

（1）系统中存在幅度大、频率高且可测的干扰，该干扰对被控参数影响显著，反馈控制难以克服，而工艺上对被控参数又要求十分严格，这时可引入前馈控制来改善系统的质量。

（2）当主要干扰无法用串级控制使其包围在副回路内时，采用前馈控制将会比串级控制获得更好的效果。

（3）当对象干扰通道和控制通道的时间常数相差不大时，引入前馈控制可以很好地改善系统的控制质量。

当干扰通道的时间常数比控制通道的时间常数大得多时，反馈控制已可获得良好的控制效果，无需再加前馈控制。这时只有当对控制质量要求较高时，才有必要引入前馈控制。如果干扰通道比控制通道的时间常数小得多，由于干扰对被控参数的影响十分迅速，以致即使前馈控制器的响应时间为零，也无法完全补偿干扰的影响，这时使用前馈控制效果不佳。

4.6 史密斯（Smith）预估控制

在工业生产过程中，被控对象除了具有容积延迟外，不少工业对象存在着纯滞后时间。例如，在图 4-25 的热交换器中，被控参数是被加热液料的出口温度，而控制量是载热的热蒸汽。当改变热蒸汽的流量后，对液料出口温度的影响必然要滞后一个时间，即热蒸汽经管道到达热交换器所需的时间。此外，管道混合、带传送、多个设备串联等过程都存在着较大的纯滞后。在这些过程中，由于纯滞后的存在，使得被控参数不能及时反映系统所承受的扰动，即使测量信号到达控制器，控制器输出信号令执行机构立即动作，也需要经过纯滞后时间 τ 以后，才影响到被控参数，使之受到控制。因此，这样的过程必然会产生较明显的超调量和较长的调节时间。所以，具有纯滞后的过程被公认为是较难控制的过程，其难控程度随着纯滞后时间 τ 占整个动态过程的份额的增加而增加。一般认为，纯滞后时间 τ 与过程的时间常数 T_C 之比若大于 0.3，则该过程是具有大纯滞后的工艺过程。当对象的纯滞后时间 τ 与对象的时间常数 T_C 之比 $\tau/T_C \geqslant 0.5$ 时，采用常规的比例积分微分（PID）控制来克服大纯滞后是很难适应的，而且还会使控制过程严重超调，稳定性变差。

大纯滞后系统的控制一直是人们研究的一个重要课题。人们也提出了不少控制方法。其中，Smith 预估控制是一种应用较多较为有效的控制方法。

4.6.1 Smith 预估控制的基本原理

为了便于说明问题，先假设一个如图 4-28 所示的单回路控制系统。图中 $D(s)$ 表示调

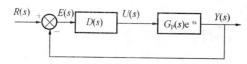

图 4-28 带纯滞后环节的控制系统

节器的传递函数，用于校正 $G_P(s)$ 部分；$G_P(s)e^{-\tau s}$ 表示被控对象的传递函数，$G_P(s)$ 为被控对象中不包含纯滞后部分的传递函数，$e^{-\tau s}$ 为被控对象纯滞后部分的传递函数。

图 4-28 系统的闭环传递函数为

$$\Phi_1(s) = \frac{Y(s)}{R(s)} = \frac{D(s)G_P(s)e^{-\tau s}}{1+D(s)G_P(s)e^{-\tau s}} \quad (4\text{-}95)$$

系统的闭环特征方程为

$$1+D(s)G_P(s)e^{-\tau s} = 0 \quad (4\text{-}96)$$

可见，纯滞后的加入改变了原系统的特征方程，即改变了极点，影响了系统的性能。若 τ 足够大，可引起较大的相角滞后，造成系统不稳定，增加系统的控制难度。

为了改善大纯滞后对象的控制质量，引入一个与对象并联的补偿器，称之为 Smith 预估器，其传递函数为 $G_S(s)$，带有 Smith 预估器的系统如图 4-29 所示。

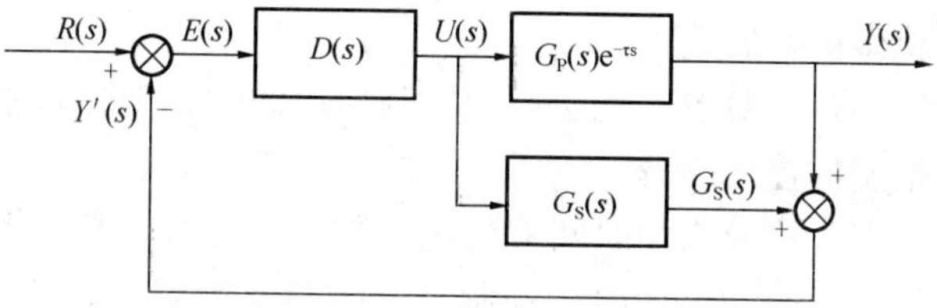

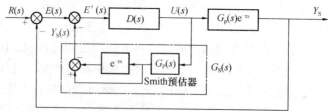

图 4-29 带有 Smith 预估器的系统框图

由图可知，经补偿后控制量 $U(s)$ 与反馈量 $Y'(s)$ 之间的传递函数为

$$\frac{Y'(s)}{U(s)} = G_P(s)e^{-\tau s} + G_S(s) \quad (4\text{-}97)$$

为了完全补偿对象的纯滞后，则要求

$$\frac{Y'(s)}{U(s)} = G_P(s)e^{-\tau s} + G_S(s) = G_P(s) \quad (4\text{-}98)$$

于是，可得 Smith 预估补偿器的传递函数为

$$G_S(s) = G_P(s)(1-e^{-\tau s}) \quad (4\text{-}99)$$

在实际应用中，Smith 预估补偿器并不是并联在对象上，而是反向并在控制器上。对图 4-29 进行框图变换，并代入 $G_s(s)$ 可得实际的大纯滞后 Smith 预估控制系统，如图 4-30 所示。

图 4-30 实际大纯滞后 Smith 预估控制系统结构框图

图中点画线框内为 Smith 预估器，它与 $D(s)$ 一起构成带纯滞后补偿的控制器，对应的传递函数为

$$D_1(s) = \frac{U(s)}{E(s)} = \frac{D(s)}{1+D(s)G_P(s)(1-e^{-\tau s})} \quad (4\text{-}100)$$

经补偿后的系统闭环传递函数为

$$\Phi(s) = \frac{D_1(s)G_P(s)e^{-\tau s}}{1+D_1(s)G_P(s)e^{-\tau s}} = \frac{D(s)G_P(s)}{1+D(s)G_P(s)}e^{-\tau s} \tag{4-101}$$

相应的等效框图如图 4-31 所示。

由式（4-101）可知，在系统的特征方程中，已不包含 $e^{-\tau s}$ 项。这就说明，这个系统已经消除了纯滞后对系统控制品质的影响。从图 4-31 中也可看到，这里纯滞后部分 $e^{-\tau s}$ 已在等效系统的闭环控制回路之外，不影响系统的稳定性。拉普拉斯变换的位移定理说明，$e^{-\tau s}$ 仅将控制作用在时间坐标上推移了一个时间 τ，控制系统的过渡过程及其他性能指标都与对象特性为 $G_P(s)$ 时完全相同。

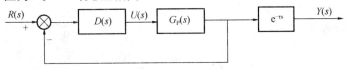

图 4-31　Smith 预估控制系统等效框图一

将式（4-101）稍加变化，我们还可以将纯滞后补偿理解为超前控制作用。

令 $G(s) = G_P(s)e^{-\tau s}$，则有

$$G_P(s) = G(s)e^{\tau s} \tag{4-102}$$

将式（4-102）代入式（4-101）得

$$\Phi(s) = \frac{D(s)G(s)}{1+D(s)G(s)e^{\tau s}} \tag{4-103}$$

由式（4-103）可以看出，带纯滞后补偿的控制系统就相当于控制器为 $D(s)$，被控对象为 $G(s)$，反馈回路串上一个 $e^{\tau s}$ 的反馈控制系统（如图 4-32 所示），即检测信号通过超前环节 $e^{\tau s}$ 后进入控制器里，这个进入控制器里的信号 $y'(t)$ 比实际检测到的信号 $y(t)$

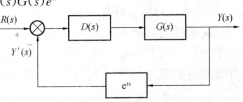

图 4-32　Smith 预估控制系统等效框图二

提早 τ 时间，即 $y'(t) = y(t+\tau)$，从相位上可以认为进入控制器的信号比实际测得的信号超前 $\tau\omega$（单位 rad）。因此，从形式上可把纯滞后补偿视为具有超前控制作用，而实质上是对被控参数 $y(t)$ 的预估。这也就是为什么称 Smith 补偿器为 Smith 预估控制器的原因。

4.6.2　Smith 预估控制算法

当大纯滞后系统采用计算机控制时，Smith 预估控制器用计算机实现，这时，需将式（4-99）给出的模拟 Smith 预估控制器离散化为数字 Smith 预估控制器，即推导出 Smith 预估控制算法。

为了推导算法，将图 4-30 中 Smith 预估器 $G_S(s)$ 重画于图 4-33。

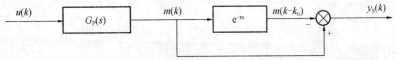

图 4-33　Smith 预估器框图

令 $k_0 = \tau/T$（取整数），则数字 Smith 预估器的输出为

$$y_S(k) = m(k) - m(k-k_0) \tag{4-104}$$

式中，$m(k)$ 为一中间变量，其算式与对象模型有关。

设对象模型为一阶惯性环节加纯滞后（许多工业对象可这样近似），若不考虑采样保持器特性，则

$$G(s) = G_P(s)e^{-\tau s} = \frac{K}{T_C s + 1}e^{-\tau s} \tag{4-105}$$

式中，K 为对象放大系数；T_C 为对象等效时间常数；τ 为纯滞后时间。

则

$$\frac{M(s)}{U(s)} = G_P(s) = \frac{K}{T_C s + 1} \tag{4-106}$$

相应的微分方程为

$$T_C \frac{dm(t)}{dt} + m(t) = Ku(t) \tag{4-107}$$

对上式进行离散化处理得

$$T_C \frac{m(k) - m(k-1)}{T} + m(k) = Ku(k) \tag{4-108}$$

经整理后得

$$m(k) = am(k-1) + bu(k) \tag{4-109}$$

式中，$a = \dfrac{T_C}{T_C + T}$，$b = K(1-a)$。

$m(k-k_0)$ 可以这样形成：在计算机内存中开辟 $k_0 + 1$ 个单元用来存放 $m(k)$ 的历史数据。每次采样前，把 $k_0 - 1$ 单元中的内容存入 k_0 单元，把 1 单元中内容存入 2 单元，把 0 单元中内容存入 1 单元，然后将采样结果存入 0 单元。这样 0 单元中存的就是 $m(k)$ 信号，k_0 单元中存的就是滞后了 k_0 个采样周期的 $m(k-k_0)$ 信号，此过程如图 4-34 所示。

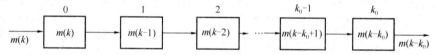

图 4-34 $m(k-k_0)$ 信号形成示意图

式（4-104）和式（4-109）两式就是数字 Smith 预估器控制算式。注意 $m(k)$ 的算式与对象模型有关，对象的模型不同，$m(k)$ 的算式也是不同的。

在实际应用中，若使用了采样保持器，则被控对象应加上采样保持器而构成广义对象 $G(s)$。采样保持器又称为零阶保持器，其传递函数为 $\dfrac{1-e^{-Ts}}{s}$，则有

$$G(s) = \frac{1-e^{-Ts}}{s} \frac{K}{T_C s + 1} e^{-\tau s} \tag{4-110}$$

此时

$$G_P(s) = \frac{1-e^{-Ts}}{s} \frac{K}{T_C s + 1} \tag{4-111}$$

可以用上述同样的方法求出相应的数字 Smith 预估控制的算法算式，读者可自己采用一阶后向差分法或双线性变换法推导。

4.6.3 数字 Smith 预估控制系统

采用 PID 控制算法实现的数字 Smith 预估控制系统结构框图如图 4-35 所示。图中反

馈控制器采用数字 PID 控制器（也可以采用其他控制算法实现），数字 PID 控制器和数字 Smith 预估器均用计算机实现。

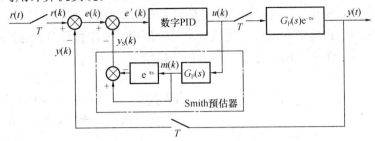

图 4-35 数字 Smith 预估控制系统结构框图

计算机应完成的计算任务是：
(1) 计算反馈回路的偏差 $e(k) = r(k) - y(k)$；
(2) 计算中间变量 $m(k)$，当对象为一阶惯性环节加纯滞后时，$m(k)$ 按式（4-109）计算；
(3) 求取 $m(k-k_0)$；
(4) 计算 Smith 预估器的输出 $y_S(k) = m(k) - m(k-k_0)$；
(5) 计算 PID 控制器的输入 $e'(k) = e(k) - y_S(k)$；
(6) 进行 PID 运算，计算 PID 控制器输出

$$\Delta u(k) = K_P \{[e'(k) - e'(k-1)] + \frac{T}{T_I} e'(k) + \frac{T_D}{T}[e'(k) - 2e'(k-1) + e'(k-2)]\}$$

$$u(k) = u(k-1) + \Delta u(k)$$

这里假定反馈控制器采用普通 PID 控制器，也可根据需要采用改进型 PID 控制器或其他控制算法。

下面用一例子来说明 Smith 预估控制的效果。

已知某系统中对象的传递函数为 $G(s) = G_P(s)e^{-\tau s} = \frac{1}{60s+1}e^{-60s}$，选采样周期为 1/3s，反馈控制器采用 PID 控制器，在零时刻对给定值加 10% 的扰动，进行控制实验。实验结果如图 4-36 所示。图 4-36（a）表示只有最佳参数整定而无 Smith 预估补偿的情况；图 4-36（b）表示既有最佳参数整定又有 Smith 预估补偿的情况。图 4-36（b）显示出了加 Smith 预估补偿的显著效果，与图 4-36（a）比较，它的 PID 控制器比例系数增大一倍，

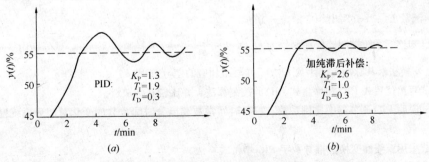

图 4-36 Smith 预估控制实验结果
(a) 无 Smitht 预估补偿；(b) 有 Smitht 预估补偿

积分时间常数减小近一半，使控制回路反应更加灵敏。由此可见，加入纯滞后补偿后，控制器增益可以取得比较大，补偿效果很显著。

需要指出的是，Smith 预估控制的关键是对象有精确的数学模型，但是实际上很难获知对象的精确模型。许多工业或智能建筑对象可近似用一阶惯性环节和纯滞后环节的串联来表示，此时可用一个一阶的参考模型作为预估模型。

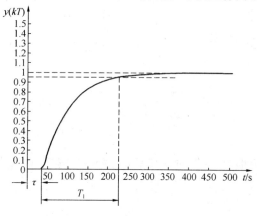

图 4-37 被控对象的阶跃响应曲线

下面以某一阶对象为例讨论预估模型的建立，设该被控对象的阶跃响应曲线如图 4-37 所示，现在由阶跃响应求出对象的预估模型。

设预估模型为一阶惯性环节，传递函数为 $G_P(s) = \dfrac{K}{T_C s + 1}$，其中 K 为被控对象的比例（放大）系数，这可以由实验测得；T_C 为被控对象的时间常数。时间常数 T_C 的求法如下：参看图 4-37，设曲线由非滞后段上升到给定值的 95% 处的时间为 T_1，则 T_C 为 T_1 的 $1/30 \sim 1/40$。其公式为

$$T_C = \frac{T_1}{(30 \sim 40)} \tag{4-112}$$

例如图 4-37 中，$\tau=30\text{s}$，阶跃曲线上升到给定值的 95% 时为 225s，则 $T_1 = (225-30)\text{s} = 195\text{s}$，$T_C = \dfrac{T_1}{(30 \sim 40)}\text{s} = \dfrac{195}{(30 \sim 40)}\text{s} = (6.50 \sim 4.875)\text{s}$，若选 $T_C=5\text{s}$，则预估模型为 $G_P(s) = \dfrac{K}{5s+1}$。

习 题 和 思 考 题

4-1 说明数字控制系统设计的模拟设计法和直接数字设计法各自的特点。

4-2 已知连续系统控制器传递函数 $D(s) = \dfrac{s}{(s+1)^2}$，采样周期 $T=1\text{s}$，试采用一阶后向差分法求其等效的脉冲传递函数 $D(z)$，并写出相应的差分方程。

4-3 已知连续系统控制器传递函数 $D(s) = \dfrac{1}{0.05s+1}$，采样周期 $T=0.1\text{s}$，试采用双线性变换法求其脉冲传递函数 $D(z)$，并写出相应的差分方程。

4-4 已知连续系统控制器传递函数为 $D(s) = \dfrac{s+2}{s^2+4s+3}$，采样周期 $T=1\text{s}$，试分别用一阶后向差分法和双线性变换法求其脉冲传递函数 $D(z)$，并写出相应的差分方程。

4-5 试写出位置式 PID 和增量式 PID 的控制算法，并比较其优缺点。

4-6 试说明 PID 调节器中比例系数、积分时间常数和微分时间常数的变化对闭环系统控制性能的影响。

4-7 试采用双线性变换法推导数字 PID 增量式算法。

4-8 试写出积分分离式 PID 控制器的控制算法，画出其程序框图，并说明积分分离限 β 选得过大或过小会出现什么情况。

第4章 计算机控制系统的控制算法

4-9 什么是积分饱和现象？通常采取什么方法克服积分饱和？

4-10 某温度控制系统采用数字 PID 算法进行温度控制，温度测量范围为 $-50℃\sim+50℃$，A/D 转换器字长为 12 位，温度设定值为 20℃，问所测温度在什么范围内进入积分不灵敏区？若 A/D 转换器字长不能增加，应采取什么措施改善积分不灵敏区的影响？

4-11 设不完全微分 PID 的传递函数为 $\dfrac{U(s)}{E(s)} = \dfrac{1}{T_F s + 1}\left(K_P + \dfrac{K_P}{T_I s} + K_P T_D s\right)$，试推导其差分方程表达式。

4-12 在采用数字 PID 控制器的系统中，应当根据什么原则选择采样周期？

4-13 试叙述试凑法、扩充临界比例度法、扩充响应曲线法整定数字 PID 控制器参数的步骤。

4-14 什么叫串级控制？它有何特点？

4-15 说明串级控制副回路的设计原则。

4-16 为什么串级控制系统中副调节器一般采用 P 调节器？

4-17 什么叫前馈控制？它有何特点？

4-18 一被控对象干扰通道和控制通道的传递函数分别为 $G_D(s) = \dfrac{1}{50s+1} e^{-5s}$ 和 $G(s) = \dfrac{2}{30s+1} e^{-3s}$，采样周期为 1s，试推导出完全补偿前馈控制器的控制算法。

4-19 简述 Smith 预估控制的基本思想。

4-20 设一对象的传递函数为 $G(s) = \dfrac{K}{T_C s + 1} e^{-\tau s}$，试推导插入零阶保持器后的 Smith 预估控制器控制算法。要求分别采用一阶后向差分和双线性变换两种方法进行离散化。

4-21 设被控对象传递函数为 $G(s) = \dfrac{1}{0.4s+1} e^{-s}$，反馈控制器采用数字 PI 控制器，采样周期为 0.5s：

(1) 在不考虑零阶保持器影响的情况下，设计数字 Smith 预估控制器；

(2) 画出数字 Smith 预估控制系统结构图和计算机实现程序框图。

第 5 章 网络化测控技术

5.1 工业控制网络概述

5.1.1 企业信息化与自动化

企业信息化是国民经济和社会信息化的基础之一，对外是了解和掌握市场、资源和技术；对内则是了解企业内部运行情况、企业内部资源配置情况和企业管理和生产之间的关系，并在此基础上及时地综合分析作出决策以及反馈实施，是企业技术进步的重要内容和企业增长方式转变的重要手段。

随着信息技术对各行各业日益广泛和深入的渗透，生产过程自动化与管理信息化两者的界限正趋于模糊，而"融合"则越来越多。生产过程自动化的核心问题正在演变为生产过程的信息化问题。

从企业信息化的内容看，它应是包含生产过程自动化在内。因为企业信息化内容有生产系统的信息化、营销系统的信息化、管理系统的信息化等。而其中生产系统的信息化首要的指生产过程控制，即通过对生产数据的采集、传输、处理实施监测、控制。

从管理信息化的发展要求看，任何一个企业的管理都分为操作层、管理层与决策层 3 个层次。信息技术服务于管理要求而应用于上述 3 个层次。20 世纪 50 年代、60 年代的"电子数据处理"，主要是在操作层面。随后，解决管理层面问题的管理信息系统出现了。到决策层面，则有决策支持系统与执行信息系统等。最近几年信息技术的迅速发展，因特网、物网等的出现，将管理信息系统推向了新的阶段。在这样的背景下，它更需要作为底层基础的过程控制自动化技术的进展与之相配套。

从自控技术本身的发展看，自控技术越来越与微电子技术、网络技术、通信技术密不可分。尤其是被称为"跨世纪的自控新技术—现场总线"更是如此。现场总线把微处理器置入传统的测量控制仪表，使它们各自具有了数字计算和数字通信能力，成为能独立承担某些控制、通信任务的网络节点。这样，以现场总线为纽带把原来分散的测控设备和仪表连接成可以相互沟通信息，共同完成自控任务的网络系统与控制系统。所以，从信息化的角度看，现场总线使自控系统与设备加入到信息网络的行列，成为企业信息网络的底层，使企业信息沟通的覆盖范围一直延伸到了生产现场。现场总线的出现标志着自动化进入新的时代。

随着因特网的迅速发展和用户的急剧增长，因特网已成为全球最大的信息中心和人类最丰富的知识资源宝库。信息化的发展出现了 3 个趋势：

(1) 由信息管理走向知识管理。即研究如何把信息变成知识，把知识变成行动（决策），把行动变成利润这样环环相套的过程。知识管理是信息管理的高级阶段，可有效地帮助企业或集团寻找商机、灵活反应、迅速决策。

(2) 由信息资源开发走向知识资源开发。即发掘和辨识所有与企业经营有关的知识，例如从消费者信息的分析可以获得市场趋势的知识、客户偏好的知识，从而引导企业的生产和经营活动。

(3) 由客户机/服务器结构向浏览器/服务器结构演进。客户机/服务器是 20 世 80 年代后半期基于计算机局域网发展的产物。而客户端采用浏览器（Browse）运行软件是对 C/S 结构的一种变化和改进。主要利用了不断成熟的 WWW 技术，结合多种 Script 语言（VBScript、JavaScript…）和 ActiveX 技术，是一种全新的软件系统构造技术。由此带来的变化—企业生产效率和经济效益提高，企业竞争能力的增强是令人难以想象的，同时也完全改变了企业操作和运行管理的方式。

5.1.2 控制网络的特点

计算机通信网络通常被划分为信息网络和控制网络。信息网络和控制网络都应用于信息交换，但信息网络的特征是数据包大，一般没有严格的时间传输限制。控制网络则具有频繁传输小数据包的特征，具有严格的时间传输要求和临界时间的限制。把信息网络和控制网络区分开来的关键因素就在于是否支持实时应用的能力。控制网络的实时性要求要比信息网络高，但随着时间的推移和技术的进步，将很难严格地认定哪种网络是控制网络，哪种网络是信息网络。

控制网络一般指以控制事物对象为特征的计算机网络系统，一般处于工业企业网络的中下层，是直接面向生产控制的计算机网络。控制网络一般主要用来处理实时现场信息，具有协议简单、容错性强、安全可靠、成本低廉的特点，是网络控制系统进行实时控制信息处理的数据流通道。因此它对于控制系统实现网络化控制以及工业企业实现完全分布式网络化控制与管理具有重要的作用。

控制网络一般包括现场总线以及含有工业以太网（例如 Ethenet/IP）的多层网络结构。从工业自动化与信息化层次模型来说，控制网络可以分为面向设备（过程）的现场总线控制网络或设备层网络，如 DeviceNet、Profibus 等，以及面向自动化的主干控制网络。从广义的角度来讲，在控制网络中，现场总线处于它的最底层，有时也将现场总线称之为底层控制网络。当然也可以将现场总线作为主干控制网络的一个接入节点对待，因此一般将设备层网络（现场总线）与自动化层网络合二为一构成控制网络。工业控制网络技术除具备普通网络技术所具备的特点外，还具有以下特点：

(1) 要求有高实时性与良好的时间确定性。
(2) 传送信息多为短帧信息，而且信息交换频繁。
(3) 容错能力强，可靠性、安全性好。
(4) 网络协议简单实用，工作效率高。
(5) 网络结构具有分散性。
(6) 控制设备的智能化与控制功能的自治性。
(7) 与信息网络之间有高效率的通信，易于实现与信息网络的集成。
(8) 性能价格比高。

5.1.3 控制网络与信息网络的区别

网络控制技术源于计算机网络技术，与一般的信息网络有很多共同点，但又有不同之处和独特的地方。

由于工业控制系统特别强调可靠性和实时性，所以应用于测量与控制的数据通信不同于一般电信网的通信。控制网络数据通信以引发物质或能量的运动为最终目的。控制网络与信息网络的具体不同如下：

（1）控制网络中数据传输的及时性和系统响应的实时性是控制系统最基本的要求。在工业控制系统中，实时可定义为系统对某事件的响应时间的可预测性。也就是说，在一个事件发生后，系统必须在一个可以准确预见的时间范围内做出反应。至于反应时间需多快，由被控制的过程来决定。一般说来，过程控制系统的响应时间要求为 0.01～0.5s，制造自动化系统的响应时间要求为 0.5～2.0s，信息网络的响应时间要求为 2.0～6.0s。

（2）控制网络强调在恶劣环境下数据传输的完整性、可靠性。控制网络应具有在高温、潮湿、振动、腐蚀，特别是在电磁干扰等工业环境中长时间、连续、可靠、完整地传送数据的能力，并能抗工业电网的浪涌、跌落和尖峰干扰。

（3）控制网络必须解决多家公司产品和系统在同一网络中相互兼容，即互操作性问题。

5.1.4 控制网络的类型

根据网络时延特征，工业自动化系统中采用的控制网络一般分为随机网络、有界网络、常值网络三类。在随机网络上传输的信息延迟时间是随机的，有界网络中的延迟时间有确定的上界，而常值网络上的时间延迟应保持一定。EtherNet、ControlNet 和 DeviceNet（或 CAN）可分别看做是上述三种网络的代表。

根据控制网络系统中 MAC 层协议，控制网络主要有三种类型，即 CSMA 方式、TokenBus 方式和主从 Polling 方式，每种类型都产生了许多具有代表性的控制网络协议。EtherNet、CAN、DeviceNet 和 LonWorks 等都是基于 CSMA 方式；Profibus、P-Net 及 ControlNet 等则是基于 TokenBus 方式；主从 Polling 方式具有代表性的控制网络协议是 FIP 及某些专用主从式 RS-422/485 网络。

一般来说，TokenBus 方式和主从 Polling 方式属于有界网络。CSMA 方式中有随机网络，以 EtherNet（载波监听多路访问/冲突检测协议，Carrier Sence Multiple Access/Collision Detection，CSMA/CD）为代表；有常值网络，以 CAN（载波监听多路访问/信息优先级仲裁协议，Carrier Sence Multiple Access/Arbitration on Message Priority，CSMA/AMP）为代表，下面还将详细介绍这三种方式。

从工业自动化与信息化层次模型来说，控制网络可分为面向设备的现场总线控制网络与面向自动化的主干控制网络。在主干控制网络中，现场总线作为主干网络的一个接入点。从发展的角度看，设备层和自动化层也可以合二为一，从而形成一个统一的控制网络层。

从网络的组网技术来分，控制网络通常有两类：共享式控制网络与交换式控制网络。控制网络的类型及其相互关系如图 5-1 所示。

目前，现场总线控制网络受到普遍重视，发展很快。从技术上来说，较好地解决了物理层与数据链路层中媒体访问控制子层以及设备的接入问题。有影响的现场总线有 FF、Lon-Works、WorldFIP、Profibus、CAN 和 HART 等。

共享网络控制结构既可应用于一般控制网络，也可应用于现场总线。以太控制网络在共享总线网络结构中应用最广泛。

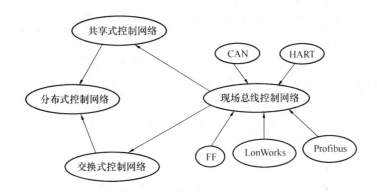

图 5-1 控制网络的类型及其相互关系

与共享总线控制网络相比，交换式控制网络具有组网灵活方便、性能好、便于组建虚拟控制网络等优点，已得到实际应用，并具有良好的应用前景。交换式控制网络比较适用于组建高层控制网络。交换式控制网络尽管还处于发展阶段，但它是一个具有发展潜力的控制网络。

以太控制网络与分布式控制网络是控制网络发展的新技术，代表控制网络的发展方向。

控制网络系统在技术上具有以下特点：

(1) 系统的开放性。开放是指对相关标准的一致性、公开性，强调对标准的共识与遵从。一个开放系统，是指它可以与世界上任何地方遵守相同标准的其他设备或系统连接，各不同厂家的设备之间可实现信息交换。用户可按自己的需要和考虑，把来自不同供货商的产品组成随意大小的系统，通过控制网络构筑自动化领域的开放互连系统。

(2) 互操作性与互用性。互操作性是指实现互连设备间、系统间的信息传送与沟通，而互用性则意味着不同生产厂家的性能类似的设备可实现相互替换。现场设备的智能化与功能自治性，使它可以将传感测量、补偿计算、工程量处理与控制等功能分散到现场设备中完成，仅靠现场设备即可完成自动控制的基本功能，并可随时诊断设备的运行状态。

(3) 系统结构的高度分散性。控制网络已构成一种新的全分散性控制系统的体系结构，改变了现有集中与分散相结合的集散控制系统体系，简化了系统结构，提高了可靠性。

(4) 对现场环境的适应性。工作在生产现场前端，作为工厂网络底层的控制网络，是专为现场环境而设计的，可支持双绞线、同轴电缆、光缆、射频、红外线、电力线等，具有较强的抗干扰能力，能采用两线制实现供电与通信，并可满足本质安全防爆要求等。

(5) 一对 N 结构。一对传输线、N 台仪表、双向传输多个信号，这种一对 N 结构使得接线简单、工程周期短、安装费用低、维护方便。如果增加现场仪表或现场设备，只需并行挂接到电缆上，而无须架设新的电缆。

(6) 可控状态。操作员在控制室即可以了解现场设备或现场仪表的工作状况，也能对其进行参数调整，还可以预测和寻找事故，始终处于操作员的远程监视与可控状态，提高系统的可靠性、可控性和可维护性。

(7) 互换性。用户可以自由选择不同制造商所提供的性能价格比最优的现场设备或现场仪表，并将不同品牌的仪表进行互换。即使某台仪表发生故障，换上其他品牌的同类仪表，系统仍能照常工作，实现即接即用。

（8）综合功能。现场仪表既有检测、变换和补偿功能，也有控制和运算功能，实现了一表多用，不仅方便了用户，也节省了成本。

（9）统一组态。由于现场设备或现场仪表都引入了功能块的概念，所有制造商都使用相同的功能块，并统一组态方法。这样就使组态非常简单，用户不需要因为现场设备或现场仪表的不同而采用不同的组态方法。

5.2 控制网络技术基础

5.2.1 网络拓扑结构

在网络中，把计算机、终端、通信处理机等设备抽象成点，把连接这些设备的通信线路抽象成线，并将由这些点和线所构成的拓扑称为网络拓扑结构。网络拓扑结构反映网络的结构关系，它对于网络性能、可靠性以及建设管理成本等都有着重要的影响，因此网络拓扑结构的设计在整个网络设计中占有十分重要的地位，在构建网络时往往是首先要考虑的因素之一。

1. 环形拓扑

环形拓扑由一些中继器和连接中继器的点到点链路首尾相连形成一个闭合的环，每个中继器都与两条链路相连，它接收一条链路上的数据，并以同样的速度串行地把该数据送到另一条链路上，而不在中继器中缓冲。这种链路是单向的，也就是说，只能在一个方向上传输数据，而且所有的链路都按同一方向传输，数据就在一个方向上围绕着环进行循环。如图 5-2（a）所示。

由于多个设备共享一个环，因此需要对此进行控制，以便决定每个站在什么时候可以把分组放在环上。这种功能是用分布控制的形式完成的，每个站都有控制发送和接收的访问逻辑。由于信息包在封闭环中必须沿每个节点单向传输，因此环中任何一段的故障都会使各站之间的通信受阻。为了增加环形拓扑可靠性，还引入了双环拓扑。所谓双环拓扑就是在单环的基础上在各站点之间再连接一个备用环，从而当主环发生故障时，由备用环继续工作。

环形拓扑结构的优点是能够较有效地避免冲突，其缺点是环形结构中的网卡等通信部件比较昂贵且管理复杂得多。在实际的应用中，多采用环形拓扑作为宽带高速网络的结构。

2. 星形拓扑

星形拓扑是由中央节点和通过点对点链路接到中央节点的各站点（网络工作站等）组成。星形拓扑以中央节点为中心，执行集中式通信控制策略，因此中央节点相当复杂，而各个站的通信处理负担都很小，又称集中式网络。中央控制器能放大和改善网络信号，外部有一定数量的端口，每个端口连接一个站点，如 Hub 集线器、交换机等。采用星形拓扑的交换方式有电路交换和报文交换，尤其电路交换更为普遍，现有的数据处理和声音通信的信息网大多采用这种拓扑。一旦建立了通信的连接，可以没有延迟地在两个连通的站点之间传输数据。如图 5-2（b）所示。

星形拓扑的优点是结构简单，管理方便，可扩充性强，组网容易。利用中央节点可方便地提供网络连接和重新配置；且单个连接点的故障只影响一个设备，不会影响全网，容易检测和隔离故障，便于维护。

星形拓扑的缺点是每个站点直接与中央节点相连，需要大量电缆，因此费用较高；如果中央节点产生故障，则全网不能工作，所以对中央节点的可靠性和冗余度要求很高。

3. 总线拓扑

总线拓扑采用单根传输线作为传输介质，所有的站点都通过相应的硬件接口直接连接到传输介质或总线上。任何一个站点发送的信息都可以沿着介质传播，而且能被所有其他的站点接收。如图 5-2（c）所示。

由于所有的站点共享一条公用的传输链路，所以一次只能有一个设备传输数据。通常采用分布式控制策略来决定下一次哪一个站点发送信息。

发送时，发送站点将报文分组，然后一次一次地依次发送这些分组，有时要与其他站点发来的分组交替地在介质上传输。当分组经过各站点时，目的站点将识别分组中携带的目的地址，然后拷贝这些分组的内容。这种拓扑减轻了网络通信处理的负担，它仅仅是一个无源的传输介质，而通信处理分布在各站点进行。

总线拓扑的优点是结构简单，实现容易；易于安装和维护；价格低廉，用户站点入网灵活。

总线拓扑的缺点是传输介质故障难以排除，并且由于所有节点都直接连接在总线上，因此任何一处故障都会导致整个网络的瘫痪。

4. 树形结构

树形拓扑是从总线拓扑演变而来的，它把星形和总线形结合起来，形状像一棵倒置的树，顶端有一个带分支的根，每个分支还可以延伸出子分支。这种拓扑和带有几个段的总线拓扑的主要区别在于根的存在。当节点发送时，根接收该信号，然后再重新广播发送到全网。

树形拓扑的优点是易于扩展和故障隔离。树形拓扑的缺点是对根的依赖性太大，如果根发生故障，则全网不能正常工作，对根的可靠性要求很高。

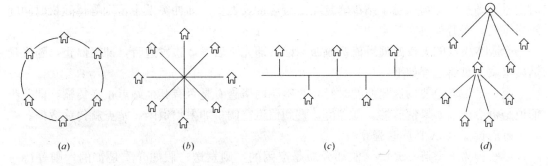

图 5-2 网络拓扑结构

(a) 环形；(b) 星形；(c) 总线形；(d) 树形

5.2.2 介质访问控制技术

将传输介质的频带有效地分配给网上各站点用户的技术称为介质访问控制技术。设计一个好的介质访问控制协议有 3 个基本目标：协议要简单，获得有效的通道利用率，公平合理地对待网上各站点的用户。介质访问控制技术主要是解决介质使用权的算法问题，实现对网络传输信道的合理分配。

1. 信道分配方法

通常，可将信道分配方法划分为两类：静态分配方法和动态分配方法。

所谓静态分配方法，也是传统的分配方法，它采用频分多路复用或时分多路复用的办法将单个信道划分后静态地分配给多个用户。

当用户站数较多或使用信道的站数在不断变化或者通信量的变化具有突发性时，静态频分多路复用方法的性能较差，因此传统的静态分配方法不完全适合计算机网络。

所谓动态分配方法就是动态地为每个用户站点分配信道使用权。动态分配方法通常有3种：轮转、预约和争用。

（1）轮转：使每个用户站点轮流获得发送的机会，这种技术称为轮转。它适合于交互式终端对主机的通信。

（2）预约：预约是指将传输介质上的时间分隔成时间片，网上用户站点若要发送，必须事先预约能占用的时间片。这种技术适用于数据流的通信。

（3）争用：若所有用户站点都能争用介质，这种技术称为争用。它实现起来简单，对轻负载或中等负载的系统比较有效，适合于突发式通信。

争用方法属于随机访问技术，而轮转和预约的方法则属于控制访问技术。

2. 介质访问控制技术

介质访问控制技术的主要内容有两个方面：一是如何确定网络上每一个节点能够将信息发送到介质上去的特定时刻；二是要解决如何对共享介质访问并加以控制。常用的介质访问控制有3种：总线结构的带冲突检测的载波监听多点接入CSMA/CD、环形结构的令牌环（Token Ring）访问控制和令牌总线（Token Bus）访问控制。

（1）CSMA/CD

冲突检测的载波监听多点接入（Carrier Sense Multiple Access/Collision Detection，CSMA/CD）是采用争用技术的一种介质访问控制方法。CSMA/CD通常用于总线形拓扑结构和星形拓扑结构的局域网中。它的每个站点都能独立决定发送帧，若两个或多个站同时发送，即产生冲突。每个站都能判断是否有冲突发生，如冲突发生，则等待随机时间间隔后重发，以避免再次发生冲突。

CSMA/CD的工作原理可概括成四句话，即先听后发，边发边听，冲突停止，随机延迟后重发。具体过程如下：

当一个站点想要发送数据的时候，它检测网络查看是否有其他站点正在传输，即监听信道是否空闲。如果信道忙，则等待，直到信道空闲；如果信道闲，站点就传输数据。

有三种CSMA坚持退避算法：

第一种为不坚持CSMA。假如介质是空闲的，则发送；假如介质是忙的，则等待一段随机时间，重复第一步。

第二种为1坚持CSMA。假如介质是空闲的，则发送；假如介质是忙的，则继续监听，直到介质空闲，立即发送；假如冲突发生，则等待一段随机时间，重复第一步。

第三种为P坚持CSMA。假如介质空闲，则以概率P发送，或以概率1－P延迟一个时间单位后再发送，这个时间单位等于最大的传播延迟；假如介质是忙的，则继续监听直到介质空闲,重复第一步。

当检测到两个或更多个报文之间出现碰撞时,节点立即停止发送,并等待一段随机长度的时间(2^i-1)后重新发送。该随机时间将由标准二进制指数补偿算法确定。重发前的时间在$0\sim(2^i-1)$之间的时间片中随机选择,(i代表被节点检测到的第i次碰撞事件),一个时间片为重发循环所需的最小时间。但是,在 10 次碰撞发生后,该间距将被冻结在最大时间片(即 1023)上,16 次碰撞后,控制器将停止发送并向节点微处理器回报失败信息。

在发送数据的同时,站点继续监听网络,确信没有其他站点在同时传输数据。因为有可能两个或多个站点都同时检测到网络空闲,然后几乎在同一时刻开始传输数据。如果两个或多个站点同时发送数据,就会产生冲突。

当一个传输节点识别出一个冲突,它就发送一个拥塞信号,这个信号使得冲突的时间足够长,让其他的节点都能发现。

其他节点收到拥塞信号后,都停止传输,等待一个随机产生的时间间隙(回退时间,Backoff Time)后重发。

由于传输线上不可避免地存在传输延迟,有可能多个站同时监听到线上空闲,并开始发送,从而导致冲突。故每个节点在开始发送信息之后,还要继续监听线路,判定是否有其他节点正与本节点同时向传输介质发送,一旦发现,便中止当前发送,这就是"冲突检测"。

CSMA/CD 已广泛应用于计算机局域网中。近年来,在一些对实时性要求不高的控制网络中,也开始采用 CSMA/CD 的介质访问控制方式。

总之,CSMA/CD 采用的是一种"有空就发"的竞争型访问策略,因而不可避免地会出现信道空闲时多个站点同时争发的现象,无法完全消除冲突,只能是采取一些措施减少冲突,并对产生的冲突进行处理。因此采用这种协议的局域网环境不适合对实时性要求较强的网络应用。

(2) 令牌环(Token Ring)访问控制

Token Ring 是令牌传输环(Token Passing Ring)的简写。令牌环介质访问控制是通过在环形网上传输令牌的方式来实现对介质的访问控制。只有当令牌传输至环中某站点时,它才能利用环路发送或接收信息。当环线上各站点都没有帧发送时,称为空标记。当一个站点要发送帧时,需等待令牌通过,并将空标记置换为忙标记,紧随令牌,用户站点把数据帧发送至环上。由于是忙标记,所以其他站点不能发送帧,必须等待。

发送出去的帧将随令牌沿环路传输下去。在循环一周又回到原发送站点时,由发送站点将该帧从环上移去,同时将忙标记换为空标记,令牌传至后面站点,使之获得发送的许可权。发送站点在从环中移去数据帧的同时还要检查接收站载入该帧的应答信息,若为肯定应答,说明发送的帧已被正确接收,完成发送任务。若为否定应答,说明对方未能正确收到所发送的帧,原发送站点需在带空标记的令牌第二次到来时重发此帧。

接收帧的过程与发送帧不同,当令牌及数据帧通过环上站点时,该站将帧携带的目标地址与本站地址相比较。若地址符合,则将该帧复制下来放入接收缓冲器中,待接收站正确接收后,即在该帧上载入肯定应答信号;若不能正确接收则载入否定应答信号,之后再将该帧送入环上,让其继续向下传输。若地址不符合,则简单地将数据帧重新送入环中。

所以当令牌经过某站点而它既不发送信息，又无处接收时，会稍经延迟，继续向前传输。

若系统负载较轻，由于站点需等待令牌到达才能发送或接收数据，因此效率不高。若系统负载较重，则各站点可公平共享介质，效率较高。令牌环网上的各个站点可以设置成不同的优先级，允许具有较高优先权的站申请获得下一个令牌权。

（3）令牌总线（Token Bus）访问控制

令牌总线访问控制是在物理总线上建立一个逻辑环，令牌在逻辑环路中依次传递，其操作原理与令牌环相同。它同时具有上述两种方法的优点，是一种简单、公平、性能良好的介质访问控制方法。

5.2.3 差错控制技术

所谓差错就是接收端接收到的数据与发送端实际发出的数据出现不一致的现象。差错控制是指在数据通信过程中，发现并检测差错，对差错进行纠正，从而把差错限制在数据传输所允许的尽可能小的范围内的技术和方法。

1. 差错起因

通信过程中出现的差错大致可以分为两类：一类是由热噪声引起的随机错误；另一类是由冲击噪声引起的突发错误。

随机错误：通信线路中的热噪声是由电子的热运动产生的，热噪声时刻存在，具有很宽的频谱，但幅度较小。通信线路的信噪比越高，热噪声引起的差错就越少。这种差错具有随机性。

突发错误：冲击噪声源是外界的电磁干扰，例如发动汽车时产生的火花、电焊机引起的电压波动等。冲击噪声持续时间短，但幅度大，往往会引起一个位串出错。此外，由于信号幅度和传播速率与相位、频率有关而引起信号失真，以及相邻线路之间发生串音等都会导致产生差错，这些差错也具有突发性。

突发性差错影响局部，而随机性差错总是断续存在，影响全局。所以，计算机网络通信要尽量提高通信设备的信噪比，以达到符合要求的误码率。要进一步提高传输质量，就需要采取有效的差错控制方法。

2. 差错控制方法

降低误码率，提高传输质量。一方面要提高线路和传输设备的性能和质量，这有赖于更大的投资和技术进步；另一方面则是采用差错控制方法。差错控制是指采取某种手段去发现并纠正传输错误。

发现差错甚至纠正差错的常用方法是对被传送的信息进行适当的编码。它是给信息码元加上冗余码元，并使冗余码元与信息码元之间具备某种关联关系，然后将信息码元和冗余码元一起通过信道发送。接收端接收到这两种码元后，检验它们之间的关联关系是否符合发送端建立的关系，这样就可以校验传输差错，甚至可以对其进行纠正。数据链路层采用的差错控制方法一般有以下三种。

（1）检错反馈重发

检错反馈重发又称做自动请求重发（Automatic Repeat reQuest，ARQ）。接收方的译码器只检测有无误码，如发现有误码则利用反向信道要求发送方重发出错的消息，直到接收方检测认为无误码为止。显然，对于速率恒定的信道来说，重传会降低系统的信息吞吐量。

(2) 自动纠错

自动纠错又称作前向纠错。接收方检测到接收的数据帧有错后,通过一定的运算,确定差错位的具体位置,并对其自动加以纠正。自动纠错方法不求助于反向信道,故称为前向纠错。

(3) 混合方式

混合方式要求接收方对少量的接收差错自动执行前向纠错,而对超出纠正能力的差错则通过反馈重发的方法加以纠正。所以这是一种纠错、检错相结合的混合方式。

3. 常见的检错码

(1) 奇偶校验码

奇偶校验码是最常见的一种检错码,主要用于以字符为传输单位的通信系统中。其工作原理非常简单,就是在原始数据字节的最高位或最低位增加一位,即奇偶校验位,以保证所传输的每个字符中1的个数为奇数(奇校验)或偶数(偶校验)。例如,原始数据为1100010,若采用偶校验,则增加校验位后的数据为11100010。若接收方收到的字节的奇偶结果不正确,就可以知道传输过程中发生了错误。从奇偶校验的原理可以看出,奇偶校验只能检测出奇数个位发生的错误,对于偶数个位同时发生的错误则无能为力。

(2) 循环冗余校验编码

循环冗余校验(Cyclic Redundancy Check,CRC)编码是局域网和广域网的数据链路层通信中用得最多也是最有效的检错方式,基本原理是将一个数据块看成一个位数很长的二进制数,然后用一个特定的数去除它,将余数作校验码/冗余码附在数据块后一起发送。接收端收到该数据块及校验码后,进行同样的运算来校验传送是否出错。冗余码的位数常见的有12、16和32位。冗余码的位数越多,检错能力越强,但传输的额外开销也就越大。目前无论是发送方冗余码的生成,还是接收方的校验,都可以使用专用的集成电路来实现,从而大大加快循环冗余校验的速度。

发送器和接收器约定选择同一个由 $n+1$ 个位组成的二进制位列 P 作为校验列,发送器在数据帧的 K 个位信号后添加 n 个位($n<K$)组成的 FCS 帧检验列(Frame Check Sequence),以保证新组成的全部信号列值可以被预定的校验二进制位列 P 的值对 2 取模整除;接收器检验所接收到数据信号列值(含有数据信号帧和 FCS 帧检验列)是否能被校验列 P 对 2 取模整除,如果不能,则存在传输错误位。P 被称为 CRC 循环冗余校验列,正确选择 P 可以提高 CRC 冗余校验的能力。(注:模 2 除运算指参与运算的两个二进制数,从高位对齐,每两位之间均进行 XOR 异或运算,即:1 XOR 1=0,0 XOR 0=0,1 XOR 0=1)。可以证明,只要数据帧信号列 M 和校验列 P 是确定的,则可以唯一确定 FCS 帧检验列(也称为 CRC 冗余检验值)的各个位。

FCS 帧检验列可由下列方法求得:在 M 后添加 n 个 0 后对 2 取模整除以 P 所得的余数。

例如:如要传输的 $M=7$ 位列为 1011101,选定的 P 校验二进制位列为 10101(共有 $n+1=5$ 位),对应的 FCS 帧校验列即为用 1011101 0000(共有 $M+n=7+4=11$ 位)对反复用模 2 除 10101 后的余数 0111(共有 $n=4$ 位)。因此,发送方应发送的全部数据列为 10111010111。接收方将收到的十一位数据反复用模 2 除 P 校验二进制位列 10101,如余数非 0,则认为有传输错误位。

(3) CRC 循环冗余校验标准多项式 $P(X)$

为了表示方便，实用时发送器和接收器共同约定选择的校验二进制位列 P 常被表示为具有二进制系数（1 或 0）的 CRC 标准校验多项式 $P(X)$。

常用的 CRC 循环冗余校验标准多项式如下：

CRC（16 位）$= X^{16} + X^{15} + X^2 + 1$

CRC（CCITT）$= X^{16} + X^{12} + X^5 + 1$

CRC（32 位）$= X^{32} + X^{26} + X^{23} + X^{16} + X^{12} + X^{11} + X^{10} + X^8 + X^7 + X^5 + X^4 + X^2 + X + 1$ 以 CRC（16 位）多项式为例，其对应校验二进制位列为 11000 0000 0000 0101。

上述标准校验多项式 $P(X)$ 都含有 $(X+1)$ 的多项式因子；各多项式的系数均为二进制数，所涉及的四则运算仍遵循对二取模的运算规则。

上述多项式都经过了数学上的精心设计和实际检验，能够较好地满足实际应用的需求，并已经在通信中获得了广泛的应用。例如，CRC8 被用于 ATM 信元头差错校验中，CRC16 被用于二进制同步传输规程中，CRC（CITT）被用于 HDLC 通信规程中，CRC32 被用于 IEEE802.3 以太网的数据链路层通信中。

应当注意，使用循环冗余检验差错检测技术只能做到无差错接受（accept）。所谓"无差错接受"是指"凡是接受的帧（即不包括丢弃的帧），都能以非常接近于 1 的概率认为这些帧在传输过程中没有产生差错"，或者说得更简单些，是指"凡是接受的帧（丢弃的帧不属于接受的帧）均无传输差错"。而要做到真正的"可靠传输"（即发送什么就收到什么），就必须再加上确认和重传机制。

所传输的信息本质上都是接收方所未知的，否则就没有传输的必要。通信的根本目的就在于交流原先未知的消息。收信者对所接收到的消息越感到出乎意料（"吃惊"），其获得的信息量就越大。

然而，所有的通信系统中都存在噪声，与信号混在一起，使得接收方不可能准确地分辨原来的信息，因而限制了通信的能力。噪声越大，信息经过传输后出现偏差的可能性也越大。如果没有噪声，通信系统能够以极小的功率准确无误地传输信息，并能够将信息传送到很远的地方。

5.2.4 网络协议及其层次结构

国际标准化组织 ISO 在 1977 年建立了一个分委员会来专门研究体系结构，提出了一个定义连接异种计算机标准的主体结构的开放系统互联（Open System Interconnection/Reference Model，OSI/RM）参考模型。OSI 是一个抽象的概念。ISO 在 1983 年形成了开放系统互联参考模型的正式文件，也就是所谓的七层网络体系结构。"开放"表示能使任何两个遵守参考模型和有关标准的系统进行连接。"互联"是指将不同的系统互相连接起来，以达到相互交换信息、共享资源、分布应用和分布处理的目的。

1. 网络协议层次

为了降低网络设计的复杂性，大多数网络都按照层（Layer）或级（Level）的方式来组织，每一层都建立在其下层之上。不同的网络，其层的数量、各层的名称、内容和功能都不尽相同。然而在所有网络中，每一层的目的都是向它的上一层提供一定的服务，而把如何实现这一服务的细节对上一层加以屏蔽，这就是计算机网络的分层思想。将分层的思想运用于网络中,就产生了网络的分层模型。

OSI 参考模型采用分层的结构化技术,共分为 7 层,从低到高依次为:物理层、数据链路层、网络层、传输层、会话层、表示层、应用层。无论什么样的分层模型,都基于一个基本思想,遵守同样的分层原则:即目标站第 N 层收到的对象应当与源站第 N 层发出的对象完全一致,如图 5-3 所示。它由 7 个协议层组成,最低 3 层(1~3)是依赖网络的,涉及将两台通信计算机连接在一起所使用的数据

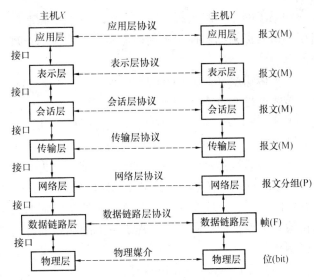

图 5-3 OSI 参考模型

通信网的相关协议,实现通信子网的功能。高 3 层(5~7)是面向应用的,涉及允许两个终端用户应用进程交互作用的协议,通常是由本地操作系统提供的一套服务,实现资源子网的功能。中间的传输层为面向应用的上 3 层遮蔽了跟网络有关的下 3 层的详细操作。从实质上讲,传输层建立在由下 3 层提供服务的基础上,为面向应用的高层提供与网络无关的信息交换服务。

2. OSI 参考模型各层的功能

OSI 参考模型的每一层都有它自己必须实现的一系列功能,以保证数据报能从源传输到目的地。下面简单介绍 OSI 参考模型各层的功能。

(1) 物理层(Physical Layer)

物理层位于 OSI 参考模型的最底层,它直接面向原始比特流的传输。为了实现原始比特流的物理传输,物理层必须解决好包括传输介质、信道类型、数据与信号之间的转换、信号传输中的衰减和噪声等在内的一系列问题。另外,物理层标准要给出关于物理接口的机械、电气功能和规程特性,以便于不同的制造厂家既能够根据公认的标准各自独立地制造设备,又能使各个厂家的产品能够相互兼容。

(2) 数据链路层(Data Link Layer)

数据链路层涉及相邻节点之间的可靠数据传输,数据链路层通过加强物理层传输原始比特的功能,使之对网络层表现为一条无错线路。为了能够实现相邻节点之间无差错的数据传输,数据链路层在数据传输过程中提供了确认、差错控制和流量控制等机制。

(3) 网络层(Network Layer)

网络中的两台计算机进行通信时,中间可能要经过许多中间节点甚至不同的通信子网。网络层的任务就是在通信子网中选择一条合适的路径,使发送端传输层所传下来的数据能够通过所选择的路径到达目的端。

为了实现路径选择,网络层必须使用寻址方案来确定存在哪些网络以及设备在这些网络中所处的位置,不同网络层协议所采用的寻址方案是不同的。在确定了目标节点的位置后,网络层还要负责引导数据报正确地通过网络,找到通过网络的最优路径,即路由选

择。如果子网中同时出现过多的分组，它们将相互阻塞通路并可能形成网络瓶颈，所以网络层还需要提供拥塞控制机制以避免此类现象的出现。另外，网络层还要解决异构网络互联问题。

（4）传输层（Transport Layer）

传输层是 OSI 参考模型中唯一负责端到端节点间数据传输和控制功能的层。传输层是 OSI 参考模型中承上启下的层，它下面的 3 层主要面向网络通信，以确保信息被准确有效地传输；它上面的 3 层则面向用户主机，为用户提供各种服务。

传输层通过弥补网络层服务质量的不足，为会话层提供端到端的可靠数据传输服务。它为会话层屏蔽了传输层以下的数据通信的细节，使会话层不会受到下 3 层技术变化的影响。但同时，它又依靠下面的 3 个层次控制实际的网络通信操作，来完成数据从源到目标的传输。传输层为了向会话层提供可靠的端到端传输服务，也使用了差错控制和流量控制等机制。

（5）会话层（Session Layer）

会话层的主要功能是在两个节点间建立、维护和释放面向用户的连接，并对会话进行管理和控制，保证会话数据可靠传输。

在会话层和传输层都提到了连接，那么会话连接和传输连接到底有什么区别呢？会话连接和传输连接之间有 3 种关系：一对一关系，即一个会话连接对应一个传输连接；一对多关系，一个会话连接对应多个传输连接；多对一关系，多个会话连接对应一个传输关系。会话过程中，会话层需要决定到底使用全双工通信还是半双工通信。如果采用全双工通信，则会话层在对话管理中要做的工作就很少；如果采用半双工通信，会话层则通过一个数据令牌来协调会话，保证每次只有一个用户能够传输数据。当会话层建立一个会话时，先让一个用户得到令牌，只有获得令牌的用户才有权进行发送。如果接收方想要发送数据，可以请求获得令牌，由发送方决定何时放弃。一旦得到令牌，接收方就转变为发送方。

（6）表示层（Presentation Layer）

OSI 模型中，表示层以下的各层主要负责数据在网络中传输时不要出错。但数据的传输没有出错，并不代表数据所表示的信息不会出错。表示层专门负责有关网络中计算机信息表示方式的问题。表示层负责在不同的数据格式之间进行转换操作，以实现不同计算机系统间的信息交换。表示层还负责数据的加密，以在数据的传输过程对其进行保护。数据在发送端被加密，在接收端解密。使用加密密钥来对数据进行加密和解密。表示层还负责文件的压缩，通过算法来压缩文件的大小，降低传输费用。

（7）应用层（Application Layer）

应用层是 OSI 参考模型中最靠近用户的一层，负责为用户的应用程序提供网络服务。与 OSI 参考模型其他层不同的是，它不为任何其他 OSI 层提供服务，而只是为 OSI 模型以外的应用程序提供服务，如电子表格程序和文字处理程序。应用层包括为相互通信的应用程序或进程之间建立连接、进行同步，建立关于错误纠正和控制数据完整性过程的协商等。应用层还包含大量的应用协议，如远程登录（Telnet）、简单邮件传输协议（SMTP）、简单网络管理协议（SNMP）和超文本传输协议（HTTP）等。

5.2.5 TCP/IP 参考模型概述

TCP/IP 模型是由美国国防部创建的，所以有时又称 DoD（Department of Defense）模型，是至今为止发展最成功的通信协议，它被用于构筑目前最大的、开放的互联网络系统 Internet。TCP/IP 是一组通信协议的代名词，这组协议使任何具有网络设备的用户能访问和共享 Internet 上的信息，其中最重要的协议族是传输控制协议（TCP）和网际协议（IP）。TCP 和 IP 是两个独立且紧密结合的协议，负责管理和引导数据报文在 Internet 上的传输。二者使用专门的报文头定义每个报文的内容。TCP 负责和远程主机的连接，IP 负责寻址，使报文被送到其该去的地方。

1. 各层功能

TCP/IP 也分为不同的层次开发，每一层负责不同的通信功能。但 TCP/IP 协议简化了层次设备（只有 4 层），由下而上分别为网络接口层、网络层、传输层、应用层，如图 5-4 所示。TCP/IP 是 OSI 模型之前的产物，所以两者间不存在严格的层对应关系。在 TCP/IP 模型中并不存在与 OSI 中的物理层与数据链路层相对应的部分，相反，由于 TCP/IP 的主要目标是致力于异构网络的互联，所以同 OSI 中的物理层与数据链路层相对应的部分没有作任何限定。

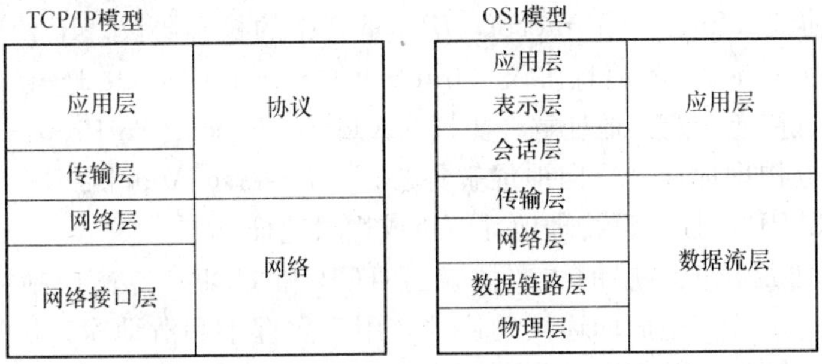

图 5-4 OSI 模型和 TCP/IP 模型

在 TCP/IP 模型中，网络接口层是 TCP/IP 模型的最底层，负责接收从网络层交来的 IP 数据报并将 IP 数据报通过底层物理网络发送出去，或者从底层物理网络上接收物理帧，抽出 IP 数据报，交给网络层。网络接口层使采用不同技术和网络硬件的网络之间能够互连，它包括属于操作系统的设备驱动器和计算机网络接口卡，以处理具体的硬件物理接口。

网络层负责独立地将分组从源主机送往目的主机，涉及为分组提供最佳路径的选择和交换功能，并使这一过程与它们所经过的路径和网络无关。TCP/IP 模型的网络层在功能上非常类似于 OSI 参考模型中的网络层，即检查网络拓扑结构，以决定传输报文的最佳路由。

传输层的作用是在源节点和目的节点的两个对等实体间提供可靠的端到端的数据通信。为保证数据传输的可靠性，传输层协议也提供了确认、差错控制和流量控制等机制。传输层从应用层接收数据，并且在必要的时候把它分成较小的单元，传递给网络层，并确保到达对方的各段信息正确无误。

应用层涉及为用户提供网络应用，并为这些应用提供网络支撑服务，把用户的数据发送到低层，为应用程序提供网络接口。由于 TCP/IP 将所有与应用相关的内容都归为一层,所以在应用层要执行处理高层协议、数据表达和对话控制等任务。

在 TCP 对应的应用层中,将数据称为"数据流（stream）",而在 UDP 对应的应用层中,则将数据称为"报文（message）"。TCP 将它的数据结构称作"段（segment）",而 UDP 将它的数据结构称作"分组（packet）";网络层则将所有数据看作是一个块,称为"数据报（datagram）"。TCP/IP 使用很多种不同类型的底层网络,每一种都用不同的术语定义它传输的数据,大多数网络将传输的数据称为"分组"或"帧（frame）"。尽管 OSI 参考模型得到了全世界的认同,但是互联网历史上和技术上的开发标准都是采用 TCP/IP（传输控制协议/网际协议）模型。

2. 各层主要协议

TCP/IP 事实上是一个协议系列或协议族,目前包含了 100 多个协议,用来将各种计算机和数据通信设备组成实际的 TCP/IP 计算机网络。

(1) 网络接口层协议。TCP/IP 的网络接口层中包括各种物理网协议,例如 Ethernet、令牌环、帧中继、ISDN 和分组交换网 X.25 等。当各种物理网被用做传输 IP 数据报的通道时,就可以认为是属于这一层的内容。

(2) 网络层协议。网络层包括多个重要协议,主要协议有 4 个,即 IP、ARP、RARP 和 ICMP。网际协议（Internet Protocol，IP）是其中的核心协议,IP 协议规定网际层数据分组的格式。Internet 控制消息协议（Internet Control Message Protocol，ICMP）,提供网络控制和消息传递功能。地址解释协议（Address Resolution Protocol，ARP）,用来将逻辑地址解析成物理地址。反向地址解释协议（Reverse Address Resolution Protocol，RARP）,通过 RARP 广播,将物理地址解析成逻辑地址。

(3) 传输层协议。传输层的主要协议有 TCP 和 UDP。传输控制协议（Transport Control Protocol，TCP）是面向连接的协议,用三次握手和滑动窗口机制来保证传输的可靠性和进行流量控制。用户数据报协议（User Datagram Protocol，UDP）是面向无连接的不可靠传输层协议。

(4) 应用层协议。应用层包括了众多的应用与应用支撑协议。常见的应用协议有文件传输协议 FTP、超文本传输协议（HTTP）、简单邮件传输协议（SMTP）、远程登录（Telnet）;常见的应用支撑协议包括域名服务（DNS）和简单网络管理协议（SNMP）等。

5.3 数据通信技术

5.3.1 数据通信方式

1. 通信方式

通过对形形色色现代通信系统的观察,如电话系统、移动电话系统、对讲机系统、无线电台与电视广播系统、计算机网络系统等,它们无一例外地仍然由发送设备、信道与接收设备这三个基本单元组成。而且,从各种通信系统中还可以发现,通信具有两种基本方式:

(1) 广播方式。信道同时连接着多个收信者,信源发出的信息同时送到所有这些收信者。比如无线电台与电视广播通信是广播方式的典型例子。

(2) 点到点方式。信道只连接着一个收信者,信源发出的信息只送到这一个收信者。比如常规的电话通信是点到点方式的典型例子。

2. 通信系统工作方式

通信又可以分为单向和双向。双向通信系统实际上由两个方向相对的单向通信系统构成,允许通信双方互通信息。按照传输方向的特点,通信系统又分为三种:

(1) 单工系统。只能沿一个固定方向传输信息。比如电视广播中,图像信息只能从电视台传输至千家万户的电视屏幕上。

(2) 双工系统。能够同时沿两个方向传输信息。比如电话通信中,通话双方可以同时向对方讲话。

(3) 半双工系统。任何时候只能沿一个方向传输信息,但可以切换传输方向。比如对讲机通信中,通话双方中的任何一方都可以向对方讲话,但只能轮流讲,而不能同时讲。

3. 码元同步

在通信过程中,发送方和接收方必须在时间上保持同步才能准确地传送信息。信号编码的同步叫码元同步。所谓同步是指接收端严格地按照发送端所发送的每个码元的重复频率以及起止时间来接收数据,也就是在时间基准上必须取得一致。在通信时,接收端要校准自己的时间和重复频率,以便和发送端保持一致。同步不佳会导致通信质量下降甚至不能正常工作。

在传送由多个码元组成的字符以及由许多字符组成的数据块时,通信双方也要就信息的起止时间取得一致。这种同步作用有两种不同的方式,因而也对应了以下两种不同的传输方式:

(1) 异步传输。即把各个字符分开传输,字符之间插入同步信息。这种方式也叫起止式,即在字符的前后分别插入起始位("0")和停止位("1")。起始位对接收方的时钟起置位作用。最后的停止位告诉接收方该字符传送结束,然后接收方就可以检测后续字符的起始位了。当没有字符传送时,连续传送停止位。

加入校验位的目的是检查传输中的错误,一般使用奇偶校验。异步传输的优点是简单,但是由于起止位和检验位的加入会引入 20%~30% 的开销,传输的速率也不会很高。

(2) 同步传输。异步制不适合于传送大的数据块(例如磁盘文件),同步传输在传送连续的数据块时比异步传输更有效。按照这种方式,发送方在发送数据之前先发送一串同步字符 SYNC,接收方只要检测到连续两个以上 SYNC 字符就确认已进入同步状态,准备接收信息。随后的传送过程中双方以同一频率工作(信号编码的定时作用也表现在这里),直到传送完指示数据结束的控制字符。这种同步方式仅在数据块的前后加入控制字符 SYNC,所以效率更高。在短距离高速数据传输中多采用同步传输方式。

5.3.2 信道复用技术

复用是通信技术中的基本概念。在计算机网络中的信道广泛地使用各种复用技术,是把多个低速信道组合成一个高速信道的技术。这种技术要用到两个设备:多路复用器,在发送端根据某种约定的规则把多个低带宽的信号复合成一个高带宽的信号;多路分配器,在接收端根据同一规则把高带宽信号分解成多个低带宽信号。只要带宽允许,在已有的高速线路上采用多路复用技术,可以省去安装新线路的大笔费用,因而现今的公共交换电话网(PSTN)都使用这种技术,有效地利用了高速干线的通信能力。也可以相反地使用多

路复用技术,即把一个高带宽的信号分解到几个低速线路上同时传输,然后在接收端再合成为原来的高带宽信号。如图 5-5 所示,下面对信道复用技术进行简单的介绍。

图 5-5 信道复用

1. 频分复用

频分复用(Frequency Division Multiplexing,FDM)是在一条传输介质上使用多个频率不同的模拟载波信号进行多路传输,用户在分配到一定的频带后,在通信过程中自始至终都占用这个频带。每一个载波信号形成了一个子信道,各个子信道的中心频率不相重合,子信道之间留有一定宽度的隔离频带。

频分复用技术早已用在无线电广播系统中,在有线电视系统(CATV)中也使用频分多路技术。频分复用技术也用在宽带局域网中,电缆带宽至少要划分为不同方向上的两个子频带,甚至还可以分出一定带宽用于某些工作站之间的专用连接。

2. 时分复用

时分多路复用(Time Division Multiplexing,TDM)是将时间划分为一段段等长的时分复用帧。要求各个子通道按时间片轮流地占用整个带宽。时间片的大小可以按一次传送一位、一个字节或一个固定大小的数据块所需的时间来确定。

时分复用技术可以用在宽带系统中,也可以用在频分制下的某个子通道上。时分复用技术按照子通道动态利用情况又可再分为两种:同步时分复用技术和统计时分复用技术。在同步时分制下,整个传输时间划分为固定大小的周期。每个周期内,各子通道都在固定位置占有一个时槽。这样,在接收端可以按约定的时间关系恢复各子通道的信息流。当某个子通道的时槽来到时,如果没有信息要传送,这一部分带宽就浪费了。统计时分制是对同步时分制的改进,特别把统计时分制下的多路复用器称为集中器,以强调它的工作特点。在发送端,集中器依次循环扫描各个子通道。若某个子通道有信息要发送则为它分配一个时槽,若没有就跳过,这样就没有空槽在线路上传播了。然而,需要在每个时槽加入一个控制字段,以便接收端可以确定该时槽是属于哪个通道的。

3. 波分多路复用

波分多路复用(Wave Division Multiplexing,WDM)使用在光纤通信中,就是光的频分复用,不同的子信道用不同波长的光波承载,多路复用信道同时传送所有子信道的波长。最初人们只能在一根光纤上复用两路光载波信号,随着技术的发展,现在已经能在一根光纤上复用 80 路或更多路的光载波信号。这种网络中要使用能够对光波进行分解和合成的多路器,如图 5-6 所示。

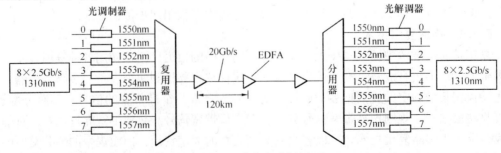

图 5-6 波分多路复用

4. 码分复用

码分复用（Code Division Multiple Access，CDMA）也叫码分多址，是一种扩频多址数字通信技术，通过独特的代码序列建立信道。在 CDMA 系统中，对不同的用户分配不同的码片序列，使得彼此不会造成干扰。用户得到的码片序列由 +1 和 -1 组成，每个序列与本身进行点积得到 +1，与补码进行点积得到 -1，一个码片序列与不同的码片序列进行点积将得到 0（正交性）。

在码分多址通信系统中，不同用户传输的信号不是用不同的频率或不同的时隙来区分的，而是使用不同的码片序列来区分。如果从频域或时域来观察，多个 CDMA 信号是互相重叠的。接收机用相关器可以在多个 CDMA 信号中选出预定的码型信号，其他不同码型的信号因为和接收机产生的码型不同而不能被解调，它们的存在类似于信道中存在的噪声和干扰信号，通常称之为多址干扰。

在 CDMA 蜂窝通信系统中，用户之间的信息传输是由基站进行控制和转发的。为了实现双工通信，正向传输和反向传输各使用一个频率，即所谓的频分双工。无论正向传输或反向传输，除去传输业务信息外，还必须传输相应的控制信息。为了传送不同的信息，需要设置不同的信道。但是，CDMA 通信系统既不分频道又不分时隙，无论传输何种信息的信道都采用不同的码型来区分。这些信道属于逻辑信道，无论从频域或者时域来看都是相互重叠的，或者说它们都占用相同的频段和时间片。

5.3.3 串行通信接口及标准

在串行通信中，参与通信的两台或多台设备通常共享一条物理通路。发送者依次逐位发送一串数据信号，按一定的约定规则为收听者所接收。由于通用串行端口通常只是规定了物理层的接口规范，所以为确保每次传送的数据报文能准确到达目的地，使每一个接收者能够收听到所有发向它的数据，必须在通信连接上采取相应的措施。

由于借助串行端口所连接的设备在功能、型号上往往互不相同，其中大多数设备除了等待接收数据之外还会有其他任务。例如一个数据采集单元需要周期性地收集和存储数据；一个控制器需要负责控制计算或向其他设备发送报文；一台设备可能会在接收方正在完成其他任务时向它发送信息。必须有能应对多种不同工作状态的一系列规则来保证通信的有效性。这里讨论的保证串行通信有效性的方法包括：使用轮询或者中断来检测、接收信息；设置通信帧的起始、停止位；建立连接握手；实行对接收数据的确认、数据缓存以及错误检查等。

1. 串行通信帧的起始、停止位

在数据通信、计算机网络以及分布式工业控制系统中，经常采用串行通信来交换数据和信息。1969 年，美国电子工业协会（Electronic Industries Alliance，EIA）公布了 RS-232C 作为串行通信接口的电气标准，该标准定义了数据终端设备（DTE）和数据通信设备（DCE）间按位串行传输的接口信息，合理安排了接口的电气信号和机械要求，在世界范围内得到了广泛的应用。但存在着传输距离不太远（最大传输距离 15m）和传送速率不太高（最大位速率为 20kb/s）的问题。远距离串行通信必须使用 Modem，增加了成本。在分布式控制系统和工业局部网络中，传输距离常介于近距离（<20m）和远距离（>2km）之间的情况，这时 RS-232C（25 脚连接器）不能采用，用 Modem 又不经济，因而需要制定新的串行通信接口标准。

在串行端口的异步传输中，接收方一般事先并不知道数据会在什么时候到达。在它检测到数据并做出响应之前，第一个数据位就已经过去了。因此每次异步传输都应该在发送的数据之前设置至少一个起始位，以通知接收方有数据到达，给接收方一个准备接收数据、缓存数据和做出响应其他位所需要的时间。在传输过程结束时，一个停止位表示本次传输过程终止。

在串行通信中，参与通信的两台或多台设备通常共享一条物理通路。发送者依次逐位发送一串数据信号，按一定的约定规则为收听者所接收。由于通用串行端口通常只是规定了物理层的接口规范，所以为确保每次传送的数据报文能准确到达目的地，使每一个接收者能够收听到所有发向它的数据，必须在通信连接上采取相应的措施。

按照惯例，线路在空闲态即没有数据传送时处于高电平，由一个起始位将线路带入低电平，当接收方检测到这个低电平信号时，便知道应该准备接收尾随其后的数据。线路上随后出现的信号将随所传输数据的比特值变化。本次数据传输结束之前，应该设置一个停止位使线路又变回高电平，以通知接收方该通信帧已经结束。停止位使线路变为高电平要一直保持到下一帧的起始位到达。按照这种方式，每个通信帧报文前面都应有一个"起始"位，后面都应有一个"停止"位。

2. 连接握手

通信帧的起始位可以引起接收方的注意，但发送方并不知道，也不能确认接收方是否已经做好了接收数据的准备。利用连接握手可以使收发双方确认已经建立了连接关系，接收方已经做好准备，可以进入数据收发状态。

连接握手过程是指发送者在发送一个数据块之前使用一个特定的握手信号来引起接收节点的注意，表明要发送数据，接收者则通过握手信号回应发送者，说明它已经做好了接收数据的准备。

连接握手可以通过软件，也可以通过硬件来实现。在软件连接握手中，发送节点通过发送一个字节表明它想要发送数据。接收节点看到这个字节的时候，也发送一个编码来声明自己可以接收数据，当发送节点看到这个信息时，便知道它可以发送数据了。接收节点还可以通过另一个编码来告诉发送者停止发送。

在普通的硬件握手方式中，接收者在准备好了接收数据的时候将相应的导线带入到高电平，然后开始全神贯注地监视它的串行输入端口的允许发送端。这个允许发送端与接收者的已准备好接收数据的信号端相连，发送者在发送数据之前一直在等待这个信号的变化。一旦得到信号说明接收者已处于准备好接收数据的状态，便开始发送数据。接收者可以在任何时候将这根导线带入到低电平，即便是在接收一个数据块的过程中间也可以把这根导线带入到低电平。当发送者检测到这个低电平信号时，就应该停止发送。而在完成本次传输之前，发送者还会继续等待这根导线再次回到高电平，以继续被中止的数据传输。

3. 确认

接收者为表明数据已经收到而向发送者回复信息的过程称为确认。有的传输过程可能会收到报文而不需要向相关节点回复确认信息。但是在许多情况下，需要通过确认告知发送者数据已经收到。有的发送者需要根据是否收到确认信息来采取相应的措施，因而确认对某些通信过程是必需的和有用的。即便接收者没有其他信息要告诉发送者，也要为此单独发一个确认数据已经收到的信息。

确认报文可以是一个特别定义过的字节，例如一个标识接收者的数值。发送节点收到确认报文就可以认为数据传输过程正常结束。如果发送节点没有收到所希望回复的确认报文，它就认为通信出现了问题，然后将采取重发或者其他行动。

4. 中断

中断是一个信号，它通知 CPU 有需要立即响应的任务。每个中断请求对应一个连接到中断源和中断控制器的信号。通过自动检测端口事件发现中断并转入中断处理。

许多串行端口采用硬件中断。在串口发生硬件中断，或者一个软件缓存的计数器到达一个触发值时，表明某个事件已经发生，需要执行相应的中断响应程序，并对该事件做出及时的反应，这种过程也称为事件驱动。

采用硬件中断就应该提供中断服务程序，以便在中断发生时让它执行所期望的操作。很多微控制器为满足这种应用需求而设置了硬件中断。在一个事件发生的时候，应用程序会自动对端口的变化做出响应，转跳到中断服务程序。例如发送数据，接收数据，握手信号变化，接收到错误报文等，都可能成为串行端口的不同工作状态，或称为通信中发生了不同事件，需要根据状态变化停止执行现行程序而转向与状态变化相适应的应用程序。

5. 轮询

通过周期性地获取特征或信号来读取数据或发现是否有事件发生的工作过程称为轮询。它需要足够频繁地轮询端口，以便不遗失任何数据或者事件。轮询的频率取决于对事件快速反应的需求以及缓存区的大小。轮询通常用于计算机与 I/O 端口之间较短数据或字符组的传输。由于轮询端口不需要硬件中断，因此可以在一个没有分配中断的端口运行此类程序。

5.4 DCS

20 世纪 70 年代工业的发展使生产过程日益复杂，规模更加扩大，在生产中采用传统的计算机集中控制系统，计算机一旦出现故障，就会造成整个系统瘫痪、生产停产的严重事故，其可靠性、稳定性较差。为提高系统的可靠性和稳定性，满足生产过程控制中分散风险的要求，美国、日本及欧洲等国开始研制集散型控制系统（Distributed Control System，DCS）。DCS 自 1975 年问世以来，在微电子技术的飞速发展以及生产过程管理控制的双重作用下，虽然系统的体系结构没有发生重大改变，但是经过不断地发展和完善，其功能和性能都得到了巨大的提高。DCS 综合了计算机技术、通信技术和过程控制技术，在当今现代化生产过程控制中起着重要的作用。

5.4.1 DCS 概述

1. 什么是 DCS

在 DCS 出现的早期，人们还将其看作是仪表系统，可以将 DCS 理解为具有数字通信能力的仪表控制系统。从系统的结构形式看，DCS 确实与仪表控制系统相类似，它在现场端采用模拟仪表的变送单元和执行单元，在主控制室端是计算单元和显示、记录、给定值等单元。

DCS 和仪表控制系统有着本质的区别。首先，DCS 是基于数字技术的，除了现场的变送和执行单元外，其余的处理均采用数字方式；其次，DCS 的计算单元并不是针对每一个控制回路设置一个计算单元，而是将若干个控制回路集中在一起，由一个现场控制站来完成这些控制回路的计算功能。这样的结构形式不只是为了成本上的考虑，与模拟仪表的计算单元相比，DCS 的现场控制站是比较昂贵的。采取一个控制站执行多个回路控制的结构形式，是由于 DCS 的现场控制站有足够的能力完成多个回路的控制计算。从功能上讲，由一个现场控制站执行多个控制回路的计算和控制功能更便于这些控制回路之间的协调，这在模拟仪表系统中是无法实现的。一个现场控制站应该执行多少个回路的控制，则与被控对象有关，系统设计师可以根据控制方法的要求具体安排在系统中使用多少个现场控制站，每个现场控制站中各安排哪些控制回路。在这方面，DCS 有着极大的灵活性：

（1）以回路控制为主要功能的系统。

（2）除变送和执行单元外，各种控制功能及通信、人机界面均采用数字技术。

（3）使用计算机的 CRT、键盘、鼠标等代替仪表盘形成系统人机界面。

（4）回路控制功能由现场控制站完成，系统可有多台现场控制站，每台控制一部分回路。

（5）人机界面由操作员站实现，系统可有多台操作员站。

（6）系统中所有的现场控制站、操作员站均通过数字通信网络实现连接。

上述是 DCS 一个比较完整的定义。定义的前三项与 DDC 系统无异，而后三项则描述了 DCS 的特点，也是 DCS 与 DDC 之间最根本的不同。

DCS 也是一种模拟数字混合系统，它是在常规组合模拟仪表与计算机集中 DDC 的基础上发展形成的。其变送、执行单元仍然采用 4～20mA 的模拟仪表，控制计算、监控与人机界面采用多个 CPU 递阶构成的集中与分散相结合的分散控制系统。常规的模拟仪表组成的过程控制系统存在许多局限性，如难以实现多变量相关对象的控制；难以实现复杂的高级控制算法和参数的集中显示操作；由于生产工艺过程的复杂和规模的扩大，就要增加仪表，相应的模拟仪表也要增大。而计算机集中 DDC 控制会导致危险的集中。虽不难实现用一台计算机控制几十个甚至上百个回路，但这样必然降低系统的安全性能。DCS 吸收了模拟仪表和计算机集中控制 DDC 的优点，将多台微机分散应用于过程控制，整个装置继承了常规仪表分散控制和计算机集中控制的优点，克服了常规仪表功能单一、人机交互差以及单台微型计算机控制系统危险性高度集中的缺点，既在监视、操作与管理三方面集中，又在功能、负荷和危险性三方面分散。

2. DCS 的发展

DCS 自 20 世纪 70 年代问世，是计算机、通信、CRT 显示和控制技术发展起来的产物。它采用危险分散、控制分散，而操作和管理集中的基本设计思想，以分层、分级和合作自治的结构形式，适应现代工业的生产和管理要求。DCS 的出现符合现代工业向大型化、集成化方向发展的需要，对工业自动化的发展起到了革命性的推动作用，是控制技术发展的里程碑。目前，国际上比较著名的 DCS 生产厂商有霍尼韦尔公司、福克斯波罗公司、贝利公司、西门子公司、日本横河公司、西屋公司、摩尔公司等。在我国各行业中投入使用的 DCS 系统大多为上述公司的产品。DCS 从诞生到现在，大致经历了以下几个发展阶段：

（1）第一代 DCS。具有分散控制、集中管理的过程控制、操作管理和数据通信三大主要功能，以霍尼韦尔公司 1975 年推出的 TDC2000 等为代表。

(2) 第二代 DCS。其产品的主要特点是比第一代 DCS 功能增强,包括控制算法,实现常规控制、逻辑控制、批量控制的结合,即混合控制。管理范围扩大,功能增加。通信方式为总线式和环式,并支持局域网协议,以 TDC3000 等为代表。

(3) 第三代 DCS。第三代以福克斯波罗公司 1987 年推出的 I/A Series 系统为代表。主要是在局域网技术上实现 10Mbps 的宽带网和 5Mbps 的载带网,并符合开放互联参考模型标准。另外,还增加了自适应和自整定等控制算法。

(4) 第四代 DCS。第四代 DCS 产品的主要标志是集成化、开放化、信息化。其体系结构更为完整,包括四个层次:现场仪表层、控制装置单元层、工厂(车间)层和企业管理层。DCS 的功能包括过程控制,PLC、RTU(远程采集发送器)、FCS、多回路调节器、智能采集和控制单元等功能集成,以及组态软件、I/O 组件、PLC 单元等产品集成。以霍尼韦尔公司最新推出的 Experion PKS(Process knowledge system)、艾默生公司的 PlantWeb(Emerson Process Management)、福克斯波罗公司的 A2、横河公司的 R3(PRM—工厂资源管理系统)和 ABB 公司的 Industrial IT 系统等,标志着第四代 DCS 的形成。其核心标志是 2 个"I",即 Information(信息)和 Integration(集成)。

第四代 DCS 已成为过程控制和信息管理的综合信息平台。核心标志之一:信息化体现在各 DCS 系统已经不是一个以控制功能为主的控制系统,而是一个充分发挥信息管理功能的综合平台系统。DCS 提供了从现场到设备,从设备到车间,从车间到工厂,从工厂到企业集团的整个信息通道。这些信息充分体现了全面性、准确性、实时性和系统性。核心标志之二:集成化则体现在两个方面——功能的集成和产品的集成。DCS 中除保留传统 DCS 所实现的过程控制功能之外,还集成了 PLC、RTU、FCS、各种多回路调节器、各种智能采集或控制单元等。

5.4.2 DCS 的分散过程控制级

1. DCS 的基本组成

集散控制系统是采用标准化、模块化和系列化设计,由过程控制单元、过程接口单元、管理计算机以及高速数据通道等五个主要部分组成。基本结构如图 5-7 所示。

(1) 过程控制单元(Process Control Unit,PCU),又叫现场控制站。它是 DCS 的核心部分,对生产过程进行闭环控制,可控制数个至数十个回路,还可进行顺序、逻辑和批

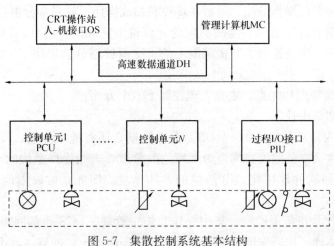

图 5-7 集散控制系统基本结构

量控制。

（2）过程接口单元（Process Interface Unit，PIU），又称数据采集站。它是为生产过程中的非控制变量设置的采集装置，不但可完成数据采集和预期处理，还可以对实时数据作进一步加工处理，供 CRT 操作站显示和打印，实现开环监视。

（3）操作员站（Operating Station，OS），是集散系统的人机接口装置。除监视操作、打印报表外，系统的组态、编程也在操作站上进行。

操作站有操作员键盘和工程师键盘。操作员键盘供操作人员用，可调出有关画面，进行有关操作，如修改某个回路的给定值；改变某个回路的运行状态；对某回路进行手工操作、确认报警和打印报表等。工程师键盘主要供技术人员组态用，所有的监控点、控制回路、各种画面、报警清单和工艺报警表等均由技术人员通过工程师键盘进行输入。

此外，DCS 本身的系统软件也存储在硬件中。当系统突然断电时，硬盘存储的信息不会丢失，再次上电时可保证系统正常装载运行。软盘和磁带存储器作为中间存储器使用。当信息存储到软盘或磁带后，可以离机保存，以作备用。

（4）数据高速通道（Data Highway），又叫高速通信总线、大道和公路等，是一种具有高速通信能力的信息总线，一般由双绞线、同轴电缆或光导纤维构成。它将过程控制单元、操作站和上位机等连成一个完整的系统，以一定的速率在各单元之间传输信息。

（5）管理计算机（Manager Computer，MC），是集散系统的主机，习惯上称它为上位机。它综合监视全系统的各单元，管理全系统的所有信息，具有进行大型复杂运算的能力以及多输入、多输出控制功能，以实现系统的最优控制和全厂的优化管理。

2. DCS 的特点

从仪表控制系统的角度看，DCS 的最大特点在于其具有传统模拟仪表所没有的通信功能。那么从计算机控制系统的角度看，DCS 的最大特点则在于它将整个系统的功能分给若干台不同的计算机去完成，各个计算机之间通过网络实现互相之间的协调和系统的集成。在 DDC 系统中，计算机的功能可分为检测、计算、控制及人机界面等几大块。在 DCS 中，检测、计算和控制这三项功能由称为现场控制站的计算机完成，而人机界面则由称为操作员站的计算机完成。这是两类功能完全不同的计算机。在一个系统中，往往有多台现场控制站和多台操作员站，每台现场控制站或操作员站对部分被控对象实施控制或监视，这种划分是由功能相同而范围不同的计算机来完成的，因此，DCS 中多台计算机的划分有功能上的，也有控制、监视范围上的。这两种划分就形成了 DCS 的"分布"一词的含义。

DCS 有一系列特点和优点，主要表现在以下六个方面：

（1）分散性和集中性

DCS 分散性的含义是广义的，不单是分散控制，还有地域分散、设备分散、功能分散和危险分散的含义。分散的目的是为了使危险分散，进而提高系统的可靠性和安全性。DCS 硬件积木化和软件模块化是分散性的具体体现。因此，可以因地制宜地分散配置系统。

DCS 的集中性是指集中监视、集中操作和集中管理。DCS 通信网络和分布式数据库是集中性的具体体现。用通信网络把物理分散的设备构成统一的整体，用分布式数据库实现全系统的信息集成，进而达到信息共享。因此，可以同时在多台操作员站上实现集中监视、集中操作和集中管理。当然，操作员站的地理位置不必强求集中。

（2）自治性和协调性

DCS 的自治性是指系统中的各台计算机均可独立地工作，例如过程控制站能自主地进行信号输入、运算、控制和输出；操作员站能自主地实现监视、操作和管理；工程师站的组态功能更为独立，既可在线组态，也可离线组态，甚至可以在与组态软件兼容的其他计算机上组态，形成组态文件后再装入 DCS 运行。

DCS 的协调性是指系统中的各台计算机用通信网络互联在一起，相互传送信息，相互协调工作，以实现系统的总体功能。

DCS 的分散和集中、自治和协调不是互相对立，而是互相补充。DCS 的分散是相互协调的分散，各台分散的自主设备是在统一集中管理和协调下各自分散独立地工作，构成统一的有机整体。正因为有了这种分散和集中的设计思想，自治和协调的设计原则，才使 DCS 获得进一步发展，并得到广泛应用。

（3）灵活性和扩展性

DCS 硬件采用积木式结构，类似儿童搭积木那样，可灵活地配置成小、中、大各类系统。另外，还可根据企业的财力或生产要求，逐步扩展系统，改变系统的配置。

DCS 软件采用模块式结构，提供各类功能模块，可灵活地组态构成简单、复杂等各类控制系统。另外，还可根据生产工艺和流程的改变，随时修改控制方案，在系统容量允许的范围内，只需通过组态就可以构成新的控制方案，而不需要改变硬件配置。

（4）先进性和继承性

DCS 综合了"4C"（计算机、控制、通信和屏幕显示）技术，随着这"4C"技术的发展而发展。也就是说，DCS 硬件上采用先进的计算机、通信网络和屏幕显示；软件上采用先进的操作系统、数据库、网络管理和算法语言；算法上采用自适应、预测、推理、优化等先进控制算法，建立生产过程数学模型和专家系统。

（5）可靠性和适应性

DCS 的分散性带来系统的危险分散，提高了系统的可靠性。DCS 采用了一系列冗余技术，如控制站主机、I/O 板、通信网络和电源等均可双重化，而且采用热备份工作方式，自动检查故障，一旦出现故障立即自动切换。DCS 安装了一系列故障诊断与维护软件，实时检查系统的硬件和软件故障，并采用故障屏蔽技术，使故障影响尽可能地小。

DCS 采用高性能的电子元器件、先进的生产工艺和各项抗干扰技术，可使 DCS 能够适应恶劣的工作环境。DCS 设备的安装位置可适应生产装置的地理位置，尽可能满足生产的需要。DCS 的各项功能可适应现代化大生产的控制和管理需求。

（6）友好性和新颖性

DCS 为操作人员提供了友好的人机界面。操作员站采用彩色 CRT 和交互式图形画面，常用的画面有总貌、组、点、趋势、报警、操作指导和流程图画面等。由于采用图形窗口、专用键盘、鼠标或球标器等，使得操作简便。

DCS 的新颖性主要表现在人机界面，采用动态画面、工业电视、合成语音等多媒体技术，图文并茂，形象直观，使操作人员有如身临其境之感。

3. DCS 的分层体系结构

尽管各种 DCS 千差万别，其核心结构却基本上是一致的，即所谓"三点一线"式结构。"一线"是指 DCS 的骨架计算机网络，"三点"则是连接在网络上的三种不同类型的节点。这三种不同类型的节点是：面向被控过程现场的现场 I/O 控制站；面向操作人员的操作站；面向 DCS 监控管理人员的工程师站。一般情况下，一个 DCS 中只需配置一台工程师站，而现场 I/O 控制站和操作员站的数量则根据实际要求配置。这三种节点通过系统网络互相连接并相互交换信息，协调各方面的工作，共同完成 DCS 的整体功能。

新型的集散控制系统是开放型的体系结构，可方便地与生产管理的上位计算机相互交换信息，形成计算机一体化生产系统，实现工厂的信息管理一体化。DCS 按功能分层的层次结构充分体现了其分散控制和集中管理的设计思想，DCS 从下至上依次分为直接控制层、操作监控层、生产管理层和决策管理层。

(1) 直接控制层（过程控制级）

在这一级，过程控制计算机直接与现场各类装置（如变送器、执行器、记录仪表等）相连，对所连接的装置实施监测、控制，同时它还向上与第二层的计算机相连，接收上层的管理信息，并向上传递装置的特性数据和采集到的实时数据。

(2) 过程管理层（操作监控层）

在这一层上的过程管理计算机主要有监控计算机、操作站、工程师站。它综合监视过程各站的所有信息、集中显示操作，控制回路组态和参数修改，优化过程处理等。在过程管理级主要是应付单元内的整体优化，并向下层产生确切的命令。

(3) 生产管理层（产品管理级）

在这一层上的管理计算机根据产品各部件的特点，协调各单元层的参数设定，是产品的总体协调员和控制器。

(4) 决策管理层

这一层居于中央计算机上，并与办公室自动化连接起来，担负起全厂的总体协调管理，包括各类经营活动、人事管理等。

5.5 现场总线技术

5.5.1 现场总线概述

1. 现场总线定义

现场总线是连接现场设备和控制系统之间的一种开放、全数字化、双向传输、多分支的通信网络，它的出现被誉为 20 世纪 90 年代工业控制领域的一场革命。由于市场利益的驱动，从 20 世纪 80 年代现场总线刚刚出现开始，围绕现场总线技术与现场总线标准的竞争就在各大公司、甚至各国之间展开。人们期待一种统一的现场总线标准，使基于这一标准的现场设备和仪表能够互连、互操作和互换，从而实现真正意义上的开放。但是，最终形成的现场总线标准却与人们的初衷大相径庭，没有形成单一的现场总线标准，而是在国际标准中列出十几种现场总线。这也意味着没有一种现场总线能够一统天下，各个公司、利益集团围绕现场总线技术的竞争也从标准之争转向市场之争和技术之争。与此同时，没有列入国际标准范围的现场总线也没有因现场总线标准的推出而销声匿迹，而是进一步完善技术、争取更大的市场份额，增加影响力，力图成为事实上的标准。可见，现场总线的标准虽然通过了，各种现场总线之间的竞争却愈演愈烈。目前，现场总线技术在工业控制中的应用越来越广泛，国内的各仪表、执行器生产厂商也开始开展现场总线产品的开发工作。

由于现场总线的标准实质上并未统一，所以对现场总线的定义也有多种，下面给出的是几种具有代表性的定义：

(1) 根据国际电工委员会 IEC 的定义，现场总线是指连接测量、控制仪表和设备，如传感器、执行器和控制设备的全数字化、串行、双向式的通信系统。

(2) 根据 IEC 的 SP50 委员会对现场总线的定义，现场总线是一种串行的数字数据通信链路，它沟通了过程控制领域的基本控制设备（现场级设备）之间以及更高层次自动控制领域的自动化控制设备（高级控制层）之间的联系。

(3) 现场总线是应用在生产现场、在微机化测量控制设备之间实现双向串行多节点数字通信的系统，也被称为开放式、数字化、多点通信的底层控制网络。

由现场总线形成的新型的网络集成控制系统—现场总线控制系统既是一个开放通信网络，又是一个全分布控制系统。它作为智能设备的联系纽带，把挂接在总线上作为网络节点的智能设备连接在一起成为网络系统，并进一步构成自动化系统，实现基本控制、补偿计算、参数修改、报警、显示、监控、优化及控管一体化的综合自动化功能。这是一项集嵌入式系统、控制、计算机、数字通信、网络为一体的综合技术。

2. 现场总线的特点

由于现场总线结构具有众多的技术特点，使得它在设计、安装、维护等方面都体现出极大的优越性：

(1) 节省硬件数量与投资

由于现场总线系统中分散在现场的智能设备能直接执行多种传感、控制、报警和计算功能，因而可减少变送器的数量，不再需要单独的调节器、计算单元等。

(2) 节省安装费用

现场总线系统的接线十分简单，一对双绞线或一条电缆上通常可挂接多个设备，因而电缆、端子、槽盒、桥架的用量大大减少，连接设计与接头校对的工作量也大大减少。当需要增加现场控制设备时，无需增加新的电缆，可就近接在原有的电缆上，既节省了投资，也减少了设计、安装的工作量。

(3) 节省维护开销

由于现场控制设备具有自诊断与间断故障处理的能力，并通过数字通信将相关的诊断维护信息送往控制室，用户可以查询所有设备的运行、诊断维护信息，以便早期分析故障原因并快速排除，缩短了维护停工时间。同时由于系统结构简化，连线简单而减少了维护工作量。

(4) 用户具有高度的系统集成主动权

用户可以自由选择不同厂商所提供的设备来集成系统，避免因选择某一品牌的产品而被"框死"了使用设备的选择方位，不会为系统集成中不兼容的协议、接口而一筹莫展，使系统集成过程中的主动权牢牢掌握在用户手中。

(5) 提高了系统的准确性与可靠性

由于现场总线设备的智能化、数字化，与模拟信号相比，它从根本上提高了测量与控制的精确度，减少了传送误差。同时，由于系统的结构简化，设备连线减少，现场仪表内部功能加强，减少了信号的往返传输，提高了系统的工作可靠性。

5.5.2 几种典型的现场总线

成为国际标准的现场总线都有其应用背景和大公司的技术和资金支持。成为国际标准后这些现场总线技术的发展并没有停滞，一方面，除了巩固自身优势应用领域的地位外，还不断地扩展到其他领域；另一方面，这些现场总线不断完善自身，并将其他现场总线的先进技术融入到自己的技术中。在众多现场总线中，目前国内应用的情况并不均衡，下面介绍几种在国内影响较大的现场总线的进展情况。

1. 基金会现场总线

基金会现场总线（Foundation Fieldbus，FF）是由现场总线基金会组织开发的。它是为适应自动化系统，特别是过程自动化系统在功能、环境与技术上的需要而专门设计的。FF 现场总线是一种全数字、串行、双向通信协议，已得到了世界上主要的自动控制设备提供商的广泛支持。

1994 年 ISP 基金会和 WorldFIP（北美）两大集团合并成立 FF 基金会，最初的宗旨是开发出符合 IEC 和 ISO 标准的、唯一的现场总线，最终成为了 IEC61158 众多总线中的一种。FF 的 H1 在成为国际标准时，已经有成功的应用实例，FF 的高速以太网（High Speed Ethernet，HSE）虽然也成为了国际标准，但其最终规范（FS1.0）直到 2000 年 3 月 29 日才发布。FF 的高速以太网 HSE 最初的目的是成为现场总线国际标准（IEC61158）中的唯一与以太网相兼容的标准，但它的产品却并未及时推出。

FF 技术的早期方案设立了低速、高速两部分网段，被称为 H1，H2。在 1996 年一季度正式颁布了低速总线 H1 的标准。原来的高速总线 H2，因其通信速率只有 1Mbps 和 2.5Mbps，不能适应技术发展与工业数据高速传输的应用需求，在标准尚未正式颁布之前就宣布夭折。FF 基金会于 1998 年又组织开发了 HSE，以取代 H2。

FF 现场总线模型符合 ISO 国际标准化组织定义的 OSI 开放系统互联的模型，主要包括四部分，依次为物理层、数据链路层、现场总线访问子层和现场总线消息规范。

在物理层，FF 总线定义了 H1 的速率标准，为 31.25kbps，是低速率网络。它适合于温度、流量及物位测量应用等现场环境下。

FF 总线的数据链路层主要用于控制报文在现场总线的传输，它定义了调度和非调度两种传输方式。对调度方式，数据链路层通过链路活动调度器来管理各设备对总线的访问；对非调度方式，设备在调度报文传送之间发送非调度报文。

FF 总线访问子层的主要功能是对数据链进行控制，保证数据传送到指定的设备。根据设备之间的通信关系，该层将通信服务分为客户/服务器型、报告分发型和发布/接收型三类，并基于不同的通信服务类型控制不同设备间数据的传送与接收。

现场总线报文子层为 FF 总线的高层，它描述了用户应用所需要的通信服务、报文格式和行为状态等。通过对象字典、虚拟现场设备、联络关系管理等机制，为用户应用提供了一套标准化的访问方法。

FF 总线的拓扑结构较为灵活，通常包括点到点型、带分支的总线型、菊花链型和树型。这几种结构可组合在一起构成混合型结构，满足各种物理连接的需求。FF 总线具有较强的可管理能力。

2. Profibus 现场总线

Profibus（PROcess FIeld BUS）是由工业企业科研机构在德国联邦研技部的资助下，于 1987 年开始联合开发的生产过程现场总线标准规范。Profibus 于 1989 年成为德国国家标准，1996 年被欧洲电工标准化委员会批准为欧洲标准 EN50170.2，是最早研制开发和技术成熟的现场总线之一。它是国际化、开放式、不依赖于设备生产商的现场总线标准，广泛适用于制造自动化、流程工业自动化和楼宇、交通、电力等领域，应用范围如图 5-8 所示。

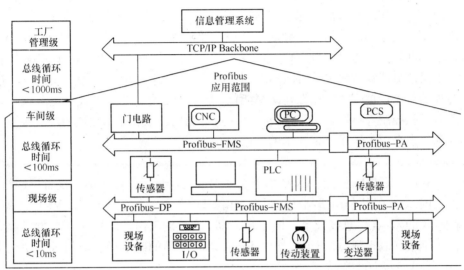

图 5-8 Profibus 现场总线的应用领域

Profibus 早期的标准包含 Profibus FMS（Field bus Messoge Specification），Profibus DP（Decenfralized peripherals），Profibus PA（Process Automation）3 个子集。Profibus DP 是一种高速低成本通信方式，适用于自动控制系统和外围设备（如分散式 I/O 传感器、执行机构等）之间的通信。Profibus DP 可取代 24V（DC）或 4～20mA 信号传输，它可采用 RS-485 传输技术和光纤。Profibus PA 专为过程自动化设计，它将自动化系统和过程控制系统与压力、温度、液位变送器等现场设备连接起来，使传感器和执行机构连在一根总线上，并有本质安全规范，采用双绞线供电技术进行数据通信。

Profibus FMS 用于车间级监控网络，是一个令牌结构、实时多主网络。FMS 包括了应用协议并向用户提供了可广泛选用的强有力的通信任务。Profibus FMS 可使用 RS-485 和光纤传输技术。

基于 Profibus 的三个部分，可实现现场设备层到车间层监控的分散式数字控制和现场通信网络，可为实现工厂综合自动化和现场设备智能化提供可行的解决方案。

3. CAN 总线

CAN 总线由德国 BOSCH 公司于 1991 年推出，是最初用于汽车内部测量与执行部件之间数据通信的总线。CAN 总线在 1993 年 11 月就成为了 ISO 正式颁布的国际标准－ISO11898 CAN 高速应用标准，虽然最初标准的制定是关于道路交通运输工具方面的，但 CAN 总线已经在工业控制领域发挥了巨大的作用，它在短报文时的数据传送效率远远好于 Profibus 和 Modbus Plus 等总线。

CAN 总线仅仅定义了物理层和数据链路层，基于 CAN 总线这 2 层协议开发出的新的总线协议很多，并为用户所接受，如：DeviceNet，SDS，CANopen 等。其中 DeviceNet 和 SDS 已经成为了国际标准 IEC62026，而 CANopen 也成为了欧洲标准。CAN 总线是最早进入我国的现场总线，它成本低、开发容易，在国内广受欢迎，目前已经广泛应用于国内自动化的各个领域。

4. LonWorks 总线

LonWorks 总线由美国 Echelon 公司推出。它采用 ISO/OSI 模型的全部 7 层通信协议，采用面向对象的设计方法，通过网络变量把网络通信设计简化为参数设置。支持双绞线、同轴电缆、光缆和红外线等多种通信介质，通信速率从 300bit/s 至 1.5Mbit/s 不等，直接通信距离可达 2700m（78Kbit/s），被誉为通用控制网络。LonWorks 技术采用的 LonTalk 协议被封装到 Neuron（神经元）芯片中，并得以实现。采用 LonWorks 技术和神经元芯片的产品，被广泛应用在建筑智能化、家庭自动化、保安系统、办公设备、交通运输、工业过程控制等行业。鉴于该技术在建筑智能化和工业控制领域的广泛应用，本书将在第 6 章重点介绍 LonWorks 技术的应用开发。

5. DeviceNet

DeviceNet 总线技术是在 CAN 技术上发展起来的，是一种低成本的设备层网络技术。该技术由美国 Rockwell 公司研制开发，后交由 ODVA（Open DeviceNet Vendor Association）管理，ODVA 在该总线技术的推广方面做了大量的工作。加入 ODVA 的供货商会员已经达到 277 个（截止到 2011 年 8 月），DeviceNet 产品的制造商已经超过了 300 个，生产超过 350 种 DeviceNet 产品。

5.6 工业以太网

与 DCS 系统相比较，现场总线技术具有明显的优势，曾被认为是 21 世纪控制系统的主流，但随着网络控制技术的发展，也暴露了以下不足：

（1）没有统一的标准。由于各种现场总线代表不同的商业利益，厂商出于保护市场的考虑，制定了各自的现场总线标准，各种现场总线并存，竞争激烈。而不同总线的技术侧重点不同，各有针对的应用领域，缺乏可以满足不同工业应用需求、为各工业领域所普遍接受的统一的现场总线标准。不同总线设备之间难以实现互相操作、互联互换。IEC 组织制定的现场总线标准实际上也是这种情况的一个妥协。事实上有些未成为国际标准的现场总线，如 LonWorks，同样占有很大的市场份额，在某个或几个领域占有主导地位。

（2）通信能力不足。随着现场设备功能的增强和企业信息交换需求的不断增长，现场设备交换的数据量发生了成倍的增长，而现场总线通信速率普遍较低，难以保证通信。

尽管有些总线可以得到更高的通信速度，但需要特定通信芯片的支持，难以达到市场所提出的技术成熟度高、鲁棒性好、成本低的要求。

（3）开放性差。由于不同类型的现场总线各有各自的应用位置，如 FF 的 H1 和 DeviceNet 主要用于控制网络的最底层，连接各种现场设备；Profibus 的 DP 主要用于控制层的控制器、数据集中器等设备。这就使得在实际应用中，系统可能采用多种形式的现场总线，从而造成工业控制网络与数据网络的无缝集成难度很大。

为了解决以上问题，现场总线技术也在不断地发展完善。如在原有现场总线的技术上引入 TCP/IP 协议、在以太网物理层和链路层的基础上引入已有的现场总线应用层协议、采用基于发布/订阅模式的通信结构等。同时对于现场总线的国际标准也不断进行研究和更新，但由于受到市场利益的驱动，无法实现真正的开放性和标准化。

随着工业自动化技术和信息技术的不断发展，建立统一开放的通信协议和网络，在企业内部，从底层设备到高层，信息系统实行全方位的无缝集成已成为网络控制系统急待解决的问题。目前现场总线显然难以承担此项任务，以太网是解决上述问题的有效方法。

当前可供选择的现场总线有很多种，纳入 IEC 标准的就有 12 种（IEC61158 中有 8 种，IEC62026 中有 4 种）之多，为什么人们还要试图在工业应用中使用以太网呢？这是因为，目前以太网是应用最为广泛的一种局域网，以太网商业上的巨大成功、很高的认知度以及技术上的快速进步，使得在工业领域中使用以太网会带来多方面的好处。

首先，使用以太网要比其他现场总线容易。以太网产品种类丰富，有很多的相关软硬件产品，使得以太网技术容易使用。以太网有很多种，可支持多种传输介质、多种通信波特率，可以满足各种应用的需求。

其次，由于以太网市场空间大，产品通常可以把批量做得比较大，并且以太网市场产品供应商很多，竞争激烈，所以其产品的价格比较低廉。工业以太网的成本优势目前还不明显，尤其是在对通信确定性和工作环境要求比较高的应用中，为了满足要求，有关产品需要特殊设计，从而显著提高了成本。所以虽然商用以太网产品价格很低，工业以太网产品价格却仍然较高。

再次，以太网技术发展迅速，其技术之先进、功能之强大是其他现场总线所无法比拟的。如就波特率而言，目前主流的以太网已经达到亿位，10Gbit/s 以太网的标准也已经公布，而其他现场总线的波特率一般都在 10Mbit/s 以下。

在工业应用中广泛采用以太网而形成工业以太网。所谓工业以太网，就是在以太网技术和 TCP/IP 技术的基础上开发出来的一种工业网络。它面临两大问题。首先，以太网最初是为办公自动化应用开发的，是一种非确定性的网络，并且工作的环境条件往往很好。而工业应用中的部分数据传输对确定性有很高的要求，如果要求一个数据包在 2ms 内由源节点送到目的节点，就必须在 2ms 内送到，否则就可能发生事故。并且通常工业应用的环境比较恶劣，比如强振动、高温或低温、高湿度、强电磁干扰等。其次，以太网是介质访问控制 MAC 协议使用带碰撞检测的载波侦听多址访问 CSMA/CD 的网络的统称，它本身并不提供标准的面向工业应用的应用层协议。所以为了满足工业应用的要求，必须在以太网技术和 TCP/IP 技术的基础上做进一步的工作。对于前一个问题，解决方法是做一些改进，使得以太网能够实现确定性通信，并且能在恶劣环境中正常工作；对于后一个问题，解决方法有三种：一种是把现有的工业应用层协议与以太网、TCP/IP 集成在一起；另外一种是在以太网和现有的工业网络之间安装网关，进行协议转换；还有一种方法是重新开发应用层协议。

目前已经形成较有影响的工业以太网有基金会现场总线高速以太网（Foundation Fieldbus High Speed Ethernet，FF HSE）、Ethernet/IP、Profinet、Modbus/FCP（光纤频道协议），分布式自动化 Ethernet 等。

过去一直认为，作为信息技术基础的 Ethernet 是为 IT 领域应用而开发的，在工业自动化领域只能得到有限应用，这是由于：①Ethernet 采用 CSMA/CD 碰撞检测方式，在网络负荷较重时，网络的确定性（Determinism）不能满足工业控制的实时要求；②Ethernet 所用的接插件、集线器、交换机和电缆等是为办公室应用而设计的，不符合工业现场恶劣环境的要求；③在工厂环境中，Ethernet 抗干扰性能较差。若用于危险场合，以太网不具备本质安全性能；④Ethernet 网还不具备通过信号线向现场仪表供电的性能。

随着信息网络技术的发展，上述问题正在迅速得到解决。为了促进 Ethernet 在工业领域的应用，国际上成立了工业以太网协会（Industrial Ethernet Association，IEA），并与美国 ARC Advisory Group、AMR Research 和 Gartner Group 等机构合作开展工业以太网关键技术的研究。

5.6.1 工业以太网与传统以太网

工业以太网技术是普通以太网技术在控制网络延伸的产物，前者源于后者又不同于后者。以太网技术经过多年发展，特别是在 Internet 中的广泛应用，使得它的技术更为成熟，并得到了广大开发商与用户的认同。因此无论从技术上还是产品价格上，以太网较之其他类型网络技术都具有明显的优势。另外，随着技术的发展，控制网络与普通计算机网络、Internet 的联系更为密切。控制网络技术需要考虑与计算机网络连接的一致性，需要提高对现场设备通信性能的要求，这些都是控制网络设备的开发者与制造商把目光转向以太网技术的重要原因。

为了促进以太网在工业领域的应用，成立了工业以太网协会、工业自动化开放网络联盟（Industrial Automation Open Networking Alliance，IAONA）等组织在世界范围内推进工业以太网技术的发展、教育和标准化管理，在工业应用领域的各个层次运用以太网。美国电气电子工程师协会（IEEE）也正着手制定现场装置与以太网通信的标准。这些组织还致力于促进以太网进入工业自动化的现场级，推动以太网技术在工业自动化领域和嵌入式系统的应用。

以太网技术最早由 Xerox 开发，后经数字设备公司 DEC、Intel 公司联合扩展，于1982 年公布了以太网规范。IEEE802.3 就是以这个技术规范为基础制定的。按 ISO 开放系统互联参考模型的分层结构，以太网规范只包括通信模型中的物理层与数据链路层。而现在俗称的以太网技术以及工业以太网技术，不仅包含了物理层与数据链路层的以太网规范，而且包含 TCP/IP 协议组，即包含网络层的网际互联协议 IP、传输层的传输控制协议 TCP、用户数据报协议 UDP 等，有时甚至把应用层的简单邮件传送协议 SMTP、域名服务 DNS、文件传输协议 FTP、超文本链接 HTTP、动态网页发布等互联网上的应用协议都与以太网这个名词捆绑在一起。因此工业以太网技术实际上是上述一系列技术的统称。

工业以太网的物理层与数据链路层采用 IEEE802.3 规范，网络层与传输层采用 TCP/IP 协议组，应用层的一部分可以沿用上面提到的那些互联网应用协议。这些沿用部分正是以太网的优势所在。工业以太网如果改变了这些已有的优势部分，就会削弱甚至丧失工业以太网在控制领域的生命力。因此工业以太网标准化的工作主要集中在 ISO/OSI 模型的应用层，需要在应用层添加与自动控制相关的应用协议。

工业以太网技术必须面对在工业环境下作为控制网络要解决的一系列问题：

(1) 通信实时性问题

以太网采用的 CSMA/CD 的介质访问控制方式，其本质上是非实时的。平等竞争的介质访问控制方式不能满足工业自动化领域对通信的实时性要求。因此以太网一直被认为不适合在底层工业网络中使用，需要有针对这一问题的切实可行的解决方案。

(2) 对环境的适应性与可靠性问题

以太网是按办公环境设计的，将它用于工业控制环境，其鲁棒性、抗干扰能力等是许多从事自动化的专业人士所特别关心的。在产品设计时要特别注重材质、元器件的选择。使产品在强度、温度、湿度、振动、干扰、辐射等环境参数方面满足工业现场的要求。还要考虑到在工业环境下的安装要求，例如采用 DIN 导轨式安装等。像 RJ45 一类的连接器，在工业上应用太易损坏，应该采用带锁紧机构的连接件，使设备具有更好的抗振动、抗疲劳能力。

(3) 总线供电

在控制网络中，现场控制设备的位置分散性使得它们对总线有提供工作电源的要求。现有的许多控制网络技术都可利用网线对现场设备供电。工业以太网目前还没有对网络节点供电做出规定。一种可能的方案是利用现有的 5 类双绞线中另一对空闲线对供电。一般在工业应用环境下，要求采用直流 10~36V 低压供电。

(4) 本质安全

工业以太网如果要用在一些易燃易爆的危险工业场所，就必须考虑本安防爆问题。这是在总线供电解决之后要进一步解决的问题。

在工业数据通信与控制网络中，直接采用以太网作为控制网络的通信技术只是工业以太网发展的一个方面，现有的许多现场总线控制网络都提出了与以太网结合，用以太网作为现场总线网络的高速网段，使控制网络与 Internet 融为一体的解决方案。例如 H1 的高速网段 HSE，EtherNet/IP，ProfiNet 等，都是人们心目中工业以太网技术的典型代表。

在控制网络中采用以太网技术无疑有助于控制网络与互联网的融合，使控制网络无需经过网关转换即可直接连至互联网，使测控节点有条件成为互联网上的一员。在控制器、PLC、测量变送器、执行器、I/O 卡等设备中嵌入以太网通信接口、TCP/IP 协议、Web Server 便可形成支持以太网、TCP/IP 协议和 Web 服务器的 Internet 现场节点。在应用层协议尚未统一的环境下，借助 IE 等通用的网络浏览器实现对生产现场的监视与控制，进而实现远程监控。

5.6.2 目前应用的工业以太网协议

由于工业自动化网络控制系统不单单是一个完成数据传输的通信系统，而且还是一个借助网络完成控制功能的自控系统。它除了完成数据传输之外，往往还需要依靠所传输的数据和指令执行某些控制计算与操作功能，由多个网络节点协调完成自控任务。因而它需要在应用、用户等高层协议与规范上满足开放系统的要求，满足互操作条件。

为满足工业现场控制系统的应用要求，必须在 Ethernet＋TCP/IP 协议之上建立完整、有效的通信服务模型，制定有效的实时通信服务机制，协调好工业现场控制系统中实时和非实时信息的传输服务，形成为广大工控生产厂商和用户所接收的应用层、用户层协议，进而形成开放的标准。为此，各现场总线组织纷纷将以太网引入其现场总线体系中的高速部分，利用以太网和 TCP/IP 技术，以及原有的低速现场总线应用层协议，从而构成了所谓的工业以太网协议，如 HSE、Profinet、Ethernet/IP 等。

近年来，工业以太网的兴起引起了自动控制领域的重视，同时许多人担心，工业以太网标准的不统一会影响其渗透到自动控制网络的应用。现场总线标准争论了 10 年，工业以太网标准或许也会这样。目前 IEC61158 标准中有 8 种现场总线，这 8 种总线各有各的规范，互不兼容。向工业以太网发展形成的 4 类不同协议标准分别是由主要的现场总线生产厂商和集团支持开发的，具体如下：

（1）FF 和 WorldFIP 向 Fieldbus Foundation HSE 发展。
（2）ControlNet 和 DeviceNet 向 EtherNet/IP 发展。
（3）Interbus 和 ModBus 向 IDA 发展。
（4）Profibus 向 Profinet 发展。

从目前的趋势看，以太网进入工业控制领域是必然的，但会同时存在几个标准。现场总线目前处于相对稳定时期，已有的现场总线仍将存在，并非每种总线都将被工业以太网替代。伴随着多种现场总线的工业以太网标准在近期内也不会完全统一，会同时存在多个协议和标准。

目前现场总线体系中，基于以太网的通信协议除了现场总线应用行规国际标准 IEC 61784-1 中包含的 HSE、Ether Net/IP、Profinet 之外，还包括 EPA、EtherCAT、Ethernet PowerLink、Vnet/IP、TCnet、Modbus/IDA 等 6 个新的提案。

1. HSE（High Speed Ethernet，高速以太网）

HSE 是现场总线基金会在摒弃了原有高速总线 H2 之后的新作。FF 现场总线基金会明确将 HSE 定位于实现控制网络与互联网 Internet 的集成。由 HSE 链接设备将 H1 网段信息传送到以太网的主干上并进一步送到企业的 ERP 和管理系统。操作员在主控室可以直接使用网络浏览器查看现场运行情况。现场设备同样也可以从网络获得控制信息。

HSE 在低四层直接采用以太网＋TCP/IP，在应用层和用户层直接采用 FF H1 的应用层服务和功能块应用进程规范，并通过链接设备（Linking Device）将 FF H1 网络连接到 HSE 网段上，HSE 链接设备同时也具有网桥和网关的功能，它的网桥功能能够用来连接多个 H1 总线网段，使不同 H1 网段上面的 H1 设备之间能够进行对等通信而无需主机系统的干预。HSE 主机可以与所有的链接设备和链接设备上挂接的 H1 设备进行通信，使操作数据能传送到远程的现场设备，并接收来自现场设备的数据信息，实现监控和报表功能。监视和控制参数可直接映射到标准功能块或者"柔性功能块"中。

2. Profinet

Profinet 由 Siemens 开发并由 Profibus International 支持，目前它有三个版本，第一个版本定义了基于 TCP/UDP/IP 的自动化组件。采用标准 TCP/IP＋以太网＋应用层的 RPC/DCOM 来完成节点之间的通信和网络寻址。它可以同时挂接传统 Profibus 系统和新型的智能现场设备。现有的 Profibus 网段可以通过一个代理设备（Proxy）连接到 Profinet 网络当中，使整套 Profibus 设备和协议能够原封不动地在 Profinet 中使用。

第二个版本中，Profinet 减少了数据长度以减小通信栈的吞吐量。为优化通信功能，Profinet 根据 IEEE 802.p 定义了报文的优先级，最多可用 7 级。

Profinet 第三版采用了硬件方案以缩小基于软件的通道，进一步缩短通信栈软件的处理时间。为连接到集成的以太网交换机，提出了基于 IEEE 1588 同步数据传输的运动控制解决方案。

3. Ether Net/IP

Ether Net/IP（Ethernet/Industrial Protocol，以太网工业协议）由 ROCKWELL 定义，并由 ODVA 和 ControlNet International 支持。EtherNet/IP 网络采用商业以太网通信芯片、物理介质和星形拓扑结构，用以太网交换机实现各设备间的点对点连接，能同时支持 10Mbps、100Mbps 和 1000Mbps 以太网商业产品。Ether Net/IP 协议由 IEEE 802.3 物理层和数据链路层标准、TCP/IP 协议组和控制与信息协议 CIP（Control Information Protocol）等三个部分组成。第一和第二部分为标准以太网技术，其特色就是被称作控制和信息协议的 CIP 部分。Ether Net/IP 为了提高设备间的互操作性，采用了 ControlNet 和 Device Net 控制网络中相同的 CIP。CIP 一方面提供实时 I/O 通信，一方面实现信息的对等传输，其控制部分用来实现实时 I/O 通信，信息部分则用来实现非实时的信息交换。

4. EPA

EPA（Ethernet for Plant Automation）是在国家科技部"863"计划的支持下，由多家单位工作小组起草的标准。EPA 是一种全新的基于实时以太网的技术，适用于测量、控制等工业场合，是一种双向、串行、多节点的开放实时以太网数字通信技术。

EPA 系统中，将控制网络划分为若干个控制区域，每个控制区域即为一个微网段。每个微网段通过 EPA 网桥与其他网段进行分隔，该微网段内 EPA 设备间的通信被限制在本控制区域内进行，而不会占用其他网段的带宽资源。

处于不同微网段内的 EPA 设备间的通信，需由相应的 EPA 网桥进行转发控制。EPA 网桥至少有 2 个 EPA 接口，当它需要转发报文时，首先检查报文中的源 IP 地址与目的 IP 地址、EPA 服务标识等信息，以确认是否需要转发，并确定报文转发路径。因此任何广播报文的转发将受到控制，而不会发生采用一般交换机所出现的广播风暴。而连接在每个微网段的 EPA 设备，通过其内置的通信栈软件，分时向网络上发送报文，以避免两个设备在同一时刻向网络上同时发送数据，避免报文碰撞。用户可以预知其发出的信息在可预知的时间内到达目的站点。

5. EtherCAT

EtherCAT（Ethernet for Control Automation Technology）是由德国倍福（Beckhoff）公司开发，并由 EtherCAT 技术组（EtherCAT Technology Group，ETG）支持。通过该项技术，无需接收以太网数据包，将其解码，之后再将过程数据复制到各个设备。EthercCAT 从站设备在报文经过其节点时处理以太网帧，并同时将报文传输到下一个设备。EtherCAT 还通过内部优先级系统，使实时以太网帧比其他的数据（如组态或诊断数据等）具有较高的优先级。组态数据只在传输实时数据的间隙（如间隙时间足够传输的话）传输，或者通过特定的通道传输。EtherCAT 还保留标准以太网功能，并与传统 IP 协议兼容。为了实现这样的装置，需要专用 ASIC 芯片以集成至少两个以太网端口，并采用基于 IEEE 1588 的时间同步机制以支持运动控制中的实时应用。

6. Powerlink

Powerlink 由贝加莱（B&R）公司作为评估技术开发，并由 Ethernet Powerlink 标准化组（Ethernet Powerlink Standardisation Group，EPSG）支持。Powerlink 协议栈代替了的 TCP（UDP）/IP。它在共享式以太网网段上采用槽时间通信网络管理（Slot Communication Network Management，SCNM）中间件控制网络上的数据流量。SCNM 采用主从调度方式，每个站只有在收到主站请求的情况下才能发送实时数据。因此在一个特定的时间只有一个站能够访问总线，所以没有冲突，从而确保了通信的实时性。

习 题 和 思 考 题

5-1　控制网络有什么特点？它与信息网络有何区别？
5-2　DCS 的体系结构体现在哪些方面？
5-3　DCS 的层次结构一般分几层？并概述每层的功能。
5-4　OSI 的 7 层参考模型中 7 层自上而下分别是什么？
5-5　TCP/IP 模型由哪几层组成，各层功能如何？
5-6　典型的现场总线有哪些？
5-7　典型的工业以太网有哪些？

第6章 LonWorks 网络控制技术

LonWorks 是一个开放的控制网络平台技术，是国际上普遍用来连接日常设备的标准之一。比如，它可将家用电器、调温器、空调设备、电能表、灯光控制系统等相互连接并和互联网相连。该技术提供一个控制网络构架，给各种控制网络应用提供端到端的解决方案。该技术应用于楼宇、工厂、家庭、火车和飞机等领域，被多个国际标准组织，包括 ANSI、AAR、SEMI、ASHRAE、IFSF 和 IEEE 认证为各自的行业标准。

LonWorks 采用分布式的智能设备组建控制网络，同时也支持主从式网络结构。它支持各种通信介质，包括双绞线、电力线、光缆等。控制网络的核心部分包括作为核心芯片的神经元（Neuron）芯片和 LonTalk 通信协议（ANSI/EIA709.1-A-1999），其中 LonTalk 协议已经固化在 Neuron 芯片之中。该技术包括一个称之为 LNS 网络操作系统的管理平台，该平台对 LonWorks 控制网络提供全面的管理和服务，包括网络安装、配置、监测、诊断等。LonWorks 控制网络又可通过各种连接设备接入 IP 数据网络和互联网。

LonWorks 技术的另一个重要特点是它的互操作性。国际 LONMARK 互操作性协会负责制定基于 LonWorks 的互操作性标准，简称 LONMARK 标准。符合该标准的设备，无论来自哪家厂商都可集成在一起，形成多厂商、多产品的开放系统。

6.1 LonWorks 技术概述及应用系统结构

LonWorks 技术实际上是一种测控网技术，或者更确切一点说是一种工控网技术，也叫现场总线技术。可以方便地实现现场的传感器、执行器、仪表等联网。这种网络不同于局域网 LAN，而是一种工控网，因为它传输数据量较小的检测信息、状态信息和控制信息。LonWorks 技术由美国 Echelon 公司开发推出。Echelon 公司将该项技术命名为局部操作网（LON，Local Operating Network）。

6.1.1 LONMARK 标准及其在智能建筑中的应用

1. LONMARK 标准

LONMARK 是以 LonWorks 技术为基础的一套标准。1993 年 LonWorks 技术在世界范围推广，其发展速度极快，在世界各地形成了众多设备生产商（OEM），生产出大量 LonWorks 技术产品。不同的 OEM 虽然都按 LonWorks 技术制造产品，但由于在一些技术细节上不统一，因而不能互操作。为了解决这个问题，1994 年多家重要的 OEM 公司组成了 LONMARK 可互操作协会，编制了一系列 LONMARK 标准。只要产品按照该规定生产，就可以结合在一起，互相通信和工作。不同厂家生产的同类产品可以相互替换，总之，实现了互操作。这样的产品允许使用 LONMARK 标记。

LONMARK 国际协会是一个非盈利性、由会员支持的行业组织，目的是推动

LonWorks互操作标准在自动控制市场的发展和应用。经过十余年的发展，LonWorks技术已成为一个国际性的标准，应用于数以十万计的工程项目中，包括建筑、住宅、交通、工业、制造业和能源管理等领域。目前LonWorks技术被批准成为中国的GB/Z标准，已经成功应用于2008年北京奥运会的很多项目中，在这些项目中，空调、照明和能源管理等控制功能都集成到了一个开放式的Lonworks基础框架中。

LONMARK协会分有暖通空调组、家用设备组、照明组、工业组、本质安全组、网络管理组、石油组、冷冻技术组、出入控制组等。每个组都在制定一系列LONMARK标准，称为功能概述（Functional Profile），详细地描述了应用层接口，包括网络变量、组态特点以及网络节点加电状态等，把产品功能加以标准化。

2. LONMARK标准在智能大厦楼宇自控系统中的应用

智能大厦楼宇自控系统主要是用来对暖通空调、给水排水系统、供配电、动力设备和照明设备进行监视、控制和测量，要求运行安全、可靠、节省能源与人力。其网络结构模式分为集散式及分布式，由管理层网络与监控层网络组成，实现对设备运行状态的监视和控制。目前，在国际上常用的楼宇自动化主流产品，如Honeywell公司Excel 5000系列及EBI系统、西门子公司s600APOGEE系统、瑞典TAC公司Vista系统等均已应用LonWorks技术。

6.1.2 LonWorks控制网络的基本组成

构成LonWorks控制网络的三大基本要素如下：

（1）LonWorks现场控制设备。这些设备可以直接采用Neuron芯片作为通信处理器和测控处理器，也可以将Neuron芯片作为通信协处理器，主机或其他微处理器作为测控处理器。后者被称为基于主机（host base）的设备。

（2）通信介质。LonWorks系统可以在多种物理传输介质上通信。

（3）通信协议。LonWorks技术提供了一个公开的并遵守国际标准化组织（ISO）分层体系结构要求的LonTalk协议。

围绕这三个基本要素，Echelon公司提供了所需的开发、制造、安装、运行和维护LonWorks控制网络的全套产品。

6.1.3 LonWorks现场控制设备

一般来讲，每一个挂在LonWorks网络上的设备都含有一片Neuron芯片和一个收发器。根据设备的功能，LonWorks现场控制设备也有可能嵌入传感器和执行器、与外部原有传感器和执行器之间的I/O接口、与主处理器（例如PC机）的接口以及与另外一个路由器上的Neuron芯片和收发器的接口等，这些设备又被称为节点。在Neuron芯片上运行的应用程序用来实现该设备特有的功能，应用程序可以永久性地保存在ROM（只读存储器）中，或者也可以通过网络下载到非易失性读-写存储器内（NVRAM、Flash PROM或者EEPROM）。图6-1显示出一个典型LonWorks现场控制设备的组件。

在LonWorks网络上，大多数现场控制设备的工作任务是检测和控制被控系统中设备的状态。在这些设备中可能会嵌入传感器和执行器，或者与外部原有传感器和执行器之间的I/O接口。这些设备中运行的应用程序不仅能够通过网络发送和接收控制量值或检测量值，还可以对所检测的变量进行数据处理（例如线性化、标度变换等）、执行控制算法

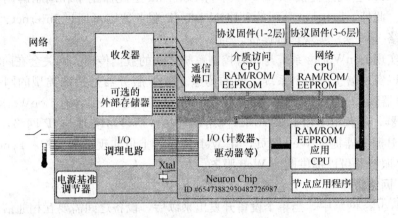

图 6-1 典型 LonWorks 现场控制设备组件

（例如 PID 回路控制）、数据巡回检测和任务调度等。

6.1.4 路由器

路由器（router）在 LonWorks 中是一个非常重要的组成部分，这也是其他现场总线所不具备的，同时 LonWorks 中的路由器与一般商用网络中的路由器有很多不同。路由器的使用使 LonWorks 网络突破了传统现场总线在通信介质、通信距离、通信速率方面的限制。

对多种介质的透明支持是 LonWorks 技术的独特能力，它使开发者能选择最适合其需要的介质和通信方法。通过路由器可以实现在同一网络中对多种介质的支持。路由器也能用于控制网络业务量，将网络分段，抑制从其他部分来的数据流量，从而增加网络的通信量。

路由器通常有两个互联的 Neuron 芯片，每个 Neuron 芯片配有一个适用于两个信道的收发器，路由器就连接在这两个信道上。路由器对网络的逻辑操作是完全透明的，但是它们并不一定传输所有的包，智能路由器能够阻止没有远地地址的包穿越路由器。

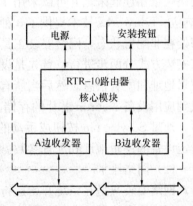

图 6-2 RTR-10 路由器模块

LonWorks 支持的路由器有 4 种，即中继器、桥接器、学习路由器和配置路由器，后两者属于智能路由器。图 6-2 为采用 RTR-10 路由器模块构成的路由器框图。

6.1.5 网络接口、网关和 Web 服务器

网络接口用于连接外部主机。网络接口上运行的应用程序提供通信协议，以允许基于主机的程序（例如网络工具软件）访问 LonWorks 网络。Echelon 公司提供的 PCLTA-20 PC LonTalk 适配器是一套网络接口设备，它是一种标准 PC PCI 适配卡，可插在 PC 机的内部 PCI 总线槽上，允许网络工具软件（如 LonMaker 工具软件）访问 LonWorks 网络。对于笔记本计算机，Echelon 公司提供的 PCC-10 PC 机卡以 PCMCIA PC 卡的格式提供网

络接口。Echelon 公司还提供 SLTA-10 串行 LonTalk 适配器用于和调制解调器相连，实现拨号访问。此外，Echelon 公司的 i.LON 100 IP 服务器则可通过 Internet、Intranet 或虚拟专用网络（VPN）实现远程连接。

网关可实现 LonWorks 系统与原有控制系统之间的数据传输。网关会在两种协议之间进行翻译，以实现信息在两个系统之间的传递。Web 服务器是特殊类型的网关，它可提供 Web 浏览器到 LonWorks 网络之间的接口。Web 服务器内部含有 LonWorks 收发器和 HTTP 服务器，前者用于和 LonWorks 网络相连接，后者可实现与 IP 网络，如 Internet 互联。HTTP 服务器提供 Web 网页，在 Web 浏览器上可实现远程监控。Echelon 公司的 i.Lon100 IP 服务器可以提供此类 Web 服务。

6.1.6 网络管理

在 LonWorks 网络中，当单个设备开发出来以后，设备之间需要互相通信。此时需要采用网络工具为网络上的节点分配逻辑地址，同时也需要将节点间的网络变量或显式报文进行集中管理。一旦网络系统建成正常运行后，还需对其进行维护。网络系统还需要有上位机能够随时了解该网络所有节点的网络变量和显式报文的变化情况。网络管理的主要功能有以下 3 个方面：

（1）网络安装

LonWorks 网络通过动态分配网络地址进行安装，并通过网络变量和显式报文来进行设备间的通信。网络安装可通过 Service pin 按钮或手动的方式设定设备的地址，然后将网络变量互连起来，并可以采用 4 种方式设置报文，即无应答、无应答重发、应答和请求/响应。Lonworks 技术提供了 3 种安装方式：①自动安装：任何一个应用设备在安装之前都处在非配置状态，网络安装工具能够自动搜寻，并对其进行安装和配置。②工程安装：该安装方式分两步进行，首先是设备定义阶段，在应用设备离线状态下预定义所有设备的逻辑地址和配置信息。然后当所有设备在物理上处于连接的状态时，将所有的定义信息下载到应用设备 Neuron 芯片的存储区中。③现场安装：当所有设备处于物理上连接的状态时，通过 Service pin 按钮或手动的方式获得设备的 Neuron ID，并通过 Neuron ID 定位来设定设备的逻辑地址和配置参数。

（2）网络维护

网络安装只是在系统开始运行时进行，而网络维护则贯穿于系统运行的始终。网络维护包括维护和修理两方面。网络维护主要是在系统正常运行的状况下，增加、删除设备以及改变网络变量、显式报文的内部连接；网络修理是对错误设备进行检测和替换，检测过程能够查出设备出错是由于应用层的问题（例如一个执行器由于电动机出错而不能开闭）还是通信层的问题（例如设备脱离网络）。采用动态分配网络地址的方式使替换出错设备非常容易，只需将从数据库中提取的旧设备的网络信息下载到新设备即可，而不必修改网络上的其他设备。

（3）网络监控

应用设备只能得到本地的网络信息，即网络传送给它的数据。而在许多大型的控制设备中，往往有一个设备需要查看网络所有设备的信息。例如在过程控制中需要一个超级用户，可以统管系统和各个设备的运行情况。因此必须提供给用户一个系统级的检测和控制服务，使得用户可以通过 LonWorks 网络以本地的方式监控整个系统。如果使用 Lon-

Works Internet 连接设备，则也可实现通过 Internet 以远程的方式监控整个系统。

通过节点、路由器、LonWorks Internet 连接设备和网络管理这几个部分的有机结合就可以构成一个带有多介质、完整的网络系统。图 6-3 为一个 LonWorks 网络系统的示例。

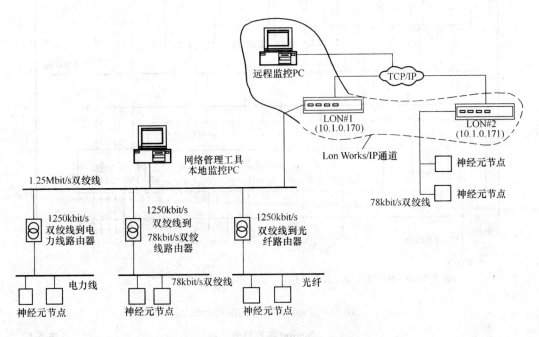

图 6-3　LonWorks 网络系统示例

6.2　Neuron 芯片的应用与开发

Neuron 芯片是一个超大规模集成电路元件，目前由 Toshiba 和 Cypress 两家公司研制和生产。Neuron 芯片分为 3150 和 3120 两个型号系列，是 LonWorks 网络技术的核心器件，它实现网络功能和执行应用设备中的特定应用程序。一个典型的应用设备包含 Neuron 芯片、通过网络介质通信的收发器及与被监控设备接口的应用电路，如图 6-1 所示。

6.2.1　Neuron 芯片的结构特点

3150 芯片是专门为需要大型应用程序的测控网络设计的，它提供有外部存储器接口，允许系统设计者使用 64KB 可用的地址空间中的 42KB 来存储应用程序。由于 3150 中没有 ROM，其通信协议、操作系统和 I/O 设备驱动程序目标代码均由 Echelon 的 LonBuilder 开发系统和 NodeBuider 开发系统提供。协议和应用程序的目标代码可存储在外部 ROM、Flash 或其他非易失性的存储器中。3120 芯片不支持外部存储区，它的固件存放在片内 ROM 中，由于存储区较少，适用于开发小型应用程序。图 6-4 为 Neuron 芯片的结构框图，表 6-1 为两家公司生产的系列 Neuron 芯片列表。

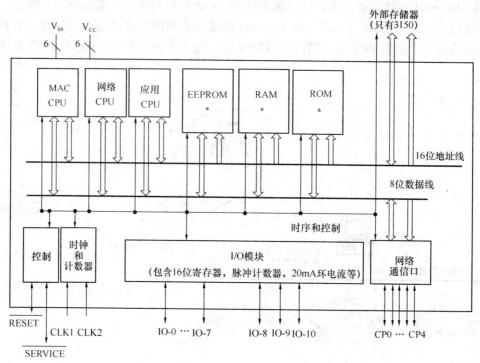

* 不同类型的Neuron芯片存储空间有所不同

图 6-4　Neuron 芯片的结构框图

Neuron 芯片列表　　　　　　表 6-1

生产厂商	产品型号	外部存储器	ROM	EEPROM	SRAM	收发器	电源	最大时钟频率	封装
Cypress	CY7C53120E2-10SI	N/A	10KBIT	2KBIT	2KBIT	N/A	5V	10MHz	SOIC-32
Cypress	CY7C53120E2-10AI	N/A	10KBIT	2KBIT	2KBIT	N/A	5V	10MHz	TQFP-44
Cypress	CY7C53120E4-40SI	N/A	12KBIT	4KBIT	2KBIT	N/A	5V	40MHz	SOIC-32
Cypress	CY7C53120E4-40AI	N/A	12KBIT	4KBIT	2KBIT	N/A	5V	40MHz	TQFP-44
Cypress	CY7C53120L8-32SI	N/A	16KBIT	8KBIT	4KBIT	N/A	3.3V	20MHz	SOIC-32
Cypress	CY7C53120L8-44AI	N/A	16KBIT	8KBIT	4KBIT	N/A	3.3V	20MHz	TQFP-44
Cypress	CY7C53150-20AI	58KBIT	N/A	0.5KBIT	2KBIT	N/A	5V	20MHz	TQFP-64
Cypress	CY7C53150L-64AI	56KBIT	N/A	2.75KBIT	4KBIT	N/A	5V	20MHz	TQFP-64
Toshiba	TMPN3120B1AM	N/A	10KBIT	0.5KBIT	1KBIT	N/A	5V	10MHz	SOP-32
Toshiba	TMPN3120E1M	N/A	10KBIT	1KBIT	1KBIT	N/A	5V	10MHz	SOP-32
Toshiba	TMPN3120FE3M	N/A	16KBIT	2KBIT	2KBIT	N/A	5V	10MHz	SOP-32
Toshiba	TMPN3120FE3U	N/A	16KBIT	2KBIT	2KBIT	N/A	5V	20MHz	QFP-44
Toshiba	TMPN3120A20M	N/A	16KBIT	1KBIT	1KBIT	N/A	5V	20MHz	SOP-32
Toshiba	TMPN3120A20U	N/A	16KBIT	1KBIT	1KBIT	N/A	5V	20MHz	QFP-44
Toshiba	TMPN3120FE5M	N/A	16KBIT	3KBIT	4KBIT	N/A	5V	20MHz	SOP-32
Toshiba	TMPN3150B1AF	58KBIT	N/A	0.5KBIT	2KBIT	N/A	5V	10MHz	QFP-64

各型号 Neuron 芯片的电源电压范围在 4.5～5.5V 之间。Neuron 芯片的主要特点如下：

(1) 内含三个 8 位 CPU，分别为网络 CPU、介质访问 CPU 和应用 CPU。
(2) 输入时钟频率可选，最高主频 40MHz。
(3) 带有片内存储器，3150 支持片外存储器。
(4) 带有 11 个可编程 I/O 引脚，可提供 34 种可选的操作模式（称为 I/O 对象），其中 IO_4～IO_7 提供可编程上拉电阻。
(5) 内含两个 16 位硬件定时/计数器，便于对传感器/变送器传来的信号进行监控。
(6) 最多支持 15 个软件定时器。
(7) 在保持存储器不掉电操作状态，可设定为用于减少电流消耗的睡眠模式。
(8) 带有网络通信端口，可提供单端、差分、专用模式，还带有可选的冲突检测输入。
(9) 内部含有固件，固件中包括符合 OSI 7 层参考模型的 LonTalk 协议以及事件驱动任务调度程序，开发人员不需对这部分工作再进行开发，可大大减少开发工作量。
(10) 带有用于远程识别和诊断的服务引脚。
(11) 每个 Neuron 芯片内含惟一的 48 位 Neuron ID。
(12) 对附加的 EEPROM 提供有低压检测保护功能。

6.2.2 处理器单元（CPU）

Neuron 芯片的三个处理器在系统固件中各有独特的功能。图 6-5 为 3 个处理器和所用存储器的结构框图。

介质访问 CPU（MAC）主要控制 7 层网络协议中的 1～2 层，它包括驱动通信子系统的硬件以及执行避免冲突的算法。介质访问控制处理器和网络处理器通过共享存储器中的网络缓冲区进行通信。

网络 CPU（NET）主要控制网络协议中的 3～6 层，它处理网络变量进程、寻址、事务进程、鉴别认证、软件定时器、网络管理和路由等功能。网络处理器使用共享存储器中的网络缓冲区与介质访问控制处理器通信，使用共享存储器中的应用缓冲区与应用处理器通信。在更新共享缓冲区的数据时，用硬件信号来仲裁对共享缓冲区数据访问的冲突。

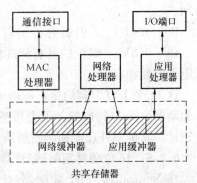

图 6-5 芯片内 3 个处理器和所用存储器的结构框图

应用 CPU（APP）主要执行用户代码和为用户代码调用的操作系统服务。应用程序使用的编程语言是 Neuron C，它派生于 ANSI C，并为适应分布式控制应用作了优化和扩展。Neuron 芯片上所有的程序利用 LonBuilder 开发系统或 NodeBuilder 开发系统进行软、硬件调试。

6.2.3 存储器

3150 芯片支持片外存储器，3120 芯片只有内部存储器。两个系列 Neuron 芯片的片内可编程 EEPROM 均用于存储网络配置和寻址信息、制造商写入的唯一的 48 位 ID 码以及用户写入的应用代码和只读数据。其中 48 位 ID 码用于作为芯片的标识码，并可用作节点的物理地址；片内静态 RAM 则用于堆栈段（存储应用和系统数据）和 LonTalk 协议的网络缓冲区和应用缓冲区，即使处于"睡眠"模式，只要不掉电，Neuron 芯片 RAM 的状态将一直保持，但在复位时 RAM 的内容将被清除；3120 芯片 10240B 的可屏蔽 ROM 用于存储 MAC 和网络 CPU 执行的 LonWorks 固件以及支持应用程序的操作系统，包含 LonTalk 协议代码、实时任务调度程序和应用函数库；3150 芯片则需要 16384B 的外部存储器来存储 LonWorks 固件和操作系统，余下的外部存储器可用于存储用户写入的应用程序代码、存储附加的应用程序读/写数据以及用于附加的网络缓冲区和应用程序缓冲区。

所有 Neuron 芯片的内部 EEPROM 除了 8B 是在生产时写入惟一的 48 位 ID 码和生产者的 16 位设备代码外，其余字节的内容均可在程序控制下写入。在 $-40\sim+85\,^\circ\mathrm{C}$ 时，EEPROM 最多可写入 10000 次而不会有数据丢失。3120 和 3150 的内部 EEPROM 还可包含特定的安装信息，诸如节点的网络地址和通信参数，这些信息在进行节点安装时由开发工具写入。

3150 芯片的外部存储器接口最多可支持 42KB 的存储器空间，以存储额外的用户程序和数据，其可寻址的总地址空间为 64KB。但是，要为芯片本身保留 6KB 空间；余下的 58KB 的外部地址空间中，16KB 用来存储 Neuron 芯片固件、开发调试系统程序以及作为保留空间。外部存储器空间可由 RAM、ROM、PROM、EPROM 或 EEPROM 组成，以 256B 递增。

6.2.4 双向 I/O 引脚

Neuron 芯片带有 11 根双向 I/O 引脚，这些引脚可以给外部硬件提供灵活的接口，并且提供了可访问的内部硬件定时器/计数器。另外，输出引脚的电平也可通过应用 CPU 读回。

IO_4～IO_7 引脚有可编程的上拉电阻，IO_0～IO_3 引脚有高电流吸收能力（20mA、0.8V），其他的具有标准吸收能力（1.4mA、0.4V），IO_0～IO_7 引脚还带有低电平检测锁存器。

这 11 个 I/O 引脚的接口可随集成的硬件和软件固件一起用来连接电动机、阀门、显示驱动器、A/D 转换器、压力传感器、电热调节器、开关、继电器、三端双向晶闸管、流速计、其他微处理器和调制解调器等。

6.2.5 16 位硬件定时器/计数器

在 Neuron 芯片中，定时器/计数器 1 的输入引脚可为 IO_4～IO_7 中任意引脚，输出引脚为 IO_0；定时器/计数器 2 的输入引脚为 IO_4，输出引脚为 IO_1，如图 6-6 所示。定时器/计数器的时钟和使能信号可由外部引脚或系统时钟分频得到，两个定时器/计数器的时钟频率互相独立。

6.2.6 网络通信端口

Neuron 芯片可支持多种通信介质，使用最广泛的是双绞线和电力线，还支持 RF（无线射频）、IR（红外）、光纤和同轴电缆等。Neuron 芯片的通信端口有 5 个引脚，通过配置可与多种介质接口连

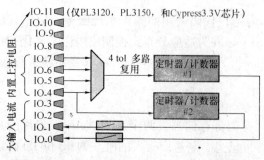

图 6-6 Neuron 芯片内部硬件定时器/计数器

接，实现较宽范围的数据传输速率。

通信端口使用差分式曼彻斯特编码对发送和接收的数据进行编码和解码。这种编码机制的特点是在每一个码元的中间都有一次跳变，以实现数据流的同步发送和接收，"1"或"0"取值由每个码元开始的边界是否存在跳变而定，如果是"0"，则码元的前半部分电平与前一个码元后半部分的电平相反，如果是"1"，则码元前半部分电平与前一个码元后半部分的电平相同。

通信端口有三种工作模式：单端、差分和专用工作模式。

1. 单端模式

单端模式是最常用的一种模式，用于实现收发器与多种通信媒体的连接，如构成自由拓扑结构的双绞线、射频、红外、光纤以及同轴电缆网络等。数据通信通过引脚 CP0 和 CP1 的单端 I/O 缓存区完成；CP3 引脚在 Neuron 芯片进入睡眠状态时输出低电平，收发器依此切断有源电路的电源；CP4 是冲突检测输入，当硬件冲突检测电路检测到信道上有冲突时，通过该引脚告知 Neuron 芯片，该引脚低电平有效。图 6-7 示出了单端模式通信端口配置。

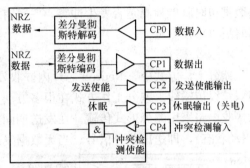

图 6-7 单端模式通信端口配置

图 6-8 示出了典型数据帧的结构，其中 T 代表位周期。在数据帧发送之前，Neuron 芯片将数据输出引脚预设为低电平，然后让发送使能（Transmit Enable）引脚（CP2）为有效高电平，从而确保数据帧的第一位从低变为高。在正式发送报文之前，发送端发送一个同步头（Preamble），以确保接收设备接收时钟的同步。同步头包括位同步域和字节同步域。位同步域是由一系列的差分曼彻斯特编码 1 组成，其长度可变，以适应不同传输媒体，但要求至少为 6 位。字节同步是一位用差分曼彻斯特编码表示的 0，表示同步头结束，开始正式报文数据的第一个字节。

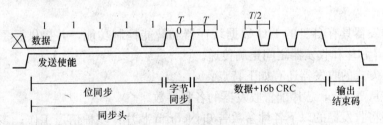

图 6-8 典型数据帧结构

当数据和 16 位 CRC 校验码的最后一位发送完毕，Neuron 芯片通信端口强制差分曼彻斯特编码为一个线路空码（Line-code Violation），并保持到接收端确认发送的报文结束。线路空码根据发送数据最后一位的电平，来保持线路在线路空码时为高电平或低电平。线路空码在 CRC 校验码的最后一位开始，延时 2Bit 的时间。值得注意的是，由于 CRC 码的最后一位中间没有跳变，所以该电平一直保持 2.5Bit 时间，如图 6-8 所示。发送使能引脚 CP2 一直保持到线路空码结束，然后释放变为低电平，标志发送结束。

Neuron 芯片具有可选的冲突检测功能。在数据发送期间，如果冲突检测使能和来自收发器 CP4 的冲突检测输入为低电平，且低电平持续时间至少为一个系统时钟周期（如 10MHz 时为 200ns），则 Neuron 芯片就认为数据发送过程中有冲突发生，此时数据必须重发。LonTalk 固件在同步头结束处和数据发送完毕时检查冲突检测标志。

如果不选用冲突检测功能，则确信报文发送成功与否的惟一方法是采用应答消息服务方式。当使用应答服务时，重发定时器必须设置成有足够的时间发送报文和接收应答报文。如果重发定时器时间超时，报文将被重新发送。使用冲突检测的好处在于：当节点发送数据包时就能检测是否发生冲突，一旦有冲突就能很快重发数据，不必等到重发定时器超时后再重发数据。

2. 差分模式

差分工作方式中，Neuron 芯片内嵌收发器能够配合外部无源部件有区别地驱动和感知双绞线传输线。差分工作方式在很多方面类似于单端工作方式，其关键的区别是：驱动和接收电路采用差分形式传输。在发送期间，数据输出引脚 CP2 和 CP3 的状态是反相的（驱动状态），即送出差分信号。当无数据发送时，状态是高阻状态（非驱动状态）。

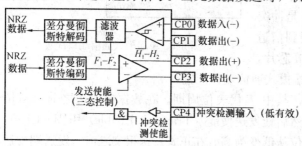

图 6-9 差分工作方式的通信端口配置图

在接收引脚 CP0 和 CP1 上的接收电路通过 8 个选择电平提供磁滞选择，后面紧跟一个可选的滤波器。图 6-9 是差分工作方式的通信端口配置图，它的数据格式与前述的单端工作方式相同。

3. 专用工作方式

在某些特殊应用中，需要 Neuron 芯片提供无编码数据，且无同步头。在这样的情况下，由一智能发送器接收未编码数据，然后按照一定数据格式组成数据帧，并插入同步头。然后智能接收器检测并丢弃同步头，将还原的未编码数据送至 Neuron 芯片。

这样的收发器具有自身的 I/O 数据缓存器和智能控制功能，并提供握手信号，保证数据在 Neuron 芯片和收发器之间正确传递。

专用工作方式的收发器还有如下特点：

(1) 能够从 Neuron 芯片配置收发器的各种参数。

(2) 能够将收发器的以下各种参数告知 Neuron 芯片：多种信道工作；多种比特速率工作；使用 FEC 纠错编码；使用冲突检测。

当使用专用工作方式时，在 Neuron 芯片和收发器间使用专用协议，在 Neuron 芯片输入时钟频率为 10MHz 时，Neuron 芯片和收发器之间最高传输速率可达到 1.25Mbit/s，Neuron 芯片和收发器之间可连续地交换 16Bit 一帧的数据，这 16Bit 数据中包括 8 位状态字。

6.2.7 收发器

Neuron 芯片通过收发器与网络之间交换信息，各种不同的收发器支持不同的通信介质。如今已有多家公司提供收发器。

1. 双绞线收发器

第6章 LonWorks 网络控制技术

双绞线收发器是一种最通用的类型，配置双绞线收发器可满足性价比要求。双绞线收发器与 Neuron 芯片的接口有三种基本类型：直接驱动、EIA-485 和变压器耦合。

(1) 直接驱动

直接驱动接口使用 Neuron 芯片的内部收发器，适合用于网络上的所有节点在同一个大设备中使用同一个电源的场合。例如，在使用背板的设备中，所有节点的通信通过背板来完成，此时可以使用直接驱动方式。

如果网络上的节点数不超过 64 个，且各节点使用普通电源供电，电路板所支持的数据传输速率最高不超过 1.25Mbit/s，传输距离可达 30m（使用 UL 级 VI 类线）。

(2) EIA-485

EIA-485 接口是现场总线中经常使用的电气接口，LonWorks 网络也同样支持该电气接口。通常市售的 EIA-485 收发器能支持多种数据传输速率（最高达 1.25Mbit/s）以及多种通信介质。Neuron 芯片的通信端口必须在单端模式才能与 EIA-485 网络相连。典型电路能挂接 32 个节点，节点的数据传输速率为 39Kbit/s，传输距离可达 600m。

(3) 变压器耦合

变压器耦合接口适用于需要高性能、高隔离度和高抗干扰能力的应用场合，同时它也可以隔离噪声干扰，因此目前相当多的网络收发器采用变压器耦合方式。变压器耦合收发器的通信速率最高可达 1.25Mbit/s。由于有不同类型的变压器，开发者可开发自己的 2 线制或 4 线制的变压器耦合电路。表 6-2 为采用变压器隔离方式的几种收发器，其中 FT3120 和 FT3150 是智能收发器，后面会单独介绍。

表 6-2 采用变压器隔离方式的几种收发器

型号	通信速率	拓扑结构	节点数	传输距离	其他关键指标
FT3120 FT3150	78bit/s	自由结构——星型、菊花链型、总线型、环型、复合型	64	自由结构 500m；双端总线 2700m	集成了 Neuron 3120 或者 Neuron3150 处理器核心；嵌入式存储器用于应用程序代码和配置数据；高性能的外部变压器
FTT-10A	78bit/s	自由结构——星型、总线型、环型、复合型	64	自由结构 500m；双端总线 2700m；可由中断器延长	变压器隔离；无源时为高阻；与 FTT-10 和 LPT-10 兼容
LPT-10	78bit/s	自由结构——星型、总线型、环型、复合型	32@100 mA/节点 64@50 mA/节点 128@25 mA/节点	自由结构 500m；双端总线 2200m；可由中断器延长	为双绞线供电，与 FTT-10 和 FTT-10A 兼容
TPT/XF-1250	1.25Mbit/s	总线型	最多 64 个，与温度有关	130m（最大外接短线 0.3m）	变压器隔离

① FTT-10A 收发器

变压器耦合的收发器很多，其中收发器 FTT-10A 自由拓扑收发器的使用最为广泛。

FTT-10A 收发器支持没有极性、自由拓扑（包括总线、星形、环形、复合型）的互连方式。在传统的控制系统中，一般采用总线拓扑，通过带屏蔽的双绞线互连在一起。根据 EIA-485 标准，所有设备必须通过双绞线，采用总线方式互连在一起，以防止线路反射，保证可靠通信。FTT-10A 收发器很好地解决了这一限制，但采用自由拓扑是以距离为代价的，总线连接方式下传输距离可达 2700m，而其他连接方式下只有 500m。值得注意的是，对于总线拓扑，节点和总线的距离不能超过 3m。

表 6-3 为 FTT-10A 的管脚定义。FTT-10A 收发器包含一个隔离变压器、一个差分曼彻斯特编码通信收发器以及信号处理器件，它们被集成封装在一个塑胶外壳内。图 6-10 为 FTT-10A 和 Neuron 芯片互连的框图。图中虚线部分为高电压的瞬态抑制，两个尖端（在 PCB 设计中）的距离不超过 0.25mm，当电压超过 2000V 且上升时间大于 10^{-3} s 时，可以将电荷释放；而当电压不超过 2000V 但上升时间大于 10^{-5} s 时，也可通过瞬态抑制器释放电荷。瞬态抑制的地是大地，而不是板上的地，这样可使电荷直接传入大地，防止板上接地不良，导致板内电荷积累。同时 FTT-10A 采用变压器隔离，即使损坏也不会影响 Neuron 芯片。

FTT-10A 的管脚定义　　　　　　　　　　　　　表 6-3

名　称	管脚序号	功　　能
V_{CC}	1	5V DC 输入
NET_B	2	网络端口，连接双绞线，无极性
NET_A	3	网络端口，连接双绞线，无极性
RxD	4	Neuron 芯片 CP0
TxD	5	Neuron 芯片 CP1
CLK	6	收发器的时钟输入端，连接 Neuron 芯片 CLK2 管脚
T1	7	ESD 和瞬态保护
GND	8	接地
T2	9	ESD 和瞬态保护

② 电源线收发器 LPT-10

所谓电源线指的是通信线和电源线共用一对双绞线。使用电源线的意义在于：一方面所有节点通过一个 DC 48V 中央电源供电，这对于电力资源匮乏的地区具有非常重要的意义。例如长距离的输油管线的监测，每隔一段距离就设置一个电源对节点供电显然是不经济的，使用电池也有经常替换的问题。另一方面，通信线和电源线共用一对双绞线可以节约一对双绞线。

电源线收发器由于采用的是直流供电，所以可以和变压器耦合的双绞线直接互连。

③ FT3120 和 FT3150 智能收发器

FT3120 和 FT3150 智能收发器是 Echelon 公司第三代产品中的一个重要产品。FT3120 和 FT3150 智能收发器将 Neuron 芯片 3120 及 3150 的网络处理核心与自由拓扑的收发器合成在一起，生成一个低成本的智能收发器芯片。该芯片和 Echelon 公司的高性能通信变压器配套使用，从封装到功能完全和 TPT/FTT-10 兼容，可以直接同使用 TPT/FTT-10 或 LPT-10 收发器的节点通信并存于同一通道。该收发器符合 ANSI/EIA709.3

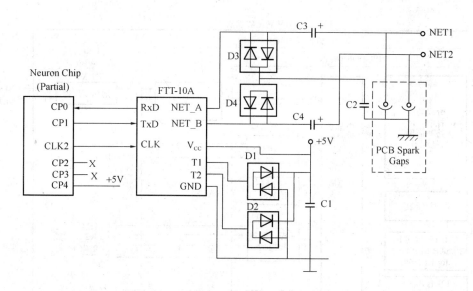

图 6-10 FTT-10A 和 Neuron 芯片的互连

标准,速率为 78kbit/s,支持双绞线自由拓扑和总线型拓扑,因而布线灵活,使系统安装简便,系统成本降低,同时可提高系统的可靠性。该收发器具有对电磁场的干扰隔离功能,可用于恶劣的环境中,能够防御来自电动机和开关电源等方面的电磁干扰,并且即使在一些典型的工业和交通现场出现强大的共模干扰时也能可靠地工作。该芯片只需极少的外部电路和软件配合工作,因此降低了开发成本和节省了时间,并且还可以与其他的主处理器相连。比如可同时与 Echelon 公司的 ShortStack 微服务器以及其他主处理器芯片一起运用,形成一个基于主机的节点。该芯片具有 Neuron3120 和 3150 相同的控制功能,其内嵌的 2KB RAM 用于缓冲网络数据和网络变量,也带有 34 种可编程标准 I/O 模式的 11 个 I/O 管脚;在每个芯片中也有独一无二的 48 位 ID。

FT3120 智能收发器支持 40MHz 主频,同时内置的 EEPROM 为 4KB,给任务开发提供了更多的空间。图 6-11 为 FT3120 或 FT3150 智能收发器结构框图。图 6-12 为基于 FT3120 或 FT3150 智能收发器的节点示意图。表 6-4 是智能收发器产品列表。

智能收发器产品列表 表 6-4

生产厂商	产品型号	外部存储器	ROM	EEPROM	SRAM	收发器	电源	最大时钟频率	封装
Echelon	FT 3120-E4S40	N/A	12KBIT	4KBIT	2KBIT	TP/FT-10	5V	40MHz	SOIC-32
Echelon	FT 3120-E4P40	N/A	12KBIT	4KBIT	2KBIT	TP/FT-10	5V	40MHz	TQFP-44
Echelon	FT 3150-P20	58KBIT	N/A	0.5KBIT	2KBIT	TP/FT-10	5V	20MHz	TQFP-64
Echelon	PL 3120-E4T10	N/A	24KBIT	4KBIT	2KBIT	PL-20	5V	10MHz	TSSOP-38
Echelon	PL 3150-L10	58KBIT	N/A	0.5KBIT	2KBIT	PL-20	5V	10MHz	LQFP-64

2. 电力线收发器

电力线收发器是将通信数据调制成载波信号或扩频信号,通过耦合器耦合到 220V 或其他交直流电力线上,甚至没有电力的双绞线上。这样做的好处是利用已有的电力线进行数据通信,大大减少了通信中遇到的繁琐布线。LonWorks 电力线收发器提供了一种简

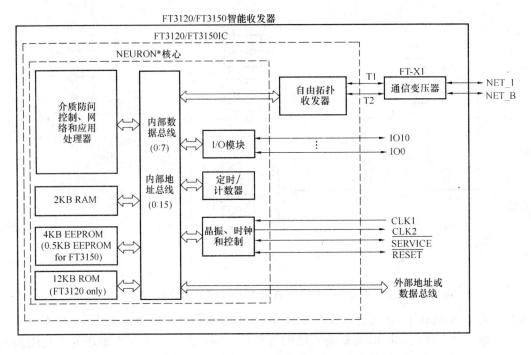

图 6-11 FT3120 或 FT3150 智能收发器结构框图

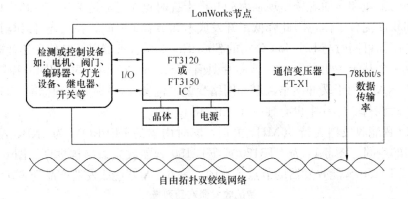

图 6-12 基于 FT3120 或 FT3150 智能收发器的节点示意图

单、有效的方法,可将 Neuron 节点加入到电力线中。

电力线上通信的关键问题是电力线间歇性噪声较大,即电器的启停、运行都会产生较大的噪声,信号衰减很快,信号畸变,线路阻抗也经常波动。这些问题使得在电力线上通信非常困难。Echelon 公司提供的几种电力线收发器,针对电力线通信的问题进行了以下几方面的改进:

(1) 每一个收发器包括一个数字信号处理器 (DSP),完成数据的接收和发送。

(2) 采用短报文纠错技术,使收发器能够根据纠错码恢复错误报文。

(3) 采用动态调整收发器灵敏度算法,根据电力线的噪声动态改变收发器灵敏度。

图 6-13 示出了典型电力线收发器的结构框图。

目前经常使用的电力线收发器包括两类,即载波电力线收发器和扩频电力线收发器

第 6 章 LonWorks 网络控制技术

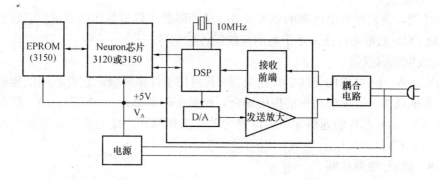

图 6-13 典型电力线收发器的结构框图

(spread spectrum)。表 6-5 列出了 3 种电力线收发器的性能,其中 PLT-22 是第三代电力线收发器,目前使用最为广泛。

几种典型的电力线收发器 表 6-5

收发器	通信介质	比特率	拓扑	距离	节点个数	方式	重要属性
PLT-10A	电力线	10kbit/s	自由拓扑,支持现有的电力线和无电的双绞线	由发射-接收、衰减和接收噪音决定	32385	扩频	符合 FCC 标准
PLT-22	电力线	5.4kbit/s	自由拓扑,支持现有的电力线和无电的双绞线	由发射-接收、衰减和接收噪音决定	32385	载波	符合 FCC,加拿大标准和 CENELEC EN50065-1,可在 CENELEC B/C 波段和 A 波段操作(需换晶振),与 PLT-20 和 PLT-21 兼容
PLT-30	电力线	2kbit/s	自由拓扑,支持现有的电力线和无电的双绞线	由发射-接收、衰减和接收噪音决定	32385	载波	符合 CENELEC EN50065-1(125~140 频段)

　　PLT-22 是一种运用电力线载波技术的收发器,它使控制系统和设备通过电力线通信。数据可通过现有的电力供电线路传播而无需重新布线,从而节省布线的成本。这种产品在家庭自动化以及市政电力的配套设施中都有着广泛的应用。PLT-22 电力线收发器符合 ANSI/EIA709.2 标准和欧洲 CENELEC EN50065-1 标准,可以在全球范围内使用。它使用先进的双载波频率以及数字信号处理技术,一旦启动双频模式,当主频段(125~140kHz)通信受阻时可自动切换至备用频段(110~125kHz)继续通信。它支持 CENELEC C 波段和 CENELEC A 波段应用,以满足民用以及欧洲电力系统的要求。该收发器包括了多项专利技术,使它能够克服电力线本身带来的多种问题,克服多种噪声源以及高衰减、信号失真、阻抗变化等问题,可以在恶劣的环境中可靠地工作。由于它本身内置的

先进技术性能，使它对外部电源的要求很低，从而降低了设备整体的成本。它可以通过带电（AC 或 DC）的电力线或是不带电的双绞线传输信号。

3. 无线射频收发器

符合 LonWorks 技术的无线射频收发器 RF 可用于许多场合，它有不同的频率范围可供选择。在低成本、低发射功率的应用场合，典型工作频率为 350MHz。与无线射频收发器接口时，Neuron 芯片的通信端口应设置为单端工作模式，此时能达到的最大数据传输速率为 4800Bit/s。

6.2.8 睡眠/唤醒机制

Neuron 芯片可在软件控制下进入低功耗睡眠模式，此时它关闭系统时钟和所有的定时器/计数器，但仍保留所有的状态信息，包括片内 RAM 的内容。当以下任一引脚输入发生跃变时，即可恢复正常操作：

(1) I/O 引脚（可屏蔽）：引脚 IO_4～IO_7 中的任一个。

(2) 服务（Service）引脚。

(3) 通信端口（可屏蔽）：差分模式对应引脚为 CP0 或 CP1，单端直接模式对应 CP0，专用模式对应 CP3。

应用程序可有选择地确定不让服务引脚及 IO_4～IO_7 引脚的可编程上拉电阻使能，以进一步降低功耗。

在睡眠模式期间，I/O 和服务引脚仍旧保持睡眠前的状态值。例如，如果 IO_0～IO_7 在睡眠模式前正在发送 1B 的数据，则睡眠期间此数据还保存在这些引脚中。如果应用程序试图把 Neuron 芯片设置为睡眠模式，而通信端口此时正在发送数据包，则 Neuron 芯片会等到数据包发送完以后才进入睡眠模式。另外，为确保睡眠期间禁止对存储器访问，Neuron 芯片的存储器操作引脚为非激活状态（高电平）。当检测到唤醒事件（服务引脚有跳变、I/O 引脚或通信端口有唤醒信号）时，Neuron 芯片启动振荡器并等待它稳定，完成内部维护后恢复操作。

6.2.9 看门狗定时器

为保证在软件出错和存储器故障时不死机，Neuron 芯片为 3 个处理器各提供 1 个看门狗定时器。如果应用程序或系统程序不能周期性地复位这些定时器，Neuron 芯片将自动复位。在输入时钟频率为 10MHz 时，看门狗的时间周期大约为 0.84s，并与输入时钟频率成反比。Neuron 芯片在睡眠模式时，所有的看门狗定时器都将关闭。

6.2.10 复位

复位（$\overline{\text{RESET}}$）引脚是一漏极开路、双向且低电平有效的 I/O 引脚，其内部有一个电流源充当上拉电阻。复位引脚既可以被外部信号置为低电平有效，也可以在内部控制下产生低电平有效。Neuron 芯片内部复位电路含有低电压检测（Low Voltage Detector, LVD）电路，当电源电压（V_{DD}）低于阈值电压（V_{LVD}）时，复位引脚会被设成低电平，同时产生内部复位信号。

引起复位引脚复位的内部控制有：

(1) 软件（应用程序或来自于网络的复位信息）。

(2) 看门狗定时器超时。

(3) 检测到低压状态（$V_{DD} \leqslant 1.5V$）。

当复位引脚回到高电平后,Neuron 芯片从地址 0x0001 处启动初始化程序。

通常,复位引脚在下列情况下会起到关键作用:

(1) V_{DD} 上电(保证 Neuron 芯片正常初始化)。

(2) V_{DD} 电源波动(V_{DD} 电压稳定后正常恢复 Neuron 芯片操作)。

(3) 应用程序恢复(如果应用程序由于地址或数据错误而失效,外部复位信号可恢复其正常操作;看门狗定时器超时也能触发软件复位)。

(4) V_{DD} 掉电(保证正常关机)。

需要注意的一点是,如果复位时 Neuron 芯片正处在 EEPROM 的写周期,则正在进行写操作的内存可能会发生错误。

在加电到电源电压稳定的过程中,复位引脚应始终维持低电平,避免启动出故障。

在保证 Neuron 芯片可靠工作的条件下,Neuron 芯片最简单的外接复位电路如图 6-14 所示。

有些 Neuron 芯片内部带有低压中断(Low Voltage Interrupt,LVI)电路。这类芯片是否需要外接 LVI 电路取决于系统设计的需要。若不能确保应用系统所使用的电源性能良好,最好还是使用外接 LVI 电路。一种带有外接 LVI 电路的复位电路如图 6-15 所示。C_e 为可选外部复位电容。LVI 电路的作用是在系统电源出现电压抖动或未完全掉电的情况下,检测电源电压 V_{DD} 是否低于规定的工作电压,若是,该电路将下拉复位线至低电平,Neuron 芯片重新初始化。

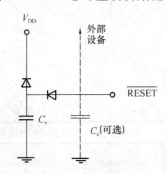

图 6-14 Neuron 芯片外接复位电路

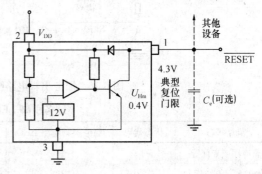

图 6-15 Neuron 芯片外接 LVI 的复位电路

由于 Neuron 芯片复位引脚是双向的,LVI 电路必须是集电极开路或漏极开路输出。如果 LVI 驱动使得复位引脚为高电平,在软件复位期间 Neuron 芯片将不能可靠地判断复位引脚是否为低电平。Neuron 芯片复位引脚的这种不确定性将引起一些有违常规的现象发生,如设备出现非应用错误、Neuron 芯片的复位电路损坏等。在复位引脚会受静电影响的应用场合,应增加一个适当的外部保护电路,即串一个 300Ω 左右的电阻。

6.2.11 电源

在进行电源部分的设计时,要考虑到 Neuron 芯片的电源消耗。电源消耗取决于多个因素,包括时钟速率、收发器类型、外部存储器和 I/O 等。此处采用 3120 E4 芯片对典型的 Neuron 芯片电流消耗情况加以说明。若 3120 E4 芯片的时钟速率为 10MHz,电流消耗量为 100mA;如果 3120 E4 处于睡眠模式,则电流消耗量为 25mA。

典型的收发器电流消耗值如表 6-6 所示。

典型收发器电流消耗　　　　　　　　　　　　　表 6-6

收发器类型	电流消耗
FTT-10 A	5mA RX，20mA TX，5V
PLT-22	16mA RX，13mA TX，5V 4mA RX，130mA TX，交流电压 10V
TPT/XF-1250	10mA，5V

6.2.12 服务引脚

服务（SERVICE）引脚在 Neuron 芯片中起着非常重要的作用，在设备配置、安装和维护时都需要使用该引脚。该引脚既可用作输入，也可作漏极开路输出。当其用作输出时，它能吸收 20mA 电流用于驱动一个 LED（称为 SERVICE 灯）；当其用作输入时，它有一个可选的片内上拉电阻使输入能被拉高为高电平而进入无效状态。图 6-16 示出了服务引脚的电路图。图中的 LED 灯可用来指示设备的状态，当应用程序代码未下载时，LED 长亮；当设备 Neuron 芯片存储区内有应用程序但还未配置网络信息时，LED 闪烁，频率是 0.5Hz；若设备已配置网络信息，则 LED 关闭。表 6-7 列出了电路上 LED 的状态。复位时，服务引脚的状态不确定。服务引脚的上拉电阻默认是使能。

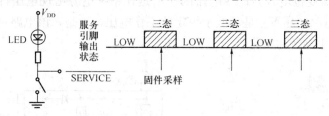

图 6-16　服务引脚电路图和输出状态示意图

服务引脚 LED 灯状态　　　　　　　　　　　　表 6-7

节点状态	状态代码	服务引脚电路 LED	节点状态	状态代码	服务引脚电路 LED
非应用或未配置	3	亮	已配置，硬件脱机	6	关闭
未配置（有应用）	2	闪烁	已配置	4	关闭

在 LonWorks 网络组建和安装中，首先必须将各个设备通过通信媒介（如双绞线，电力线）连接到网络上，但这仅仅提供了设备接收和发送信息的信道，还没有提供设备属于哪个系统，应该与什么设备共享数据，所以还需要说明这些设备的相关网络信息，这个过程称为设备的安装配置。设备配置可通过将 Neuron 芯片的服务引脚接地来完成。首先将需要安装配置的设备通过网络线与网络管理器相连，当服务引脚接地时，设备会在网上发送一个含有 Neuron 芯片 48 位 ID 值的网络管理报文，网络管理器将使用该报文中包含的信息来配置该设备的网络信息，为其指定一个逻辑地址，将其安装到网络上，以便能够和网络上的设备通信。

按下图 6-16 中的按钮可将服务引脚接地，网络管理器即可对该 Neuron 芯片所在设备进行配置。

6.2.13 时钟信号

Neuron 芯片内的振荡器电路要使用外接晶体或陶瓷振荡器来产生输入时钟。主要有效输入时钟频率为 20MHz、10MHz、5MHz、2.5MHz、1.25MHz 和 625kHz。还有一种方法获取输入时钟，即用外部产生的时钟信号驱动 Neuron 芯片上的 CMOS 输入引脚 CLK1，引脚 CLK2 必须悬空或用来驱动最多一个外部 CMOS 负载。

时钟频率的精确度在 ±1.5% 或更精确，以确保各设备能位同步。由于一些收发器需要更高的时钟精度，或者不能使用陶瓷振荡器，请查阅收发器手册。

Neuron 芯片以 2 的幂实现输入时钟的分频，从而获得芯片的系统时钟。系统时钟再 4 分频，为应用 I/O、网络通信端口和 CPU 的看门狗定时器提供时钟信号。

Neuron 芯片的典型时钟产生电路如图 6-17 所示。需要注意的是晶体或陶瓷振荡器需要尽可能安装在最接近 Neuron 芯片引脚处，以防止来自噪声和其他信号的干扰。

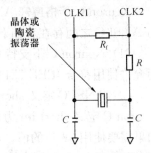

图 6-17　Neuron 芯片典型时钟产生电路

图 6-17 中各元件的典型值如表 6-8 所示。需要注意的是，所推荐的电容值包含杂散（分布电容），晶体振荡器或陶瓷振荡器厂商也可能推荐其他值。

时钟产生电路元件建议取值　　　　表 6-8

输入时钟频率	晶体振荡器		陶瓷振荡器	
	R	C	R	C
20.0MHz	120Ω	15pF	120Ω	7pF
10.0MHz	270Ω	30pF	270Ω	30pF
5.0MHz	470Ω	30pF	270Ω	30pF
2.5MHz	1.0kΩ	36pF	1.0kΩ	36pF
1.25MHz	1.2kΩ	47pF	1.2kΩ	47pF
0.625MHz	2.7kΩ	47pF	1.2kΩ	100pF

图 6-17 中的 $R_f=100\mathrm{k}\Omega$，使用陶瓷振荡器时需要 R_f，如果使用晶体振荡器则不需要 R_f。晶体振荡器可以是并联或串联型，推荐使用具有温度补偿特性的单片陶瓷电容器。

6.3　Neuron C 语　言

Neuron C 是专门为 Neuron 芯片设计的程序设计语言。它在标准 C 的基础上进行了自然扩展，直接支持 Neuron 芯片的固化软件，删除了标准 C 中一些不需要的功能（如某些标准的 C 函数库），并为分布式 LonWorks 环境提供了特定的对象集合及访问这些对象的内部函数。

Neuron C 提供了一些适用于 LonWorks 网络开发的新功能，增加了一个新的对象类——网络变量（network variable），网络变量分为输出和输入类型，LonWorks 网络上各节点之间可通过网络变量互传信息，且网络变量的传送工作由固件自动完成，开发人员只需在 Neuron C 应用程序中给网络变量赋值即可。此外，还增加了一个新的语句类型——when 语句，引入事件（events）驱动机制，整个应用程序用 when 语句引导。通过对 I/O

对象（object）的声明，使 Neuron 芯片的多功能 I/O 得以标准化，便于对多种类型的信号进行监控。

6.3.1 Neuron C 与 ANSI C 语言的区别

Neuron C 严格遵守 ANSI C 语言规则，但并不是对 ANSI C 的再次实现。Neuron C 与 ANSI C 之间存在着如下一些区别：

（1）Neuron C 不支持 C 语法或操作意义上的浮点运算，但它提供了一个浮点库，从而允许使用符合 IEEE 754 标准的浮点数。

（2）ANSI C 定义 short int 为 16 位或多于 16 位，long int 为 32 位或多于 32 位；而 Neuron C 定义 short int 为 8 位，long int 为 16 位。在 Neuron C 中，int 缺省为 short int。如果需要使用 32 位的值，可以使用 32 位有符号整数库。

（3）Neuron C 不支持 register 或 volatile 类。

（4）Neuron C 在自动变量定义时不对其赋初值。

（5）Neuron C 不支持将结构体（structure）和共用体（union）作为过程参数或作为函数的返回值。

（6）Neuron C 的网络变量结构不能包括指针。

（7）Neuron C 不支持指向定时器、消息标签（Message Tag）和 I/O 对象的指针。

（8）Neuron C 指向网络变量和 EEPROM 变量的指针被当作是指向常量的指针（例如，被这个指针引用的变量的内容可读但不能被修改）。在特殊情况及某些限制下，指针可用于修改内存。

（9）Neuron C 的宏被扩展后，宏参数才能被重复扫描。宏操作符"♯"和"♯ ♯"在嵌套的宏表达式中出现时，不能像 ANSI C 定义的那样产生相应的结果。

（10）Neuron C 的网络变量名和报文标签被限定在 16 个字符以内。

（11）一些标准 C 库函数（如 memcpy（）和 memset（）等）被 Neuron C 所保留。NeuronC 还提供有针对字符串和字节的操作库，从而允许用户使用定义在〈string.h〉头文件中的标准 C 函数的子集。其他的标准 C 库函数（如文件 I/O 和存储分配函数等）并不包括在 Neuron C 中。

（12）Neuron C 包括三个标准头文件：〈stddef.h〉、〈stdlib.h〉和〈limits.h〉。

（13）无论何时何地如果出现函数调用先于函数定义的情况，Neuron C 要求使用函数原型。

（14）Neuron C 包含了一些补充的保留字和语法。这些保留字和语法并不包括在 ANSI C 中。

（15）Neuron C 支持二进制常数，作为对八进制和十六进制的补充。二进制常数以 0b（二进制数）的形式定义。例如，0b1101 等于十进制数 13。

（16）Neuron C 支持来自 C++ 的//... 注释格式，作为对传统/*...*/注释格式的补充；在//... 格式中，两个斜杠（//）开始一个注释行。注释在行的末尾结束，没有结尾标点。

（17）Neuron C 不再使用 main（）函数结构，而是代之以由 when（）语句和函数组成的 Neuron C 程序的可执行对象。一系列的执行总是从一个 when 语句开始。

（18）Neuron C 不支持在分离的编译单元中包含多个源文件，但支持 ♯include 指令。

(19) Neuron C 不支持标准 C 的预处理指令＃if、＃elif 和＃line，但支持＃ifdef、＃else 和＃endif。

6.3.2 事件驱动（event driven）

Neuron 芯片的任务调度采用事件驱动方式，即当一个给定的 when 语句中的条件变为真时，与该条件相关联的应用程序代码（称为任务（task））被执行。调度程序允许自定义条件和任务，任务作为特定事件的结果而被运行，如输入引脚状态的改变、接收一个网络变量的新值或定时器的终止等。也可以指定某些任务作为具有优先级的任务，以便它们能得到优先服务。

6.3.3 when 语句

一个 when 语句中包含一个表达式，当表达式为真时，则表达式后面的代码（task）被执行。下面是一个简单的 when 语句和与之相关联的定时关闭 LED 显示灯的任务：

```
when (timer_expires (led_timer))
{
    //turn off the LED
    io_out (io_led, OFF);
}
```

在这个例子中，当应用定时器 led_timer（在某处定义的）时间到后，紧跟在 when 语句后的代码段被执行，以便关闭指定的 I/O 对象 io_led（该 io_led 对象也在程序的某处被预先定义），这里假定该 I/O 对象所对应的 Neuron 芯片输出引脚外接一指示灯。一旦任务执行完毕，则 timer_expires 事件被清除，而其任务也将不再被理睬，直到 led_timer 定时器再一次终止，when 语句再次被检测为真，则会再次执行所对应 when 语句后的代码段。

定义在 when 语句中的事件一般分为两种类型：预定义事件和用户定义事件。预定义事件使用编译程序内部固有的关键字。预定义事件的例子包括输入引脚状态的改变、网络变量的改变、计时器终止和报文的接收等。用户定义事件可以使用任何有效的 Neuron C 表达式。

用户定义事件和预定义事件的区别并不是非常严格的，但由于预定义事件使用的代码空间较少，因此要尽可能使用预定义事件。

1. 预定义事件

前面出现过的事件 timer_expires 是一种类型的预定义事件。某些 I/O 事件和网络变量事件后面可能加有修饰符（modifier）以限制事件的作用域。

预定义事件都有唯一确定的关键字，常使用的预定义事件有：

```
io_changes              //当输入 I/O 对象的输入值发生改变
io_update_occurs        //输入 I/O 对象值改变，只对定时器/计数器 I/O 对象有效
nv_update_occurs        //输入网络变量接收到新值或调用 poll () 函数查询网络变量
nv_update_completes     //输出网络变量发送完成
nv_update_fails         //输出网络变量发送失败
nv_update_succeeds      //输出网络变量发送成功
offline                 //接收到 offline（使节点离线）网络管理报文
online                  //接收到 online（使节点在线工作）网络管理报文
```

```
    reset                        //Neuron芯片被复位
    timer_expires                //定时器定时间隔到
```
预定义事件还可以用作子表达式，包括在 if、while 和 for 语句的控制表达式里，例如：

```
#define OFF 0 //预定义 OFF 为 0
IO_0 output bit io_led；//定义 IO_0 引脚为输出 I/O 对象，且为 Bit（只有高、低
//两种电平）类型
mtimer t；//定义一个以毫秒为计时单位的定时器 t
when（事件）
{ …
if（timer_expires（t））//定时器 t 时间到时为真
io_out（io_led，OFF）；//io_led 对象对应的 IO_0 引脚输出低电平
…
}
```

在使用 Neuron C 编程的过程中，任何内部预定义事件关键字表达式（例如 timer_expires（t））与其他子表达式和任何被标准 C 表达式语法允许的组合都被同等对待。

2. 用户定义（user_defined）事件

用户定义事件可以包含赋值和函数调用。调用复杂函数时一定要谨慎，因为它们影响程序中所有其他事件的响应时间。在用户定义的事件内，只能对全局变量赋值。

例如：
```
int a；
…
when（a==0）//用户自定义 a=0 时间为真时，执行后面的程序代码
{
…
}
```

3. reset（复位）事件

在 Neuron 芯片由于某种原因被复位（如芯片刚上电、人为将$\overline{\text{RESET}}$引脚接低电平等）后 reset 事件为真。芯片被复位后所执行的第一个任务为 reset 事件的任务，而 I/O 对象和全局变量在处理任何事件之前被初始化。

格式为：when（reset）

4. when 语句的调度

调度程序以循环（round-robin）的方式检测以队列形式登录的 when 语句：每一个 when 语句都由调度程序检测，如果为真（TRUE），则与其相关联的任务就被执行；如果 when 语句为假（FALSE），调度程序将继续检查后面的 when 语句。在检查完最后一个 when 语句后，调度又返回至队列首部重复执行上述过程。

（1）when 语句的语法

when 语句的语法为

［priority］when（事件）
{

任务
}

(2) 优先级 when 语句

priority 关键字用于设定一种 when 语句。这种 when 语句被检测的次数多于无优先级的 when 语句。优先级 when 语句在每次调度程序运行时以指定的顺序被检测。如果任何优先级 when 语句被检测为真，则与它相对应的任务就被执行。然后调度程序又重新回到优先级 when 语句队列头，从头开始检测优先级 when 语句。

使用优先级 when 语句必须仔细考虑。因为优先级 when 语句太多的话，将使无优先级的 when 语句被"挂起"，即不被执行。如果一个优先级 when 语句在大部分时间里都为真，它将独占处理器时间。

如果任何一个优先级 when 语句都没有被检测为真，调度程序才以如前所述的循环方式检测无优先级 when 语句。如果选上的无优先级 when 语句检测为真，它的任务被执行，然后调度重新回到第一个优先级 when 语句处；如果该无优先级 when 语句被检测为假，则它的任务被忽略，调度程序重新回到第一个优先级 when 语句处。

(3) 任务调度

Neuron 芯片固件内含任务调度器。任务调度是基于事件驱动的，当给定的条件为"真"时，对应于这个条件的任务代码就被执行。调度器允许程序员定义一些任务使之在某些事件发生后执行，类似一个输入引脚的电平改变、接收到一个网络变量的最新值或一个定时器溢出都可以称作事件。还可以指定某些任务为优先任务，这样优先任务就可以获得即时服务。

调度器以一种轮转的方式计算 when 语句的条件表达式，如图 6-18 所示。

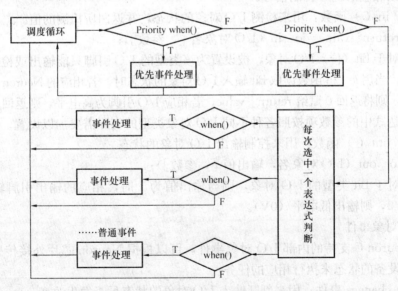

图 6-18 Neuron 芯片固件的任务调度

当计算每个 when 语句的表达式时，如果为"真"，相应的任务代码就会被执行；如果表达式为"假"，调度器就转而检查以下的 when 条件表达式，检查完最后一个 when 语句后，调度器则转向开关，重新对整个轮转的条件表达式进行计算。

对一个 when 语句冠以 Priority 前缀，可以使之比无优先的 when 语句检查得更为频繁。每次调度器运行时，按声明的次序首先计算优先的 when 语句。如果任何一个优先的 when 语句计算为"真"，则执行相应的任务，然后调度器又从最开头的优先 when 语句开始检查；如果没有任何一个优先的 when 语句计算为"真"，则会依次开始计算无优先的 when 语句，同样以先前描述的方式从轮转之中选择一个；如果被选中的无优先 when 语句计算为"真"，它的任务即被执行，然后调度器恢复到最优先的 when 语句进行检查。

6.3.4 I/O 对象（I/O object）

Neuron 芯片的 I/O 对象是指芯片 11 根 I/O 引脚的操作方式，在实现 I/O 功能之前，用户必须首先说明 I/O 对象的类型。在默认状态下，任何没有说明的引脚是不被使用的，因此也是非活动的，在非活动状态，引脚处于高阻抗状态。

Neuron C 可以使用的 I/O 对象有多种，包括：直接（direct）I/O 对象、定时器/计数器（timer/counter）对象、串行（serial）I/O 对象和并行（parallel）I/O 对象。直接 I/O 对象基于 I/O 引脚的逻辑电平，这些 I/O 对象不使用任何 Neuron 芯片的硬件定时器/计数器，可以使用这些对象在同一 Neuron 芯片内实现多路复用、叠加组合；定时器/计数器 I/O 对象使用 Neuron 芯片内部的硬件定时器/计数器电路，Neuron 芯片有两个定时器/计数器电路，其中一个输入可以多路复用，另一个有一个专用的输入（参见图 6-6），主要用于检测节点的模拟量输入信号或输出模拟量信号对阀门等进行控制。

1. Neuron C 支持的内部 I/O 函数

为实现 I/O 功能，需要使用内部 I/O 函数 io_in()、io_out() 等来读取 I/O 对象的状态和输出相应的 I/O 控制信号。

(1) io_in() 函数：用来检测 I/O 对象的状态，并返回所检测的值。

语法：return_value=io_in（I/O 对象名 [，参数]）;

例如，对于 Bit（位）I/O 对象，被设置为该类型的 I/O 引脚只能输出或检测高、低两种电平信号。当用 io_in 函数读取 Bit 输入 I/O 对象的状态时，若相应的 Neuron 芯片 I/O 引脚为低电平，则将返回 0 赋给 return_value，若相应 I/O 引脚为高电平，则返回 1。

语法表达式中的参数项按照各种不同 I/O 对象类型的实际需要加以设置。

(2) io_out() 函数：用来控制输出 I/O 对象的状态。

语法：io_out（I/O 对象名，输出值 [，参数]）;

例如，对于 Bit 类型的 I/O 对象，则当输出值为 1 时，相应的输出引脚输出高电平（5V），若为 0，则输出低电平（0V）。

2. I/O 对象事件

利用 Neuron C 支持的内部 I/O 对象事件，可以根据 Neuron 芯片外接传感器、变送器、开关等设备的状态来执行相应的任务。

(1) io_changes 事件：用来判断输入 I/O 对象的状态是否发生改变。

语法：io_changes（I/O 对象名）[by value | to value]

by 修饰字的作用：从上一次该事件为真后，若 I/O 对象改变了 value 所对应的量，io_changes 事件为真；

to 修饰字的作用：若 I/O 对象改变为 value 所对应的值，io_changes 事件为真。

若未加修饰字,则 I/O 对象状态发生变化时,事件为真。例如,对应于 Bit 类型的对象,当与之对应的 I/O 引脚的高、低电平状态发生改变时,该事件为真。

(2) io_update_occurs 事件:只适用于定时器/计数器 I/O 对象,用来判断定时器/计数器输入 I/O 对象是否有更新值。

语法:io_update_occurs(I/O 对象名)

当输入定时器/计数器 I/O 对象有更新值时,该事件为真。

3. input_value 内部变量

input_value 是 Neuron C 的内部变量,是 unsigned long 类型,它用来表示输入 I/O 对象读取的状态值,只在 io_changes 或 io_update_occurs 事件发生后有效,input_value 可以像其他的 Neuron C 变量一样使用。

6.3.5 软件定时器

Neuron C 语言提供有两种软件定时器,即毫秒定时器和秒定时器。毫秒定时器的定时范围为 1~64000ms,秒定时器的定时范围为 1~65535s。软件定时器对象与 Neuron 芯片中的两个硬件定时器/计数器不同,它是由软件实现的。在一个 Neuron C 应用程序中最多可以定义 15 个软件定时器(包括毫秒定时器和秒定时器)。

声明软件定时器对象的语法如下:

mtimer [repeating] timer-name [=初始值];

stimer [repeating] timer-name [=初始值];

其中:mtimer 定义毫秒定时器对象;stimer 定义秒定时器对象;repeating 为可选项,可以让定时器在触发后自动重新定时。

对定时器对象赋予定时范围内的数就可以启动定时器,赋零值可以停止定时器。当定时器的定时间隔到时,timer_expires 事件为真,这样可以通过检查 timer_expires 事件来定时执行特定的任务。例如:

stimer led_timer=1; //在程序启动时将定时时间定义为 1 秒;

when (timer_expires (led_timer)) //1 秒时间到后 timer_expires() 事件为真

{

io_out (io_led, OFF);

}

6.4 网络变量(network variables)

6.4.1 网络变量的概念

网络变量是设备中的一个对象,可以与一个或多个其他设备的网络变量相连接,用于在网络上互传信息。网络变量可以为输入,也可以为输出,允许在控制网络中共享数据。无论何时,如果一个程序更新了它的输出网络变量的值,则该值通过网络传给所有与该输出变量相连接的其他设备的输入网络变量。虽然网络变量通过 LonTalk 报文传播,但报文的传送是透明的,应用程序不需要任何显式的指令来接收或发送更新后的网络变量。

设备在通过 SERVICE 引脚安装在网络上后,可以与网络上的其他设备通过网络变量进行逻辑连接,此时发送方设备的网络变量类型必须和接收方网络变量数据类型相匹配。

LonTalk 协议提供有标准网络变量类型（SNVT）和配置参数，是对互操作性的进一步支持，SNVT 是具有相应单位（如伏特、摄氏度、米等）的预定义类型的集合，是由 Neuron C 内部定义的变量类型，用户可以根据实际需要选用，具体类型可参考 Echelon 公司提供的标准网络变量表。

在每个互相独立的设备程序中，对所使用的网络变量首先要加以定义，然后才能使用。需要将设备中的输出网络变量与另外一个或多个设备中的输入网络变量先行进行连接（connect）或绑定（binding），则当设备程序赋新值给该输出网络变量后，该新值经网络传播到所有与之连接的其他设备输入网络变量处。网络变量的报文发送和接收是自动完成的，不需要开发人员在这方面花费时间和精力。

网络变量还提供了自文档 SD（Self-Documentation）功能。程序员利用该功能创建一个包括网络变量名、特殊的安装指令等的文本字符串。该信息与应用程序一起存储在设备里。自文档还可用于指定网络变量隶属的 LONMARK 对象。

一个设备通常包含它本身及它的网络变量的信息，该信息称作自标识——SI（Self-Identification）。

在 Neuron 芯片上运行的 Neuron C 应用程序最多可声明 62 个网络变量。主机（host）应用程序可以声明更多的网络变量。

6.4.2 标准网络变量

为了使来自多个制造商的产品能方便地使用网络变量实现互操作性，网络变量数据格式的定义必须是一致的。例如，所有的温度值在网络上传送时必须是同一种格式，或者是绝对温标、摄氏或是华氏，但是只能选择其中的一种作为真正的互操作标准，这个标准的选择是由 LonMaker 协会完成的。迄今为止，LonMaker 协会已经定义并公布了一百多个通用的网络变量，这些变量被称为标准网络变量类型（SNVT）。标准网络变量不限定数据在网络工具中显示形式，例如，尽管温度值用绝对温标或华氏值被传送，它们可很容易地在网络工具使用者的控制下以华氏或摄氏值进行显示。

6.4.3 网络变量定义

网络变量定义语法为：

network input | output ［修饰字］［存储类］变量类型 ［连接信息］网络变量名 ［=初值］；

如果定义数组网络变量（一维），语法为：

network input | output ［修饰字］［存储类］网络变量类型 ［连接信息］网络变量名 ［数组长度］［=初始值］；

说明：

(1) input | output：说明是输入网络变量，还是输出网络变量。

(2) 对网络变量进行说明可使用下列任何类型：

① 标准网络变量类型 SNVT。使用 SNVT 提高了互操作性。

② 除指针外所有指定的网络变量类型。这些类型是：

［signed］ long int
unsigned long int
signed char

[unsigned] char
[signed] [short] int
unsigned [short] int
enum（int type）

③typedef 类型。Neuron C 提供了一个预定义的 typedef（类型定义）：

typedef enum {FALSE，TRUE} boolean；

用户可定义自己的 typedef。

（3）网络变量修饰字（可选）：

sync | synchronized：定义网络变量为同步网络变量。只要发生同步网络变量的赋值，所赋的值必须一一发送，不丢一个值。如果定义时没有设置该选项，即非同步网络变量，调度程序就不能保证每次赋予的值都能被发送出去，例如，如果网络变量赋值过于频繁以至于调度程序来不及传送，那么调度程序将丢掉某些中间值。

polled：仅为输出网络变量选用，定义网络变量为被轮询输出网络变量，只有在该网络变量的接收方设备发送轮询请求时，该网络变量的值作为响应才被发送。当未选用时，网络变量每次赋值，赋予的值都将传送。不过，无论输出网络变量是否选用该修饰字，任意读设备总是能轮询与之连接的写设备的输出。此外，Neuron C 还提供有 propagate（ ）函数用于向网上主动发送被轮询输出网络变量的值，这样就不一定非要等轮询请求消息。

sd_string：用于设置网络变量的自编文件串，最长为 1023B。这个修饰字在每个网络变量定义时只能出现一次，且放在 sync 或 polled 修饰字后面。sync 和 polled 不能同时使用，即它们是独占的工作方式。

（4）网络变量的存储类别：

const：指定应用程序不能修改的网络变量。该类别的输出网络变量存放在 ROM 或 EEPROM 中，输入网络变量则存放在 RAM 中。

eeprom：允许应用程序将网络变量值存放到 EEPROM 或闪存内，以免设备掉电时有些数据会丢失。使用该类别网络变量时要注意，对该种变量的修改是有限的。当程序装载时，该类别网络变量的初始值生效，复位后这些变量不会再初始化。

config：由输入网络变量使用，指定存放在 EEPROM 中的 const 类别的网络变量只能由另一个设备修改，这类网络变量通常由网络管理器来配置应用任务。

某个网络变量的存储类别可以是上述几种的组合，如果没有指定存储类别，网络变量就是全局变量，存放在 Neuron 芯片的 RAM 内。

（5）网络变量连接信息（用来指定网络变量连接的各可选属性）：

offline：用于告知网络管理器在对该网络变量修改之前，设备应离线（offline），该选项通常由 config 类别的网络变量选用。

unackd | unackd_rpt | ackd [（config | nonconfig）]：指定网络变量采用的 LonTalk 协议报文服务类型，允许的报文服务类型有无应答、无应答重发以及应答服务（默认）。若选择 config，则允许网络管理器在安装设备时修改报文服务类型，若选择 nonconfig，网络管理器不能修改报文服务类型。

authenticated | nonauthenticated [（config | nonconfig）]：指定网络变量修改是否需要鉴别服务。如果选用 authenticated，接受设备将对发送设备的身份进行鉴别，如果身份不

符可以拒收网络变量值，这里也可以用 auth｜nonauth。config 和 nonconfig 用于指定网络管理器是否可以修改鉴别服务的选择。默认是 nonauth（config）。

priority｜nonpriority[(config｜nonconfig)]：指定该网络变量的修改报文是否能优先传送。config 和 nonconfig 用于指定网络管理器是否可以修改优先服务的选择。默认是 nonpriority（config）。

以上各选项的前后顺序不受限制。

6.4.4 赋初值

对 eeprom 和 config 类别的网络变量，它们的初值可以作为应用程序映像的一部分被装载。如果网络变量不是 const、eeprom 或 config 类别的，那么在复位或加电时，初始值被装入。所有的网络变量，尤其是输入网络变量，应该适当赋初值，默认的初值是 0。无论网络变量是输入变量还是输出变量，变量的初值不能在网上传播。

6.4.5 网络变量轮询

在程序中可以随时用 poll（ ）函数查询输入网络变量的值，但是网络变量的值不能直接在 poll（ ）函数后获得，而由 nv_update_occurs 事件来获取查询的值。

语法：poll（[网络变量名]）；

若未指定网络变量名，则轮询设备中所有网络变量的值。

6.4.6 网络变量事件

Neuron C 中常用的网络变量事件有以下几种：

（1）nv_update_occurs 事件。它是一种常用的 Neuron C 的内部网络变量事件，用来判断输入网络变量是否收到新值。当与该输入网络变量相连接的另一设备上的输出网络变量被赋予新值，该输入网络变量的值自动更新。

语法：nv_update_occurs [（网络变量名）]

当输入网络变量收到新值或调用 poll（ ）函数时，该事件为真，若网络变量为数组，则数组中有任意一个元素收到新值或被查询时，该事件即为真。也可以不指定网络变量，此时若设备中任意输入网络变量收到新值或被查询，该事件为真。

（2）nv_update_succeeds 事件。当输出网络变量值成功发送时，或者轮询输入网络变量后，所轮询的值全都收到，该事件为真。

语法：nv_update_succeeds [（网络变量名）]

（3）nv_uodate_fails 事件。当输出网络变量值发送失败，或轮询输入网络失败，该事件为真。

语法：nv_update_fails [（网络变量名）]

（4）nv_update_completes 事件。在发送输出网络变量后（无论是否成功），或只要收到任意一个所轮询的输入网络变量值，该事件为真。

语法：nv_update_completes [（网络变量名）]

综上所述，网络变量是设备中的一个对象，输出网络变量可以与一个或多个其他设备的输入网络变量相连接。无论何时，如果一个程序更新了它的网络变量值，则该值会自动通过网络传递给所有的与该输出网络变量相连接的其他设备的输入网络变量。网络变量大大地简化了开发和安装分布式系统的过程，促进了设备间的互操作。

6.4.7 网络变量应用实例

现通过一个应用实例来对网络变量在节点应用程序中的定义和应用加以说明。图 6-19 所示是一个用开关控制灯的简单应用网络。网络中有两个节点,一个节点 Neuron 芯片的 IO_4 引脚外接一个开关(这里称之为开关节点),另外一个节点的 IO_0 引脚外接一盏灯(这里称之为灯节点)。控制的目的是希望用开关节点上的开关控制灯节点上的灯,两个节

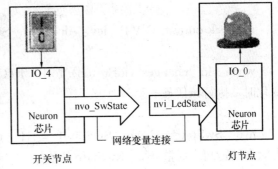

图 6-19 节点接线和网络变量连接图

点通过网络变量来传递控制信息。开关节点应用程序中定义了一个输出网络变量 nvo_SwState,灯节点应用程序中定义一个输入网络变量 nvi_LedState,这里需要将这两个网络变量利用网络管理工具连接在一起,要求这两个网络变量必须具有相同的网络变量类型。

在图 6-19 所示的两个节点中,开关节点的任务是:当开关的实际状态发生改变时,向网络上的其他节点发送新的开关状态,因此开关节点网络变量主要用于传播开关的状态;而灯节点的任务则是当从网络上接收到新的开关状态后,根据新开关状态控制节点上的 I/O 硬件开启或关闭电灯,因此灯节点的网络变量将被用于接收开关节点传来的网络变量值。

灯节点的应用程序

```
#include<snvt_lev.h>
#define LED_ON 1
#define LED_OFF 0

IO_0 output bit ioLED=LED_OFF; //定义 Bit 类型输出 I/O 对象

network input SNVT_lev_disc nvi_LedState=ST_ON; //定义网络变量

when (nv_update_occurs (nvi_LedState)) //当输入网络变量值更新时执行该任务
{
io_out (ioLED, (nvi_LedState!=ST_OFF)? LED_ON: LED_OFF); /*根据 nvi_LedState 的值控制电灯的开启或关闭*/
}
```

开关节点的应用程序

```
#include<snvt_lev.h>
#define BUTTON_DOWN 1
#define BUTTON_UP 0

IO_4 input bit ioButton=BUTTON_UP; //定义 Bit 类型输入 I/O 对象
```

network output SNVT_lev_disc nvo_SwState=ST_OFF；//定义网络变量

when (io_changes (ioButton) to BUTTON_DOWN) /* 当IO_4引脚状态发生变化时，执行该任务 */
{
nvo_SwState= (nvo_SwState! =ST_OFF)? ST_OFF：ST_ON；/* 根据开关状态设置网络变量 nvo_SwState 的值 */
}

说明：

snvt_lev.h 文件中含有对标准网络变量类型 SNVT_lev_disc 的定义，SNVT_lev_disc 是含有 6 个元素的枚举类型，其元素为 {ST_OFF，ST_LOW，ST_MED，ST_HIGH，ST_ON，ST_NUL}，非常适用于对一台设备多个状态的监控，如水箱水位等。

综上所述，网络变量是节点中的一个对象，输出网络变量可以与一个或多个其他节点的输入网络变量相连接。无论何时，如果一个程序更新了它的网络变量值，则该值会自动通过网络传递给所有的与该输出网络变量相连接的其他节点的输入网络变量。

6.5 显式报文（explicit message）

设备之间进行通信除了通过网络变量外，还可以通过更加灵活的显式报文来交换数据。

每一种类型的网络变量（实际上是一种隐式报文）的数据长度都是固定的，任何一种类型的网络变量的长度不能超过 31 B；而显式报文恰恰相反，它的数据长度是可变的。相同的报文码（message code）在一个应用场合中可能只包含 1 B 的数据，而在另一个应用场合中包含 25 B 的数据。在显式报文中，数据的最大长度为 228 B。因此，在数据量较大的应用场合（例如数据的长度大于 31 B）中，使用显式报文比使用网络变量更有效。

显式报文提供有四种服务方式：(1) 应答方式；(2) 无应答重发方式；(3) 无应答方式；(4) 请求/响应方式。

显式报文不像网络变量那样只需要简单地赋值就可将数据发送到网络中，它必须通过有关的函数显式地发送与接收。Neuron C 预定义了两个对象：msg_out 和 msg_in 来表示发送和接收的显式报文。

6.5.1 构成报文

输出报文对象的名字为 msg_out。这个定义被建立在 Neuron C 中，使用 msg_send() 函数发送该报文。在同一时间，只有一个输出报文和一个输入报文是可用的。例如，程序不能同时建造两个报文，也不能同时发送它们，并且两个输入报文不能同时被分析。其中 msg_out 的结构为：

typedef enum {FALSE, TRUE} boolean；
typedef enum {ACKD, UNACKD_RPT, UNACKD, REQUEST} service_type；

```
struct {
    boolean      priority_on;          //优先权
    msg_tag      tag;                  //报文标签
    int          code;                 //报文码
    int          data [MAXDATA];       //数据区
    boolean      authenticated;        //是否需要鉴别
    service_type service;              //服务类型
    msg_out_addr dest_addr;            //目标地址
}
```

说明：

（1）priority_on：若该报文作为优先级报文发送，则为其赋值 TRUE；若该报文是一个无优先级报文，则为其赋值 FALSE，或不为其赋值（即缺省值）。使用该域，应最先设置该域的值。

（2）tag：报文标签的标识符。注意该域是必需的。

（3）code：一个数字报文码，该域是必需的。

（4）data：报文中包含的数据。该域是可选的。一个报文可以只包含报文标签和报文码。由于网络缓存的开销，推荐的 MAXDATA 不要超过 228 B。

（5）authenticated：若报文是经过鉴别认证的，则指定其值为 TRUE；若报文是未被认证的，则指定其值为 FALSE，或不为其赋值（即缺省值）。

（6）service：指定为下列各项之一

① ACKD（默认）：应答服务和重试（retries）；

② UNACKD：无应答服务（unacknowledged service）；

③ UNACKD-RPT：无应答重发服务（报文发送多次）；

④ REQUEST：请求/响应服务，当报文使用该服务被发送，则接收设备返回一个响应给发送设备，发送设备处理这个响应。

⑤ dest_addr：在 msg_out 对象中是一个可选域，如果用显式地址发送报文，则应用程序应给该域赋值；如果没有设置 dest_addr，则报文被发送到与 tag 相关联的隐式地址。注意，使用该域必须包含头文件 addrdefs.h 和 msg_addr.h。

下面给出的是构建一个报文的例子：

```
msg_tag motor;
#define MOTOR_ON 0
#define ON_FULL 100
msg_out.tag=motor;
msg_out.code=MOTOR_ON;
msg_out.data [0] =ON_FULL;
```

6.5.2 发送报文

函数 msg_send() 和 msg_cancel() 可以控制报文何时被发送。

（1）msg_send() 函数

msg_send() 函数的语法如下：

void msg_send (void);

该函数使用 msg_out 对象发送报文。它没有任何参数,并且没有返回值。例如,报文发送代码为:

```
msg_tag motor;
#define MOTOR_ON 0
#define ON_FULL 100  //百分比
when (io_changes (switch1) to ON)
{
msg_out.tag=motor;
msg_out.code=MOTOR_ON;
msg_out.data [0] =ON_FULL;
msg_send ();  //对马达发送一个报文
}
```

(2) msg_cancel () 函数

msg_cancel () 函数取消一个输出报文,语法如下:

void msg_cancel (void);

该函数取消了为 msg_out 对象结构设置的报文释放相关缓存区,并允许构造其他的报文。它没有任何参数,也没有返回值。

如果一个报文构造后在任务退出之前没有被发送,则该报文被自动取消。

6.5.3 接收报文

程序通常通过预定义事件 when (msg_arrives) 接收报文。msg_receives () 函数也可被用来接收报文。

1. msg_arrives 事件

msg_arrives 是接收报文的预定义事件。它的语法是:

msg_arrives [(message_code)]

如果报文到达,该事件检测为真,该事件可选择由一个报文码 (message-code) 加以限定。在这种情况下,只有当包含指定码的报文到达时该事件为真。

当既使用非限定的 msg_arrives 事件,又使用限定的 msg_arrives 事件时,则必须指定 scheduler_reset 编译指令,以便在所有的限定事件 when 语句之后处理非限定事件 when 语句。使用该事件的示例如下:

```
#pragma scheduler_reset//编译指令 #pragma 用来设置 Neuron 芯片的系统资源及
//参数
when (msg_arrives (1))
{
    io_out (sprinkler, ON);
}
when (msg_arrives (2))
{
    io_out (sprinkler, OFF);
```

}
when（msg_arrives）//为处理意外的报文代码而设置的缺省情况
{
    //空语句
}

2. msg_receive（）函数

msg_receive（）函数的语法如下：

boolean msg_receive（void）；

该函数将接收到的报文送给 msg_in 对象。如果收到的是新报文，该函数返回 TRUE；否则返回 FALSE。如果未接收到任何报文，该函数并不等待。如果程序想在一个任务中接收到多于一个的报文，它可能需要使用该函数。

3. 输入报文对象

输入报文的对象名是 msg_in。该定义被建立在 Neuron C 里，通过检查对象中相应的域来读一个报文。

一个输入报文 msg_in 的结构在 Neuron C 编译器中被预定义如下：

```
struct {
    int             code;              //报文码
    int             len;               //报文数据长度
    int             data [MAXDATA];    //报文数据区
    boolean         authenticated;     //是否需要鉴别
    service_type    service;           //服务类型
    msg_in_addr     addr;              //报文地址
    boolean         duplicate;         //是否是报文副本
    unsigned        rcvtx;             //报文接收事务标识符
} msg_in;
```

说明：

(1) code：为一个数字报文码。

(2) len：报文数据的长度。

(3) data：包含在报文中的数据，该域只有当 len 大于零时才有效，MAXDATA 是 pragma app_buf_in_size 的函数。

(4) authenticated：如果报文是经过鉴别认证的，则该域的值为 TRUE；如果该报文是未被认证的，则该域的值为 FALSE。

(5) service：指定为下列各项之一

① ACKD（默认）：应答服务和重试（retries）；

② UNACKD：无应答服务（unacknowledged service）；

③ UNACKD-RPT：无应答重发服务（报文发送多次）；

④ REQUEST：请求/响应服务，当报文使用该服务被发送，则接收设备返回一个响应给发送设备，发送设备处理这个响应。

⑤addr：输入报文的可选域，应用程序可以决定报文的源和目的地址。在头文件＜

msg_addr.h>中可找到 msg_in_addr 的类型定义。

⑥ duplicate：为一个布尔标志。如果设置，它表明该报文是一个复制请求报文。如果应用设备的响应包含超过 1 B 的报文码，则复制请求报文被传送给应用设备。

⑦ rcvtx：接收事务 ID，报文在设备的事务数据库中使用它。

6.5.4 显式报文的应用例子

下面的例子演示了如何用显式报文代替网络变量进行开关设备和灯设备之间通信的方式和过程。

开关设备程序：

```
#define LAMP_ON 1
#define LAMP_OFF 2
#define ON 1
#define OFF 0
IO_4 input bit io_switch_in; //I/O 对象声明
msg_tag TAG_OUT; //报文标签声明
when (reset)
{
    io_change_init (io_switch_in);
}
when (io_changes (io_switch_in))
{
    //根据开关状态设置报文代码
    msg_out.code= (input_value==ON)? LAMP_ON：LAMP_OFF;
    //设置报文标签，并发送报文
    msg_out.tag=TAG_OUT;
    msg_send ();
}
```

灯设备程序：

```
#define LAMP_ON 1
#define LAMP_OFF 2
#define ON 1
#define OFF 0
IO_0 output bit io_lamp_control;
when (msg_arrives)
{
    switch (msg_in.code) {
    case LAMP_ON：
        io_out (io_lamp_control, ON);
        break;
    case LAMP_OFF：
```

```
            io_out (io_lamp_control, OFF);
            break;
    } //switch 语句结束
}
```

6.5.5 用于报文处理的其他事件和函数

与显式报文处理有关的其他函数、对象和事件简述如下。

1. 发送报文确认的事件

(1) msg_completes 事件

msg_completes 事件是一个最普通的事件，当一个输出报文完成，无论成功或失败，该事件变为 TRUE。

(2) msg_succeeds 事件

当一个报文被成功地发送，msg_succeeds 事件为 TRUE。

(3) msg_fails 事件

当一个报文发送失败，msg_fails 事件为 TRUE。

2. 用于请求/响应方式的函数、对象和事件

(1) resp_out 对象

输出响应对象的名字是 resp_out。响应从它所答复的请求中继承了它的优先级和鉴别。因为响应被返回到请求的初始点，所以不需要报文标签。由于同样的原因，响应也没有显式寻址功能。

在 Neuron C 编译器中，输出响应对象 resp_out 的定义如下：

```
struct {
        int code;                        //报文代码
        int data [MAXDATA];              //报文数据
} resp_out;
```

(2) resp_in 对象

输入响应对象的名字是 resp_in。在 Neuron C 编译器中，输入响应对象的结构定义如下：

```
struct {
        int code;                        //报文代码
        int len;                         //报文数据的长度
        int data [MAXDATA];              //报文数据
        resp_in_addr addr;               //显式地址
} resp_in;
```

(3) resp_send ( ) 函数

resp_send ( ) 函数使用 resp_out 对象发送一个响应。

(4) resp_cancel ( ) 函数

resp_cancel ( ) 函数取消被建立的响应，并释放相关联的 resp_out 对象，同时允许开始构造另一个响应。

(5) resp_arrives 事件

resp_arrives 事件是接收响应的预定义事件。如果响应到达，则该事件为 TRUE。该事件允许用一个报文标签加以限定。

(6) resp_receive( ) 函数

resp_receive( ) 函数将一个响应接收到 resp_out 对象中。如果接收到一个新的响应，该函数返回 TRUE；否则返回 FALSE。如果未接收到响应，该函数不等待响应的到来。如果程序在一个单独的任务中接收多于一个的响应，则程序可能需要使用该函数。当 resp_receive( ) 函数被调用时，如果已接收到一个响应，则先收到的响应被删除。

3. 用于显式地分配缓存区的函数

(1) msg_alloc( ) 函数

msg_alloc( ) 函数为输出报文分配一个无优先级缓存区。如果能够分配 msg_out 对象，函数返回 TRUE；如果 msg_out 对象不能被分配，函数返回 FALSE。

(2) msg_alloc_priority( ) 函数

msg_alloc_priority( ) 函数为输出报文分配一个优先级缓存区。如果优先级 msg_out 对象能够被分配，函数返回 TRUE；如果优先级 msg_out 对象不能被分配，函数返回 FALSE。

(3) msg_free( ) 函数

msg_free( ) 函数为一个输入报文释放 msg_in 对象。

(4) resp_alloc( ) 函数

resp_alloc( ) 函数为一个输出响应分配一个对象。如果能够分配 resp_out 对象，函数返回 TRUE；如果 resp_out 对象不能被分配，函数返回 FALSE。

(5) resp_free( ) 函数

resp_free( ) 函数为响应释放 resp_in 对象。

6.6 Neuron 芯片的 I/O 对象类别与应用编程

Neuron 芯片通过 IO_0~IO_10 共 11 根引脚与指定的外部硬件相连，这些引脚被称为应用 I/O，应用 I/O 可配置多种工作方式，可以很方便地实现与外部传感器、变送器和执行机构之间的联系。可通过编程将应用 I/O 设定为 34 种不同的对象（即 I/O 操作方式），允许用户根据需要灵活加以配置。

6.6.1 I/O 对象类型

按 I/O 对象的 I/O 方向来分，有输入、输出和双向三大类；按 I/O 对象的类型来分，有直接 I/O 对象、定时器/计数器 I/O 对象、串行 I/O 对象、并行 I/O 对象等。表 6-9 列举了 Neuron C 支持的非定时器/计数器 I/O 对象类型，表 6-10 列举了定时器/计数器 I/O 对象。表中所列的各种 I/O 对象可支持电平、脉冲、频率、编码等各种信号模式，它们与集成的硬件和固件一起可用于连接马达、阀门、显示驱动器、键盘、A/D 转换器、压力传感器、热敏电阻、开关量、继电器、可控硅、转速计、其他处理器和调制解调器等。

IO_4、IO_5、IO_6 和 IO_7 均有上拉电流源供选择上拉电阻用。应用程序中若加入 Neuron C 编译器的指令"#pragma enable_io_pullups"，上拉电阻使能。引脚 IO

_0、IO_1、IO_2及IO_3均有20mA（0.8V）的电流吸收能力。其他引脚电流吸收能力为标准值1.4mA（0.4V）。引脚IO_0～IO_7具有低电平检测锁存器。

非定时器/计数器 I/O 对象　　　　　　　表6-9

	I/O对象类型	注释	应用管脚	输入/输出值（信号）
直接 I/O 对象	Bit input/output	位输入/输出	IO_0～IO_10	0或1二进制数据
	Byte input/output	字节输入/输出	IO_0～IO_7	0～255二进制数据
	Levcldetect input	电平检测输入	IO_0～IO_7	逻辑0电平检测
	Nibble input/output	半字节输入/输出	IO_0～IO_7中任意相邻的4个管脚	0～15二进制数据
并行 I/O 对象	Parallel input/output	并行输入/输出	IO_0～IO_10	执行令牌传递/握手协议的并行双向I/O端口
	Muxbus input/output	多总线输入/输出	IO_0～IO_10	有着多种寻址选择的并行双向I/O端口
串行 I/O 对象	Bitshift input/output	位移输入/输出	IO_7、IO_8以外的任意一对相邻的管脚	最多10bit定时数据
	I²C input/output	I²C输入/输出	IO_8+IO_9	最多255B的双向串行数据
	Magcard input	磁卡编码输入	IO_8+IO_9+IO_0～IO_7	磁卡阅读机输出的数据流编码标准ISO 7811 track2
	Magtrackl input	磁迹1输入	IO_8+IO_9+IO_0～IO_7	磁卡阅读机输出的数据流编码标准ISO 3554 track1
	Serial input	半双工串行输入	IO_8	8bit字符，传输速率可为600、1200、2400、4800bit/s
	Serial output	半双工串行输出	IO_10	8bit字符，传输速率可为600、1200、2400、4800bit/s
	Touch input/output	Dallas接触输入/输出	IO_0～IO_7	最多2048bit的输入或输出
	Wiegand input	维甘德输入	IO_0～IO_7任意相邻的一对管脚	来自Wiegand卡阅读器的编码数据流
	Neurowire input/output	全双工同步串行I/O	IO_8+IO_9+IO_10+IO_0～IO_7	最多256bit双向串行数据

定时器/计数器 I/O 对象　　　　　　　　　　　　　　　　　　　　　　表 6-10

I/O 对象类型		注　释	应用管脚	输入/输出值（信号）
定时器/计数器 I/O 对象	Dualslope input	双积分输入	IO_0、IO_1+IO_4~IO_7	双积分 A/D 转换电路的比较器输出
	Edgelog input	边沿跳变时间间隔序列输入	IO_4	有跳变的输入数据流
	Infrared input	红外输入	IO_4~IO_7	来自红外线解调器的编码数据流
	Ontime input	逻辑电平持续时间输入	IO_4~IO_7	脉宽 0.2μs~1.678s
	Period input	周期输入	IO_4~IO_7	信号周期 0.2μs~1.678s
	Pulsecount input	脉冲计数输入	IO_4~IO_7	0.839s 期间可有 0~65535 个输入边沿
	Qusdrature input	正交输入	IO_4+IO_5、IO_6+IO_7	±16383 二进制 Gray 码转换
	Totalcount input	累加计数输入	IO_4~IO_7	0~65535 输入边沿
	Edgedivide output	分频输出	IO_0、IO_1+IO_4~IO_7	输出频率=（输入频率÷用户指定的一个数字）
	Frequency output	频率输出	IO_0、IO_1	0.3Hz~2.5MHz 的方波
	Oneshot output	单稳输出	IO_0、IO_1	脉宽 0.2μs~1.678s
	Pulsecount output	脉冲计数输出	IO_0、IO_1	0~65535 脉冲
	Pulsewidth output	脉宽输入	IO_0、IO_1	0~100% 占空比脉冲串
	Triac output	晶闸管触发输出	IO_0、IO_1+IO_4~IO_7	相对输入边沿，输出脉冲的延时时间
	Triggeredcount output	计数触发输出	IO_0、IO_1+IO_4~IO_7	计数输入边沿数，从而触发输出端输出脉冲

6.6.2　直接 I/O 对象

直接 I/O 对象基于 I/O 引脚的逻辑电平，这些 I/O 对象不使用任何 Neuron 芯片的硬件定时器/计数器。可以使用这些对象在同一 Neuron 芯片内实现多路复用、叠加组合。由于篇幅所限，这里只介绍 Bit 输入/输出和 Byte 输入/输出直接 I/O 对象的应用。

Bit I/O 对象类型用于读或控制单个引脚的逻辑状态，0 相当于低电位，而 1 相当于高电位；Byte I/O 对象类型用于同时读取或控制 8 个引脚，其输入、输出的数据范围为 0~255。

1. Bit 输入/输出

IO_0~IO_10 中的每个引脚均可配置成单个的 Bit 输入或输出端口，如图 6-20 所示，要求输入信号的电平为 TTL 电平，而输出的是 CMOS 电平。其中，IO_0~IO_3 所具有的高电流吸收能力可使这几个引脚直接驱动多个 I/O 设备。

这种 I/O 对象类型用于读或控制单个引脚的逻辑状态，0 相当于低电平，而 1 相当于高电平。对于 Bit 输入，io_in( )函数返回值的数据类型为 unsigned short；对于 Bit 输出,输出值被作为布尔类型,所以任何非零值均被当作 1。若希望使用 Neuron 芯片的内部上拉电阻,则应该在 Neuron C 程序中加入编译指令"♯pragma enable_io_pullups"。

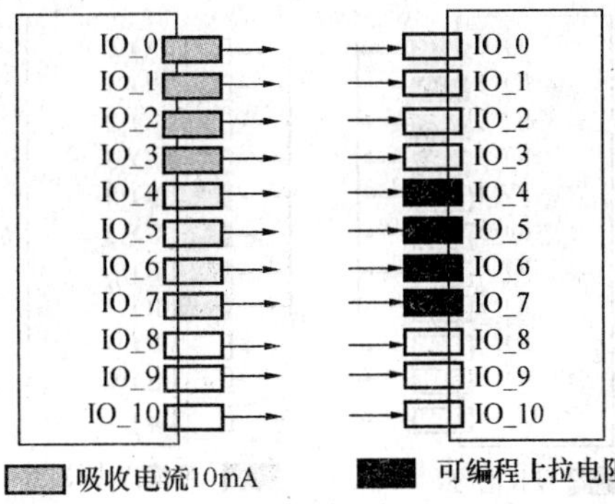

Bit I/O 对象定义语法如下:

引脚号 input bit I/O 对象名;

引脚号 output bit I/O 对象名 [=初始状态值];

说明:

(1) 引脚号:指定 Neuron 芯片的 11 个 I/O 引脚 IO_0~IO_10 中的一个,Bit 输入/输出可以使用 11 个引脚中的任何一个引脚。

图 6-20 Bit I/O 对象引脚分配图

(2) I/O 对象名:它是用户为该 I/O 对象指定的名字,是 ANSI C 格式的变量标识符。

(3) 初始状态值:它是一个常数表达式,是 ANSI C 字符格式的初始值,用于在 I/O 对象的初始化过程中设置该输出引脚的状态。初始状态可以是 0(对应低电平)或 1(对应高电平)。

Bit 输入应用实例:

IO_1 input bit io_switch_1; //将引脚 IO_1 声明为位输入对象,并命名为 io_
//switch_1
unsigned int switch_on_off;
...
when (io_changes (io_switch_1))
{
    switch_on_off=input_value;
}

Bit 输出应用实例:

IO_2 output bit io_LED;
unsigned int led_on_off;
...
when (...)
{
    io_out (io_LED, led_on_off);
}

在应用程序控制下,Bit 端口的方向可在输入、输出之间改变。

2. Byte 输入/输出

IO_0~IO_7 允许配置为如图 6-21 所示的 Byte(字节)输入或输出端口,该 I/O 对象类型用于同时读取或控制 8 个引脚,对于 Byte 输入/输出,io_in( )函数返回值的数据类型和 io_out( )函数输出值的数据类型为 unsigned short,其输入、输出的数据范围为 0~255,适用于读取或控制多个器件的状态,如可以驱动八段数码管等。

Byte I/O 对象定义语法如下:

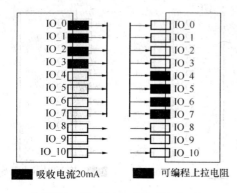

图 6-21 Byte I/O 对象引脚分配图

IO_0 input byte I/O 对象名；

IO_0 output byte I/O 对象名［＝初始状态值］；

说明：

(1) IO_0：它用于指定 IO_0 为字节的最低有效位。Byte 输入/输出使用引脚 IO_0 到 IO_7，说明中指定的引脚是该 I/O 对象使用的引脚中编号最小的引脚，且必须是 IO_0。

(2) 初始状态值：它是一个常数表达式，为 ANSI C 格式的初始值，用于在初始化时设置该 I/O 对象输出引脚的状态。初始状态可以是 0～255，默认为 0。

Byte 输入应用实例：

IO_0 input byte io_keyboard;
unsigned int character;
…
when (io_changes (io_keyboard))
{
    character=input_value;
}

Byte 输出应用实例：

IO_0 output byte io_LED_display;
…
when (…)
{
    io_out (io_LED_display, '?'); //将"?"对应的 ASCII 码输出
}

6.6.3 并行 I/O 对象

并行 I/O 对象用于高速双向 I/O，这一组里的 I/O 对象使用了 Neuron 芯片的所有 I/O 引脚。Neuron 芯片提供的并行双向 I/O 对象有 Parallel I/O 对象和 Muxbus I/O 对象两种，这里只介绍 Parallel I/O 对象的应用。Paralle（并行）输入/输出对象使用全部的 11 个 I/O 引脚作为具有握手信号的 8 位并行接口，其中 IO_0～IO_7 是 8 位双向数据总线，IO_8～IO_10 是 3 位控制信号线。该接口允许数据以最高 3.3Mbit/s 的速率传输。

1. Parallel I/O 对象的作用

Parallel I/O 对象可将 Neuron 芯片接到一个微处理器上或计算机系统的总线上，对于一个已存在的基于处理器的系统，Parallel 接口可以将 Neuron 芯片作为一个通信芯片使用，提供更多的应用性能，或者供给更多的存储区。而对于应用级网关，两个 Neuron 芯片通过并行接口背对背地连接，可以生成两个收发器接口，用来从一个系统向另一个系统传送数据。

Parallel 接口是双向的，其方向（读/写）由说明为 master（主）的设备控制。当使

用该接口时，Neuron 芯片可以是 master，也可以是 slave（从）。Parallel I/O 对象提供三种不同的并行接口的配置：master、slave A、slave B。Master、slave A 一般用于连接并行接口和用于 Neuron 芯片到 Neuron 芯片的通信。slave B 一般用于从微处理器到 Neuron 芯片的通信。多个 slave B 设备可连接到一条总线上。slave A 和 slave B 的不同在于如何使用 3 种控制信号。图 6-22 示出了主、从 A 方式引脚分配图，图 6-23 则示出了从 B 方式引脚分配图。

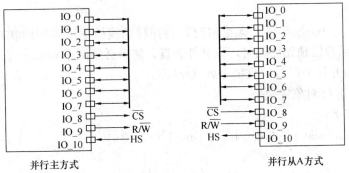

图 6-22　Parallel I/O 对象主、从 A 方式引脚分配图

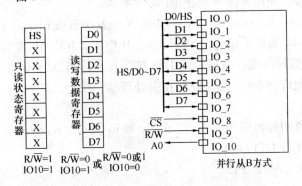

图 6-23　Parallel I/O 对象从 B 方式引脚分配图

2. Parallel I/O 对象专用函数和事件

为了使用 Neuron 芯片的 Parallel I/O 对象，Neuron C 提供了专用的函数和事件，在使用相关的函数和事件之前，io_in( ) 和 io_out( ) 函数需要一个指向 parallel_io_interface 结构的指针：

struct parallel_io_interface
{
　　unsigned length；//数据字段的长度
　　unsigned data [MaxLength]；//数据字段
} piofc；

上面的结构必须在程序中被说明，且用 MaxLength 表明数据传输所期待的最大缓冲区尺寸。在 io_out( ) 函数中，length 为被输出的字节数，并且它是由应用程序设定的，在 io_in( ) 中，length 为输入的字节数。如果输入的长度大于 length，则输入数据流无效，且 length 被设为零，否则 length 被设置为读入的数据字节数。长度域必须在调用 io_in（ ）或 io_out（ ）之前设置，length 和 MaxLength 域的最大值为 255。

Neuron C 提供的 Parallel I/O 对象专用函数和事件：

（1）io_in_ready（ ）函数：无论何时，当需要读取的报文到达该并行总线，该事件为真，然后应用程序必须调用 io_in（ ）来取得该值。

（2）io_out_request（ ）函数：该函数用来为 I/O 对象请求 io_out_ready 信号，它使应用程序暂存数据，直到 io_out_ready 事件为真。该函数从并行 I/O 接口得到令牌（token）。

（3）io_out_ready 事件：无论何时，当并行总线处于可以写的状态，同时 io_out_request（ ）函数已预先启动时，该事件为真，然后必须调用 io_out（ ）向并行口写该数据。该函数为并行 I/O 接口交换令牌（token）。

3. Parallel I/O 对象定义

定义语法如下：

IO_0 parallel slave | slave_b | master I/O 对象名；

说明：

（1）IO_0：Parallel（并行）输入/输出要求使用全部 11 个 I/O 引脚，且必须指定引脚 IO_0。这些引脚的使用如图 6-22 和图 6-23 所示。

（2）slave | slave_b | master：指定 slave A、slave B 或 master 模式。对于 master 和 slave A 模式，IO_10 为握手信号。对于 slave B 模式，IO_10 变为地址输入线 A0，同时在 A0=1 时握手信号出现在数据总线引脚 IO_0 上；当 A0=0 时，数据出现在数据总线上。该模式用来允许 Neuror 芯片驻留在微处理器总线上。

4. 应用实例

下面通过实例说明如何应用 io_in_ready 和 io_out_ready 事件与 io_out_request（ ）函数一起处理并行 I/O 过程。

```
#define DATA_SIZE 255
IO_0 parallel slave s_bus;           //设为 slave A 方式
struct parallel_io_interface
{
    unsigned length;                 //数据字段长度
    unsigned data [DATA_SIZE];
} piofc;
when (io_in_ready (s_bus))           //输入数据就绪
{
    piofc.length=DATA_SIZE;          //读取的字节数
    io_in (s_bus, &piofc);           //读取数据
}
when (io_out_ready (s_bus))          //输出数据就绪
{
    piofc.length=10;                 //写入的字节数
    io_out (s_bus, &piofc);          //从缓冲区输出 10B 数据
```

}
when（…）   //使用定义的事件
{
　　io_out_request（s_bus）;   //输出传输请求
}

6.6.4　串行 I/O 对象

串行 I/O 对象可用于传输串行数据，在一个 Neuron 芯片里，只能定义一个串行 I/O 对象类型，并且串行类型的输入和输出可以共存。由于篇幅所限，这里只介绍 Neurowire 同步串行输入/输出对象和 serial 半双工异步串行输入/输出对象。

Neurowire（同步串行）I/O 对象可实现与外部器件的同步全双工串行通信，该 I/O 对象数据类型用于使用全同步串行数据格式传送数据，这里的全同步表示输入数据被移入的同时输出数据被移出。

Serial I/O 对象类型用于使用异步串行数据格式传输数据，如 EIA_232（以前为 RS_232）通信。在 Serial（半双工异步串行）输入/输出对象中，Neuron 芯片的 IO_8 引脚可配置为异步串行数据输入线，IO_10 引脚可配置为异步串行数据输出线。

1. Neurowire I/O 对象

(1) Neurowire I/O 对象的工作方式

Neurowire I/O 对象可被配置为主模式或从模式。主/从模式的基本不同是：对于主模式，时钟信号是输出；对于从模式，时钟信号是输入。

图 6-24 示出了 Neurowire I/O 对象引脚分配图。在 Neurowire 主模式下，引脚 IO_0~IO_7 中的一个或多个引脚可被用作片选信号，允许将多个 Neurowire 设备连接到一个 3 线总线上。在 10 MHz 的 Neuror 芯片上，时钟速率可以被指定为 1kbit/s、10kbit/s 或 20kbit/s，这些值与输入时钟频率成正比。在 Neurowire 从模式下，引脚 IO_0~IO_7 中的一个

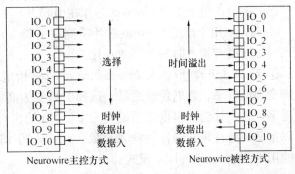

图 6-24　Neurowire I/O 对象主/从方式引脚配置

引脚可被设计成超时引脚。在该超时引脚上的逻辑"1"电平使 I/O 操作在指定的被传输位数完成之前终止，目的是防止 Neuror 芯片 Watchdog（看门狗）定时器由于外部时钟传输的位数比要求的位数少而复位芯片。在这两种模式中，一次最多只能传输 255 位数据。

由于 Neurowire I/O 是双向的，输入和输出同时发生，调用 io_in（ ）和 io_out（ ）是等价的。io_in（ ）和 io_out（ ）函数要求有指向数据缓冲区的指针作为函数参数。使用哪一个函数调用都将启动一个双向传输，数据一次传输 8 位，最高有效位最先发送。触发时钟由 clockedge 参数指定。数据被传输到缓冲区时，最高有效位在前，由时钟沿触发，覆盖掉缓冲区原来的值。如果传输的位数不是 8 的倍数，则传输到缓冲区的最后一个字节在其余的位上的值是不定的，也就是说最后一个字节多出的几位是没有意义的。

在 Neurowire I/O 对象应用程序中，io_out（ ）函数的使用格式为：

io_out（I/O 对象名，输出数据串首地址，需要输出的数据位数）；

调用该函数后，可将数据首地址及其之后存储区保存的数据输出，输出数据的长度由该函数的第三个参数（需要输出的数据位数）决定。

io_in（ ）函数的使用格式为：

io_in（I/O 对象名，输入数据串首地址，需要读入的数据位数）；

调用该函数后，可将数据读入，保存在输入数据串首地址及其后，读入数据的长度由该函数的第三个参数（需要读入的数据位数）决定。

当使用具有不同比特率的多路复用 Neurowire I/O 对象时，必须使用编译指令"#pragma enable_multiple_baud"，该编译指令必须在使用任何 I/O 函数（如 io_in（ ）和 io_out（ ））之前出现在程序中。

（2）Neurowire I/O 对象定义

定义语法如下：

IO_8 neurowire master | slave [select（引脚号）] [timeout（引脚号）] [kbaud（常数表达式）] [clockedge（+ | −）] I/O 对象名；

说明：

①IO_8：Neurowire 使用引脚 IO_8～IO_10，并且说明时必须指定 IO_8；引脚 IO_8 是时钟，它由 Neuron 芯片（或外部主控器）驱动。引脚 IO_9 是串行数据输出，引脚 IO_10 是串行数据输入。一次最多可以传输 255 位数据。

②master：用于指定 Neuron 芯片在引脚 IO_8 上提供时钟，它被设置为输出引脚。

③slave：用于指定 Neuron 芯片检测在引脚 IO_8 上的时钟，它被设置为输入引脚。输入时钟速度与输入时钟频率成正比。

④select（引脚号）：为 Neurowire master 指定片选引脚。在数据传输前，芯片选择引脚变为低电平；数据传输之后，选择引脚变为高电平。另外，如果说明中使用了 select 关键字，那么片选引脚也必须说明为 1 位 Bit 输出对象。如果不使用片选引脚，则该引脚可以定义为允许定义的任何输入对象。select（引脚号）选项只能允许用于 master 模式，不能用于 Neurowire slave 模式。

⑤timeout（引脚号）：为 Neurowire slave 指定一个可选的超时信号引脚，其范围是 IO_0～IO_7。当使用超时信号引脚时，在 Neuron 芯片等待时钟的上升沿或下降沿时，将检查该引脚的逻辑电平。如果检测到逻辑电平"1"，则传输被终止。这样就允许使用外部超时信号或内部生成的超时信号。该对象在引脚 IO_8 上的时钟的每个下降沿更新 Watchdog（看门狗）定时器。注意：该关键字选项只能允许用于 slave 模式。

⑥kbaud（常数表达式）：它为 Neurowire master 指定传输比特率，常数表达式可指定为 1kbit/s、10kbit/s、或 20kbit/s。对于 10MHz 的 Neuron 芯片输入时钟，默认值为 20kbit/s。比特率与输入时钟频率成正比。不能对 Neurowire slave 使用该关键字。

⑦clockedge（+ | −）：指定时钟信号的极性，默认为时钟的上升沿 clockedge（+），指定 clockedge（−）使数据在时钟信号的下降沿时被触发。

（3）应用实例

下面通过一个编程实例来说明 Neurowire I/O 对象的使用。

IO_8 neurowire master select (IO_2) io_display；//主控方式
IO_2 output bit io display_select=1；//初始值为1，因为片选信号低电平有效
unsigned int dd_config；
unsigned int dd_data [3]；
…
when (…)
{ dd_config=0x01；
  io_out (display_select, 0)；//开片选
  io_out (io_display, &dd_config, 8)；//将dd_config数据输出（8位）
  io_out (display_select, 1)；//关片选
  dd_data [0] =0x80；
  dd_data [1] =0xAB；
  dd_data [2] =0xCD；
  io_out (display_select, 0)；
  io_out (io_display, dd_data, 24)；//将dd_data数组数据输出（24位）
  io_out (display_select, 1)；}

2. Serial 输入/输出对象

(1) Serial（半双工异步串行）输入/输出对象工作方式

Serial 输入/输出对象用 IO_8 引脚作为异步串行数据输入线，IO_10 引脚作为异步串行数据输出线，其他 I/O 引脚可作为握手信号使用。传输的格式为 1 个开始位、8 个数据位（最低有效位在前）、后面再跟 1 个停止位。输入串行 I/O 对象将等待被接收的数据帧的开始，直到已经等待了接收 20 个字符所需要的时间才结束。如果在这段时间内没有输入发生，则返回 0。当已收到全部的字节数或已超过接收 20 个字符所需要的时间但仍未接收到数据时，输入终止。输入串行 I/O 对象将在收到无效停止位或奇偶校验位时停止接收数据。在以 2400Bit/s 的速率传输数据时，输入超时时间为 83ms。I/O 引脚分配和传输时序如图 6-25 所示。

当使用具有不同比特率的多路复用串行 I/O 设备时，必须使用编译指令"#pragma enable_multiple_baud"，该编译指令必须在使用 I/O 函数（如 io_in ( )、io_out ( )）之前出现。

对于 Serial 输入/输出，io_in ( ) 和 io_out ( ) 要求一个指向数据缓冲区的指针作为函数参数。

io_out ( ) 函数的使用格式为：

io_out (I/O 对象名，输出数据串首地址，需要输出的数据位数)；

调用该函数后，可将数据首地址及其之后存储区保存的数据输出，输出数据的长度由该函数的第三个参数（需要输出的数据位数）决定。

io_in ( ) 函数的使用格式为：

io_in (I/O 对象名，输入数据串首地址，需要读入的数据位数)；

调用该函数后，可将数据读入，保存在输入数据串首地址及其后，读入数据的长度由该函数的第三个参数（需要读入的数据位数）决定。io_in ( ) 函数返回包含接收的实际

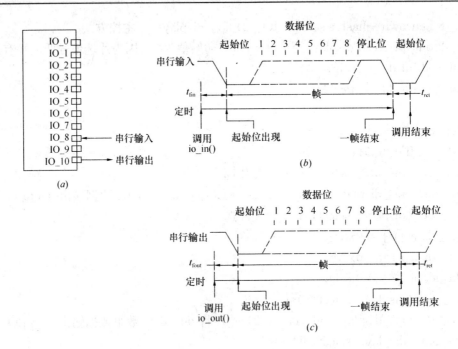

图 6-25 Serial I/O 对象引脚分配和输入/输出时序图
(a) 串行 I/O 引脚分配；(b) 串行输入时序；(c) 串行输出时序

字节数的 unsigned short int 类型。

(2) Serial 输入/输出对象定义

定义语法如下：

引脚号 input serial [baud（常数表达式）] I/O 对象名；

引脚号 output serial [baud（常数表达式）] I/O 对象名；

说明：

①引脚号。串行输入要求使用一个引脚，并且必须是 IO_8；串行输出也要求使用一个引脚，并且必须是 IO_10。

②baud（常数表达式）。用于指定比特率，常数表达式可以为 600Bit/s、1200Bit/s、2400Bit/s 或 4800Bit/s。对于 10MHz 的输入时钟频率，缺省为 2400Bit/s。比特速率与其 Neuror 芯片输入时钟频率成正比。

(3) 应用实例

Serial 输入应用实例：

```
IO_8 input serial io_keyboard;
char in_buffer [20];
unsigned int num_chars;
...
when (...)
{
    num_chars=io_in (io_keyboard, in_buffer, 20);
}
```

Serial 输出应用实例：
IO_10 output serial io_crt_screen;
char out_buffer [20];
...
when (...)
{
    io_out (io_crt_screen, out_buffer, 20);
}

6.6.5 定时器/计数器 I/O 对象

Neuron 芯片上的定时器/计数器 1 又称为多路复用定时器/计数器，因为该定时器/计数器的输入引脚可通过一个可编程多路转换器 MUX 在 IO_4~IO_7 中选择，而它的输出连接引脚为 IO_0。定时器/计数器 2 称为专用定时器/计数器，它的输入连接引脚为 IO_4，而输出引脚连接 IO_1。定时器/计数器与其应用的外部硬件的连接如图 6-6 所示。

定时器/计数器的时钟信号以及使能信号可来自外部 I/O 引脚，也可由系统时钟分频得到，两个定时器/计数器的时钟速率互相独立。

由于定时器/计数器 1 的输入可以使用 IO_4~IO_7 引脚，用户可定义多个定时器/计数器的输入对象，通过调用 io_select ( )，应用程序可使定时器/计数器 1 实现 1~4 个输入对象。如果一个定时器/计数器被定义来实现一个输出对象或一个正交输入对象，它就不能在同一个应用程序中被定义为其他的定时器/计数器对象。

由于篇幅所限，这里只介绍 Period（周期）输入和 Frequency（频率）输出 I/O 对象的应用。

Period 输入对象可测量输入信号的整个周期，它以输入时钟周期为单位测量输入信号上升沿（或下降沿）到下一个上升沿（或下降沿）之间的时间周期。Frequency 输出对象使用一个定时器/计数器产生占空比为 0.5 的连续方波输出信号，其周期可由应用程序控制。

1. Period 输入 I/O 对象

(1) Period 输入 I/O 对象的工作方式

Period 输入 I/O 对象可测量输入信号的整个周期。它以输入时钟周期为单位测量输入信号上升沿（或下降沿）到下一个上升沿（或下降沿）之间的时间周期，测量周期值为：

测量周期 (ns) = io_in ( ) 函数的返回值 $\times 2000 \times 2^{时钟编号}$ / 输入时钟 (MHz)

= io_in ( ) 函数的返回值 $\times$ 时钟步长

图 6-26 示出了 Period 输入对象的引脚分配和时序图。对于 Period 输入，调用 io_in ( ) 函数所得的返回值数据类型是 unsigned long (16 位)。对于 10 MHz 的 Neuron 芯片输入时钟，每隔 200ns 输入引脚的状态在硬件上被锁定一次。

对于 Period 输入 I/O 对象，io_update_occurs 事件在检测到输入信号周期结束的边沿（下降沿或上升沿）时为真。

Period 输入 I/O 对象主要可以用来测量输入信号的实时频率，如果外接电压－频率转换电路，可以用来实现 A/D 转换。

(2) Period 输入 I/O 对象定义

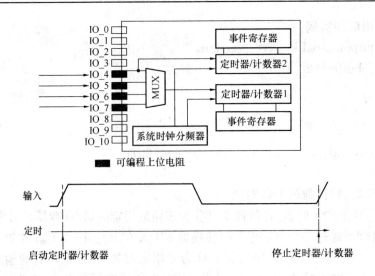

图 6-26 Period 输入 I/O 对象的引脚分配和时序图

定义语法如下：

引脚号 [input] period [mux | ded] [invert] [clock（时钟编号）] I/O 对象名；

说明：

①引脚号：period 输入可以指定 Neuron 芯片 I/O 引脚 IO_4～IO_7 中的任一个引脚。

②mux | ded：用于指定该 I/O 对象是分配给多路复用定时器/计数器还是分配给专用定时器/计数器。只有使用 IO_4 引脚为输入引脚时，需要使用这个参数。mux 关键字将 I/O 对象分配给多路复用定时器/计数器；ded 关键字将 I/O 对象分配给专用定时器/计数器。引脚 IO_5～IO_7 总是使用多路复用定时器/计数器。

③invert：若设置了该选项，Period 输入对象测量两个上升沿之间的时间，默认时测量两个下降沿之间的时间。

④clock（时钟编号）：用于指定范围 0～7 内的时钟速率。这里 0 是最快的时钟，而 7 是最慢的时钟，Period 的默认时钟为 0，可以用 io_set_clock（ ）函数改变时钟。对于 10MHz 输入时钟频率的 Neuron 芯片，时钟编号与输入信号范围和时钟步长的关系如表 6-11 所示（该值与输入时钟频率成比例）。

Period 输入 I/O 对象时钟编号与输入信号范围和时钟步长的关系　　表 6-11

时钟编号	可测输入信号周期范围和时钟步长
0（缺省）	0～13.11ms，步长 200ns（0～65535）
1	0～26.21ms，步长 400ns
2	0～52.42ms，步长 800ns
3	0～104.86ms，步长 1.6μs
4	0～209.71ms，步长 3.2μs
5	0～419.42ms，步长 6.4μs
6	0～838.85ms，步长 12.8μs
7	0～1.677s，步长 25.6μs

(3) 应用实例

IO_4 input period mux clock (7) io_switch_4; //使用多路复用定时器/计数器
when (io_update_occurs (io_switch_4)) //周期结束（下降沿）
{
 unsigned short timegap;
 timegap= (unsigned short) (io_in (io_switch_4));
}

2. Frequency 输出 I/O 对象

(1) Frequency 输出 I/O 对象的工作方式

Frequency 输出对象引脚分配和输出时序如图 6-27 所示，它利用定时器/计数器可产生占空比为 0.5 的连续方波输出信号，其周期由应用程序设定，输出方波的周期表达式如下：

输出方波周期（ns）＝io_out(　)函数的输出值×4000×$2^{时钟编号}$/输入时钟（MHz）
       ＝io_out(　)函数的输出值×时钟步长

对于 Frequency 输出，io_out(　)函数输出值的数据类型为 unsigned long。若输出值为 0，则强制输出信号为低电平（或高电平）。

频率更新后的信号只能在上次设定的频率周期结束后才能输出（如图 6-27 所示），但是如果新的 io_out(　)函数输出值为 0，则输出立即终止，而不一定要在上次设定的一个周期输出结束后才终止。

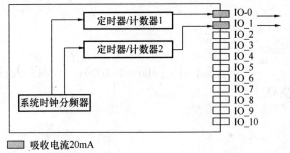

(2) Frequency 输出 I/O 对象定义

定义语法如下：

引脚号 [output] frequency [invert] [clock (时钟编号)] I/O 对象名 [＝初始输出电平]；

说明：

①引脚号：由于硬件的限制，若使用多路复用定时器/计数器，则只能指定管脚 IO_0；若使用专用定时器/计数器，则只能指定管脚 IO_1。

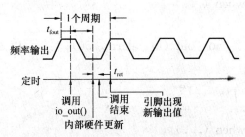

图 6-27 Frequency 输出 I/O 对象引脚分配和时序图

②invert：在正常输出波形时此选项没有影响，只有在 io_out(　)函数输出值为 0 时起作用。此时若无此选项，输出信号为低电平；若有此选项，强制转换为高电平。

③clock（时钟编号）：用于指定范围 0～7 内的时钟速率，这里 0 是最快的时钟，而 7 是最慢的时钟，Frequency 输出的默认时钟为 0。可以用 io_set_clock(　)函数改变这个时钟。对于 10 MHz 输入时钟频率的 Neuror 芯片，时钟编号与输出信号周期范围和时钟步长的关系如表 6-12 所示（该值与输入时钟频率成比例）。

Frequency 输出 I/O 对象时钟编号与输出信号周期范围和时钟步长的关系　　表 6-12

时钟编号	输出信号周期范围和时钟步长
0（缺省）	0~26.21ms，步长 400ns（0~65535）
1	0~52.42ms，步长 800ns
2	0~104.86ms，步长 1.6μs
3	0~209.71ms，步长 3.2μs
4	0~419.42ms，步长 6.4μs
5	0~838.85ms，步长 12.8μs
6	0~1.677s，步长 25.6μs
7	0~3.355s，步长 51.2μs

④初始输出电平：用于设置该 I/O 对象初始化时的输出管脚状态。初始值可以为 0（低电平）或 1（高电平），默认为 0。

(3) 应用实例

IO_1 output frequency clock (3) io_alarm;

...

when (...)
{
　　io_out (io_alarm, 100);　　//以 clock (3) 指定的时钟速率输出 3.125kHz 的信号
}

...

when (...)
{
　　io_out (io_alarm, 50);　　//以 clock (3) 指定的时钟速率输出 6.25kHz 的信号
}

...

when (...)
{
　　io_out (io_alarm, 0);　　//停止输出信号
}

6.7　LonTalk 网络通信协议

LonTalk 提供了 OSI 参考模型的所有 7 层协议，支持灵活编址，并且单个网络可存在多种类型的网络通信媒体构成的多种通道，网上任一节点使用该协议可以与网上的其他节点互相通信。表 6-13 列出了 LonTalk 协议与 OSI 参考模型的对应关系。

LonTalk 协议层   表 6-13

OSI 层	目的	LonTalk 提供的服务
7 应用层	应用程序兼容性	标准网络变量类型，配置特性
6 表示层	数据解释	网络变量，外来帧传输
5 会话层	远程控制	请求/响应，消息鉴别，网络管理，网络接口
4 传输层	端对端可靠性	应答与非应答消息服务
3 网络层	目的寻址	寻址，路由选择
2 数据链路层	介质访问与帧传输	帧传输，数据编码，CRC 错误校验，冲突避免，冲突检测，可预测 CSMA，优先级
1 物理层	物理连接	与介质有关的接口和载波调制方案（双绞线、电力线、无线射频、同轴电缆、红外线、光缆等）

6.7.1 物理信道

LonTalk 协议能支持由不同介质的网段组成的网络。LonTalk 协议支持的介质包括双绞线、电力线、无线射频、红外线、同轴电缆和光纤等，每一种 LonWorks 收发器都有其支持的传输距离、传输速率及拓扑结构。

信道是数据包的物理传输介质，一个信道对应一种传输介质，网络上的每一个节点被物理地连接到信道上。LonWorks 网络由一个或多个信道组成。为确保数据在两个信道之间传送，多个信道之间通过路由器连接，LonWorks 路由器是连接两个信道的安装设备，它含有两个对应信道传输介质的收发器，负责传递不同信道之间的数据包。路由器可以使用下面 4 种路由算法来安装：配置路由器、学习路由器、网桥和中继器。其中，配置路由器和学习路由器属于智能路由器。

由网桥或中继器连接的一组信道组成一个网段，节点可以直接收到其所在的网段上的其他节点发送的数据包。智能路由器可以用来在一个网段中隔离通信，这可以增加整个系统的容量及可靠性。

信道的通信速率与介质、收发器的设计有关。对同一介质可以设计不同通信速率的多种收发器，以便在通信距离、通信速率、节点功耗和费用上取得平衡。

6.7.2 编址和路由

1. 编址方式

Neuron 芯片内部有一个 48 位的 Neuron ID，它是在芯片出厂时写入的，能区分所有的 Neuron 芯片，并且在 Neuron 芯片的生命期内不会被改变，Neuron ID 又称为节点的物理地址。在 LonTalk 协议中 Neuron ID 并不是惟一的编址方式，其原因是这种编址方式只支持点对点的数据传输，并且需要庞大的路由表来优化网络通信。这种编址方式主要用在节点的安装和配置中，因为它允许在节点被赋予逻辑地址之前进行通信。

为了简化路由，LonTalk 协议定义了一种使用域（domain）、子网（subnet）和节点（node）地址的分级编址方式，这种编址方式可以编址整个域、单个子网或是单个节点。

为了增强对多个节点的寻址，LonTalk 协议定义了另一种使用域和组地址的分级编址方式。表 6-14 列出了 LonTalk 协议的编址格式。

LonTalk 协议编址格式　　　　　　　　　　　　　表 6-14

编 址 方 式	目 的 节 点	地址长度/B
域（子网＝0）	域中所有节点	3
域、子网	子网中所有节点	3
域、子网、节点	子网中的某一特定节点	4
域、组	组中所有节点	3
域、Neuron ID	特定节点	9

这种分级编址产生的地址称为节点的逻辑地址，网络管理器在配置节点时，可为其设置一个逻辑地址，逻辑地址可以被赋予或更改多次。逻辑地址简化了网络节点的替换，替换节点只需赋予被替换节点的地址就可以正常工作了，而使用 Neuron ID 的编址方式则不可能做到如此方便。

2. 域地址

域是一个或多个信道上节点的逻辑集合，通信只能在配置为相同域的节点之间进行，因此一个域便形成一个虚拟网络。多个域可以占据相同的信道，所以域地址可以防止不同网络中节点之间的干扰。例如，两座建筑物使用无线射频收发器，它们工作在相同的频率（即物理信道上），为了防止节点中应用程序的互相干扰，每座建筑物上的节点可以被分别配置到不同的域上。

可以配置 Neuron 芯片使 LonWorks 节点属于一个或两个域，属于两个域的节点可以用作两个域之间的网关。LonTalk 协议不支持两个域之间的通信，但是可以通过应用程序来实现两个域之间的数据包的传送。

每个域有一个域 ID 标识，域 ID 可以配置为 0B、1B、3B 或 6B。6B 的域 ID 可以确保域 ID 是惟一的，然而 6B 的域 ID 在每个数据包上增加了 6B，会多占用资源，因此也可以使用较短的域 ID 来减少附加字节。在一个不可能发生多个网络互相干扰的系统中，域 ID 可以配置为 0B。

3. 子网地址

子网是同一个域中至多有 127 个节点的逻辑集合，在一个域中最多可以定义 255 个子网。子网的所有节点必须在相同的网段上，不能跨越智能路由器。如果一个节点被配置为属于两个域，则它在每个域中都必须被赋予一个子网地址。

通常情况下域中的所有节点会被配置到相同的子网中，但由于子网不能跨越智能路由器，或由于节点数超过一个子网所允许的最大节点数时，只能将节点配置到不同的子网中。

4. 节点地址

一个子网中的每一个节点都被赋予一个惟一的节点号，节点号的长度为 7 位，所以一个子网中最多拥有 127 个节点，在一个域中最多可以拥有 32385 个节点（255 个子网×127 个节点）。

5. 组地址

组是一个域中节点的逻辑集合。与子网不同的是，节点可以任意分组而不用考虑它们在域中的物理位置，组还可以跨越任意的信道、路由器或网桥等。Neuron 芯片允许一个节点同时属于 15 个组。

使用组地址可以有效地进行一对多的报文传送，可以方便地实现广播寻址。组可以由长度为 1B 的组号来标识，因此一个域最多可以有 256 个组。

6. Neuron ID

除了子网/节点编址方式，节点还可以通过 Neuron ID 来编址。Neuron ID 有 48 位，它在 Neuron 芯片出厂时就固化在芯片里，并且在世界范围内 Neuron ID 是惟一的。

域/Neuron ID 编址方式由网络管理工具在节点安装、配置时使用。在节点不需要替换的情况下，应用程序也可以使用域/Neuron ID 编址方式。

7. 路由器

路由器是连接两个信道并在它们之间传递数据包的设备，路由器有以下 4 种：

（1）中继器：它是一种最简单的路由器，仅仅传递两个信道间的数据包，中继器可以延长信道的传输距离，子网可以跨越中继器。

（2）网桥：它简单地传递两个信道间域匹配的数据包，与中继器不同的是，它必须完成所传送数据包的域地址匹配。也就是说，将要传送的数据包按其域地址传送，而不会传送到其他的域去。子网也可以跨越网桥。

（3）学习路由器：它可用来监视网络变量、学习域/子网的网络拓扑关系，即通过学习建立路由表，然后用其所学知识有选择性地确定数据包的路由。学习路由器会不断地学习，它会依照网络拓扑结构的变化而修改自己的路由表。但是学习路由器不能学习组拓扑，因此使用组地址的数据包不能被传递。

（4）配置路由器：与学习路由器一样，它通过查询内部路由表选择性地传递数据包。但不同的是，内部路由表是由网络管理器建立的。网络管理器可以通过建立子网地址及组地址的路由表来优化网络的通信能力，使网络的通信量达到最佳。

6.7.3 通信报文服务

LonTalk 协议提供了 4 种基本报文服务，即应答、无应答重发、无应答和请求/响应，使用何种通信报文服务方式应综合考虑网络效率、响应时间、安全性以及可靠性等方面。通常，使用应答服务具有最大的可靠性，但它比用于组地址的无应答或无应答重发服务要占用更多的网络带宽。

数据包可具有优先级，便于关键性信息能够及时传送。使数据包具有优先级可以使其响应时间缩短，但会降低其他数据包的实时性。

LonTalk 协议支持消息鉴别认证服务，使数据的安全性提高，但需要比非鉴别服务多发一倍的数据来完成鉴别认证。

1. 基本报文服务

应答服务是最可靠的报文服务。使用应答服务时，发送方希望从接收方收到应答报文，如果在指定的时间内没有收到应答报文，发送方会重新发送这条报文。重发的次数和超时时间都是可以设定的。应答服务是由网络 CPU 自动完成的，不需要应用程序的干预。

请求/响应服务也具有很高的可靠性。发送方发送报文到目的节点时，希望收到接收方发送的响应报文。在响应报文产生之前，接收方应用程序必须处理接收到的报文。和应答服务一样，请求/响应服务也有重发次数和超时选项，重发次数和超时时间也可以设置。

在响应报文中可以包含数据,因此这种服务特别适用于远程过程调用或客户机/服务器应用模式,但是和应答方式不同的是,请求/响应服务由应用处理器完成,也就是说需要通过应用程序来实现。

无应答重发服务可靠性比前两者要低,发送方向目的节点重复发送报文,并且不需要任何应答报文。这种服务一般用于向一组节点广播式发送报文,这时如果产生应答报文将会使网络阻塞。

无应答服务可靠性最低,报文只向目的节点发送一次,并且不需要应答报文。这种服务一般用于需要较高的速度、网络带宽有限及对报文丢失不敏感的场合。

2. 冲突检测

LonTalk 协议使用的是一种改进的载波侦听多路访问/冲突检测——可预测 CSMA/CD 协议。传统的 CSMA/CD 在轻负载的情况下具有较好的性能;但在重负载情况下,当一个数据包在发送时可能会有很多网络节点在等待网络空闲,在这个数据包发送完后,检测到网络空闲的节点马上会发送报文,但发送的节点不止一个,这样必然发生冲突。在产生冲突后,由避让算法使之等待一段时间再发;但如果等待的时间又是相同的,会发生重复冲突。在这种情况下会由于过多的冲突使通过量降低。LonTalk 协议中的 MAC(介质访问控制子层)采用一种新型 CSMA 算法,称为带预测的 P 坚持 CSMA(Predictive P-Persistent CSMA)算法,这种算法保留了 CSMA 的优点,但对它进行了扩展,使它更有利于控制任务的实现。图 6-28 为带预测的 P 坚持 CSMA 示意图。

LonWorks 介质访问采用的是点对点的结构,每个节点都能独立地决定帧的发送。如果有两个或多个节点同时发送,就会产生冲突,同时发送的帧会出错。因此一个节点发送信息成功与否在很大程度上取决于总线是否空闲的算法,所以在 LonWorks 网络中每个节点使用带预测的 P 坚持 CSMA 算法对等地访问信道。如果一个节点需要发送数据而试图占用信道时,首先在 T_1 周期中检测信道上有没有信息发送,以确定网络空闲。然后产生一个随机的传送延时 t,当延时时间到,且信道仍空闲时,此节点开始传送报文;否则节点接收发送来的数据包,然后重复访问信道。

P-Persistent CSMA 将介质访问权随机化,当节点需要发送报文时,将以概率 P 给定一个随机时间段 T_2。在 LonTalk 协议中,对 P-Persistent CSMA 算法作了相应的改善,概率 P 可以根据网络负载进行动态的调整。当网络空闲时,所有节点都只能使用 16 个随机时间段中的一个;当估计到网络上的负载增加时,节点将能使用更多的时间段。时间段数量随所估计的信道积压工作量的上升而增加,信道积压工作量代表下一次要发送数据包的节点数。这种预测网络负载大小并进行动态调整介质访问权的方法,允许 LonTalk 协议在轻负载时只有少量随机时间段,重载时拥有大量随机时间段,从而达到轻载期间介质访问延时最小、重载期间冲突最少的目的。预测调整了每个报文包之间随机时间段的数量,预测值越高,随机分布的时间段数量也越多,时间段数量的增加降低了冲突发生的概率。

3. 优先级

系统响应时间受许多因素影响,如传输介质的物理特性、收发器的性能、通信量负载、网络拓扑结构、个人消息传送及其他服务的选择、各种协议服务参数的设置、组的大小、优先级的使用和应用程序的响应时间等。

LonTalk 协议有选择地提供优先级机制以提高对重要数据包的响应效率，可以为具有优先级的节点在信道上分配优先时间段。在数据包周期内的优先级部分，由于没有介质的竞争，配置有优先级的节点比没有优先级的节点具有更快的响应时间。分配给节点的优先级时间段用于从该节点发送的所有具有优先级的数据包。从一个节点发送的一个、一些或全部包，都可被标记为使用节点的优先级服务。节点内每个网络变量和报文标签都有相应的优先级设计，并可在编译时设置。

不同的节点优先级用不同的数值表示，可通过网络管理工具进行设置，0 表示该节点的任何数据包都不在优先级时间段中传输，除此之外，较小的优先级数代表较高的优先级别。1 是为网络管理工具保留的，这说明网络管理器在网络上是优先级最高的节点。应用节点优先级数可使用 2～127。优先级时间片加在 P-概率时间片之前。非优先级的报文要等待优先级时间片都完成之后，才再等待 P-概率时间片。图 6-29 为优先级带预测的 P 坚持 CSMA 示意图。

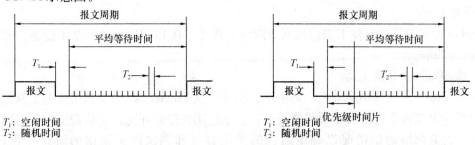

图 6-28　带预测的 P 坚持 CSMA 示意图　　图 6-29　优先级带预测的 P 坚持 CSMA 示意图

4. 鉴别认证服务

LonTalk 协议支持鉴别认证服务，由报文的接收者来决定是否批准发送者发送该报文，这可以防止对节点的非法访问，可以给每个单独的网络变量设置鉴别关键字选项（参见 6.4.3 节），鉴别服务可以配合应答服务或网络变量轮询一起使用，但是不能与无应答或无应答重发服务一起使用。

为使应用程序能够使用鉴别网络变量或发送鉴别消息，首先需要定义网络变量为鉴别网络变量，然后用网络管理器为节点设置所使用的鉴别密钥。鉴别报文的发送者先发送需要鉴别的报文，接收者收到报文后会发回一个随机口令，发送者和接收者都用鉴别密钥和初始报文对这个随机口令数据进行处理，如果两者得到的结果相同，报文被接收，否则报文会被拒收。

在设置鉴别密钥时，要注意如果某个节点分别属于两个不同的域，则应该设置两个鉴别密钥，同时，需要读或写一个给定的鉴别网络变量的所有节点必须使用同一个鉴别密钥。网络管理器可以在网上使用网络管理消息安全可靠地修改鉴别密钥。

LonTalk 网络通信协议是 LonWorks 技术的核心内容之一。它在拓扑结构、寻址方式、冲突检测、响应优先级和报文服务等方面都具有自己独特的技术优势，因而它可以支持一个多节点、多信道、不同速率和高负载的自由拓扑结构的大型监控网络可靠地工作。而 LonTalk 通信协议的所有内容，都已固化在 Neuron 芯片中，开发者并不需要知道其细节。

6.8 LonWorks 网络的应用开发

6.8.1 开发工具与开发环境

1. LNS 技术

LNS（LonWorks Network Server）是 LON 总线的开发工具，它提供给用户客户服务器网络构架，是 LON 总线的可互操作性的基础。使用 LNS 提供的网络服务，可以保证从不同网络服务器上提供的网络管理工具，可以一起执行网络安装、网络维护和网络监测等任务；而众多的客户则可以同时申请这些服务器所提供的网络功能。

LNS 包括 3 类设备：路由器设备（包括中继器、桥接器、路由器和网关）；应用设备（智能传感器和执行器）；系统级设备（网络管理工具、系统分析、SCADA 站和人机界面）。

2. 开发工具

Echelon 公司提供的开发工具包括基于网络的开发工具 LonBuilder 和基于设备的开发工具 NodeBuilder。

（1）LonBuilder 开发工具

LonBuilder 开发系统功能齐全，集中了一整套开发 LonWorks 设备和系统的工具。这些工具包括：开发多个网络设备所需的环境；调试应用程序的环境；安装配置设备的网络管理程序；检查网络通信情况以确定适当的网络容量和调试改正错误的协议分析仪。LonBuilder 工具可以通过一系列必要的和可选的工具以不同的配置进行组合。但由于造价昂贵，目前已很少使用。

（2）NodeBuilder 开发工具

NodeBuilder 开发工具体积小巧、便于携带，和其他产品配合也可以完成完整的网络开发任务。NodeBuilder 用大家熟悉的 Windows 开发环境为用户提供易于使用的联机帮助。NodeBuilder 包括 LonWorks 向导软件工具，是一套只需按几下鼠标就可生成一个互操作 LonWorks 设备的软件模板，可以节省几小时或几天的编程时间。对于很大的开发队伍来说，每个工程师可以用 NodeBuilder 开发单个设备，而用 LonBuilder 工具包集成设备和对系统进行测试。

NodeBuilder 3 开发工具是目前常用开发工具版本，它是一个硬件和软件的平台。它包括一个基于 Windows 的软件开发系统和一个硬件开发平台，用于设计和调试。另外还有相应的网络管理工具与它配套使用。

①NodeBuilder 3 组件和主要特性

NodeBuilder 3 主要含有以下组件：

NodeBuilder 自动编程向导：这个工具用来定义设备的外部接口并自动生成一些 Neuron C 的代码。Neuron C 可生成符合 LONMARK 标准的设备外部接口，这些自动生成的模板和代码可为编程人员节省开发时间。

NodeBuilder 资源编译器：这个工具用来观察和利用标准的数据类型和功能模式，并且用来定义特定的数据类型和功能模式。这些类型信息储存在 LONMARK 资源文件中，可被资源编译器、代码向导、Neuron C 编译器、LonMaker 集成工具以及插件（Plug-in）

向导使用,这使得所有的工具具有统一的显示方式,从而减少了开发的时间。与 LON-MARK 标准兼容的设备需提供相应的资源文件。

LNS 设备插件(Plug-in)向导:这个工具可自动生成一个基于 Visual Basic 的应用程序,又称设备插件,用于指导用户配置、浏览、监测、诊断由 NodeBuilder 开发工具所开发生成的设备。插件软件给硬件产品带来极大的实用性。NodeBuilder 3 工具包括了开发测试、生成设备插件所必须的 LNS 的组件,该 LNS 插件可与任何支持 LNS Plug-in API 的 LNS 指导程序(director)兼容。

NodeBuilder 3 工具还包括了其他一系列的产品,包括 LonMaker 集成工具、LNS DDE Server 软件、LTM-10A 平台(硬件)、Gizmo 4 I/O 板等。

其中 LTM-10A 平台内部含有一片 Neuron 3150 芯片,带有 64Kbit 内存,32Kbit RAM,输入时钟为 10MHz。LTM-10A 本身带有电源、应用 I/O 或主机接口连接器及一个收发器。

Gizmo 4 可提供 I/O,可用作开发、测试和学习的实验平台,它把 Neuron 芯片的 11 根 I/O 引脚预先连接到外部电路上,还带有服务引脚和复位按钮。Gizmo 4 外部电路包括蜂鸣器、LED、按钮、LCD 显示、A/D 转换、D/A 转换、温度传感器、轴角编码器、定制外围设备的样机模板及实时时钟。

②PC 机的网络接口选项

当使用 NodeBuilder 时,作为网络管理工具的 PC 机必须能和目标设备通信,此时可使用任何的 LNS 兼容网络接口,主要包括 PCLTA-10 网络接口、PCLTA-20 网络接口、PCC-10 网络接口、i.LON 10、i.LON 100、i.LON 1000 Internet 服务器以及 U-10 USB 接口、U-20 接口等。其中 PCLTA-10 网络接口可插入台式 PC 的 ISA 总线插槽;PCLTA-20 网络接口可插入台式 PC 的 PCI 总线插槽;PCC-10 网络接口可插入便携式 PC 的 PC 卡槽;i.LON 10 和 i.LON 100 提供通过 IP 的远程网络连接,此外,i.LON 100 还有 I/O 和 web 服务器功能;i.LON 1000 服务器可连接带有标准 IP LAN 卡的 PC;U-10 和 U-20 则是体积小巧的 USB 接口,其中 U-10 为双绞线接口,U-20 为电力线接口。

3. 网络工具软件

网络工具软件用于网络设计、安装、配置、监视、监督控制、诊断和维护,主要是以下工具软件的结合:

网络集成工具:提供设计、配置、测试和维护网络的基本功能。

网络诊断工具:用于观察、分析和诊断网络流通状态,并监视网络的负载情况。

HMI 开发工具:用来创建人—机接口(human-machine interface,HMI)应用程序。

I/O 服务器:用来为 HMI 应用程序提供对 LonWorks 网络的访问功能。

网络工具基于 LNS 网络操作系统,具有互操作性,即这些工具软件可在同一时刻在同一网络上运行。

(1) LonMaker for Windows 集成工具

LonMaker for Windows 集成工具是一个用于设计、安装和维护多设备供应商的、开放的、互操作性的 LonWorks 控制网络的软件包。它为 PC 机提供了网络管理工具,可用于应用程序代码下载、设备安装、网络变量连接、报文标记、基本的网络诊断和控制等。LonMaker 工具基于 LNS 网络操作系统,包含功能强大的客户服务器体系结构以及简单易用的 Visio 用户界面。这个工具可用来设计、启动和维护分布式的控制网络，也可用作一个网络维护工具。

LonMaker 工具遵循 LNS 插件标准，该标准允许 LonWorks 设备制造商为他们的产品提供自定义的应用功能和属性。当 LonMaker 用户选择相连的设备时，这些自定义的应用功能和属性会自动启动。这可以使系统工程师和技术员非常方便地定义、测试和维护相关设备。

对于实际工程系统而言，网络设计通常不在工程现场进行。如果将 LonMaker 工具连接到一个已交付使用的网络上，网络设计也可以在工程现场进行。这个特点可非常好地满足小型网络设计的需要，同时对于需要增加、移除和修改网络设备的场合也可提供方便。

LonMaker 工具可为用户提供熟悉的、像 CAD 操作环境的界面，Visio 具有的灵活绘画功能使得设备的创建非常简便。LonMaker 工具含有一系列的用于 LonWorks 网络设计的设备图形模板（Stencil），用户也可以创建自己的图形。用户创建的图形可以是一台单独的设备，或者功能块，也可以是一个复杂的、完整的系统，系统中含有预先定义好的设备、功能块和这些设备、功能块之间的连接关系。利用客户子系统图形（custom subsystem shapes），用户只需简单地将该图形拖动到一个新的绘图页面上就可创建子系统，这样可大大减少复杂系统设计所需的时间。图 6-30 显示了 LonMaker 和 Visio 的设计接口。

利用 LonMaker 提供的网络安装功能，可以在同一时间让多台设备投入使用。可以通过多种方式识别所安装的设备，包括服务引脚、条形码扫描 Neuron ID 号或手动输入 ID 等。

LonMaker 是一种可扩展的工具，在网络的整个生命周期都可利用它来简化网络安装任务。

（2）LonManager 协议分析仪

LonManager 协议分析仪为 LonWorks 制造商、系统集成商和最终用户提供了一套基于 Microsoft Windows 的工具和高性能的 PC 接口卡，使得用户可以观察、分析和诊断 LonWorks 网络的工作。此工具的开放性使得用户可以定制它，以满足其特定要求。

协议分析仪可以分析网络行为，通过详细的网络统计显示网络运行情况，包括数据包总数、错误数据包数、平均网络负载、误码率等，可以为开发人员进行网络诊断和维护提供帮助。

协议分析仪可以以摘要的形式显示日志，每个数据包显示一行相应的分析结果；也可以以扩展格式显示，此时每个数据包的分析信息占一个窗口，显示更为详细的分析结果。协议分析仪也可以从 LNS 数据库中输入数据，此时它可对数据包的数据进行解码并显示相应的设备和网络变量信息。它也可以提供每条报文的文字描述和 LonWorks 报文服务描述。

用户也可以利用协议分析仪提供的过滤功能对报文进行过滤，可以通过选择设备或网络变量，或者 LonWorks 协议服务方式来对所分析的数据包进行过滤。

（3）LNS DDE 服务器

LNS DDE 服务器是一个软件包，它允许任何与 DDE 相兼容的 Microsoft Windows 应用程序监视和控制 LonWorks 网络，而无需编程。用于 LNS DDE 服务器典型的应用程序包括和人机界面应用程序、数据记录和趋势分析应用程序以及图像处理显示的接口。

第6章 LonWorks 网络控制技术

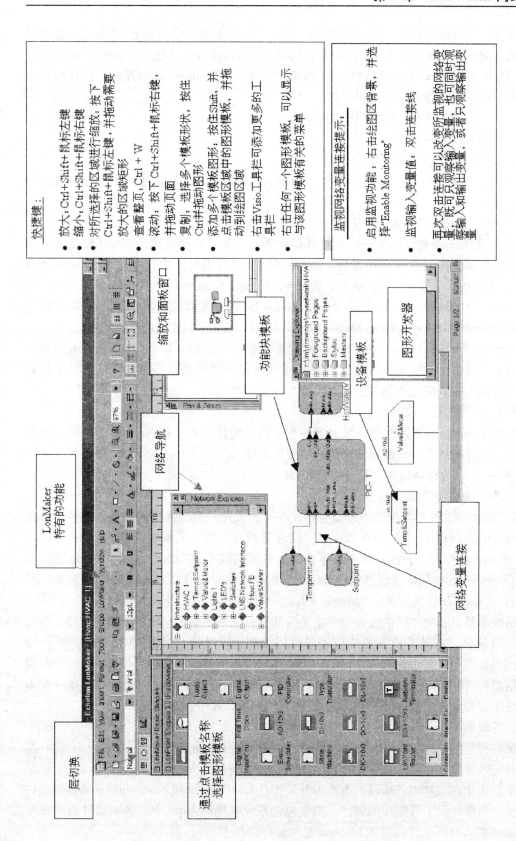

图 6-30 LonMaker 和 Visio 的设计接口

LNS 是一个 LonWorks 网络的开放的、标准的操作系统。LNS 以客户/服务器体系结构为基础，允许多个安装人员或者维护人员同时访问和修改一个公共数据库。通过建立 LNS 和 Microsoft DDE 协议的连接，与 DDE 相兼容的 Windows 应用程序可以使用以下方法和 LonWorks 设备进行交互操作：

（1）读、监视和修改任何网络变量的值。

（2）监视和改变配置属性。

（3）接收和发送应用程序报文。

（4）测试（Test）、启用（Enable）、禁用（Disable）以及强制（Override）LON-MARK 对象。

（5）测试、闪烁（Wink）以及控制设备。

LNS DDE Server 把 LonWorks 网络连接到楼宇、工厂处理装置、半导体制造和其他工业、商业应用的控制系统操作界面。在上百种 DDE 应用程序中，可以和 Wonderware InTouch、Intellution Fix、USDATA Factory Link、National Instruments' LabView、BridgeView、Microsoft Excel 和 Microsoft Visual Basic 相兼容。LNS DDE Server 同样支持 Wonderware 公司的 FastDDE 协议，以提高和 InTouch 一起使用的性能。

一旦网络经由 LonMaker for Windows 配置完毕投入使用，LNS DDE 服务器即可自动访问由 LonMaker 工具自动创建的 LNS 数据库。LNS 能够确保所需的信息能够在 LNS 数据库中自动生成，而无须额外的配置步骤。

6.8.2 开发过程

在介绍 LonWorks 网络控制系统开发过程之前需要让读者了解 Neuron 芯片存储映像和设备接口软件的概念，在此基础上再介绍开发步骤。

1. Neuron 芯片存储映像和设备接口软件

（1）Neuron 芯片存储映像

所谓 Neuron 芯片的存储映像即需要存放在片内或片外存储区内的软件，包括系统软件和所开发的应用程序。Neuron 芯片存储映像分为 3 部分：系统映像（即 Neuron 芯片固件）、应用映像和网络映像。其中，系统映象包括实现 LonTalk 协议的 Neuron 芯片固件、Neuron C 运行时间库及任务调度程序，它被存放在 Neuron 3120XX 芯片的 ROM 中，也可用 NodeBuilder 将其加载到 Neuron 3150 的片外 EPROM 或 Flash 存储器中。应用映象和网络映象是设备中存储的允许用户定义的部分。应用映象包括设备的应用程序、硬件信息及 I/O 信息，定义了设备要响应的事件以及响应这些事件所作的动作。一个 LonWorks 网络的多个设备可能具有相同的应用映象（即相同的应用程序、硬件、I/O 和收发器配置信息）。网络映象定义了一个设备与网络中其他设备的关系，同时给该设备一个惟一的网络定位和动作。它存储于 Neuron 芯片的 EEPROM 中。

① 系统映像

系统映像包括 LonTalk 协议、Ncuron C 库函数和任务调度程序。在 Neuron 3120 芯片中，系统映像软件存储在片内 10Kbit 的 ROM 中。对于 Neuron 3150 芯片，由于该部分软件不能固化在芯片内，所以只能作为开发工具 LonBuilder 和 NodeBuilder 随带的软件的一部分，依靠开发工具随带的软件，产生包含系统映像的 Intel 十六进制文件或摩托罗拉 S-record 格式目标文件，写入 Neuron 芯片外存储器中。

Neuron 芯片系统映像组成如图 6-31 所示，它主要实现以下功能：

A. LonTalk 通信协议。

B. 事件驱动多任务调动程序。它允许程序员以自然的方式描述事件驱动的任务，同时按优先级控制这些任务的执行。

C. I/O 驱动。Neuron 芯片的 11 根 I/O 引脚的修改（读或写）都是固件调用存储在系统映像中的函数来实现的。

D. 支持网络变量，每当给这类变量赋值时，其值能自动通过网络传输。

E. 支持定义毫秒及秒级定时器对象，每当定时时间到时就可激活用户任务。

F. 调用运行库中的函数可执行事件检查、管理 I/O 活动、通过网络发送/接收报文及控制 Neuron 芯片功能等。

② 应用映像

应用映像位于系统映像之上，如图 6-31 所示。这里讨论应用程序在 Neuron 芯片上运行的情况。若是基于主机的设备，则采用另一个微处理器或主机（除 Neuron 芯片外）运行设备应用程序，在这种情况下，将不需要用 Neuron C 编写应用程序。

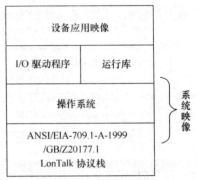

图 6-31 Neuron 芯片系统映像和应用映像示意图

应用映像由两部分构成：Neuron C 编译应用程序产生的对象代码和应用程序指定的有关参数。这些参数可以经网络管理工具查询，包括网络变量固定的自标识数据、程序 ID、网络缓存器的数目和空间大小、应用缓存器的数目和空间大小、Neuron 芯片的输入时钟速率、收发器的类型和比特速率等。

在 Neuron 3150 芯片中，应用映像通常是编程写入外部的 ROM 中，也可以通过网络下载到外部的 EEPROM 或闪存中。对 Neuron 3120xx 芯片，应用映像软件下载到片内的 EEPROM 中。LonBuilder 或 NodeBuilder 都能创建应用映像。

应用映像的数据结构包括：

A. 一个固定只读结构。结构的大小与设备的应用无关。

B. 一个网络变量固定表。设备定义的每个网络变量占一条记录。

C. 可选用的自标识和自文档数据。内含设备和设备网络变量的信息。

③ 网络映像

网络映像定义设备与其他设备的关系，给定设备在网上的惟一行为，它由 4 部分组成：设备地址分配、网络变量的连接信息和报文标签的连接信息、安装时要设置的网络 LonTalk 协议的参数，以及应用程序的配置变量。当设备安装时，通常由网络管理器负责通过网络将网络映像下载到片内的 EEPROM 中。简单网络中的设备可以修改自己的网络映像。

Neuron 芯片上的应用程序可以通过使用库函数调用来访问网络映像中的内容。在 LonBuilder 和 NodeBuilder 中，除特别指出外，函数原型及定义都可在 ACCESS.H 及 ADDRDEFS.H 中找到，网络映像的数据结构包括：

A. 一个域表。设备所在的每个域都占一条记录。

B. 一个地址表。设备能访问的每个网络地址都占一条记录。
C. 一个网络变量配置表。设备定义的每个网络变量都占一条记录。
D. 一个信道配置结构。定义设备收发器的接口。

在设备的存储映像中，应用映像和网络映像是用户定义部分，LON 中的许多设备可以有同样的应用映像，如在工厂自动化系统中，传送带电动机设备就可以有同样的应用映像，而网络映像则允许各个传送带电动机设备在网上有不一样的行为。

（2）设备接口软件

设备接口软件由功能块（Functional Block）、网络变量和配置属性组成。每个 LonWorks 设备都包含一个应用程序用于定义设备的功能行为。图 6-32 表示一个简单设备的接口，该接口定义设备的输入输出。一个设备的输入可以包含从其他设备送到 LonWorks 信道上的信息，以及来自该设备硬件的信息。

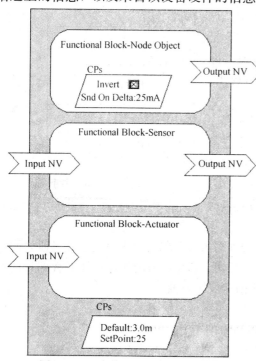

图 6-32　一个简单设备的接口示意图
Node Object—节点对象；Input NV—输入网络变量；
Output NV—输出网络变量；Sensor—传感器；
Actuator—执行器；SetPoint—设定值；
Default—默认

信息通过网络变量和其他 LonWorks 设备进行交换，每个网络变量都有方向、类型和长度。

配置属性使得设备的功能行为可以定制。如同网络变量，配置属性也有类型，用于确定它们所含数据的类型和格式。配置属性可用于设置设备、功能块或网络变量一级的功能行为。

功能块是一组网络变量和配置属性，它们一起共同执行一个任务，这些网络变量和配置属性称为功能块成员。功能块是功能模式的具体实现。

2. 开发步骤

如果没有现成的符合工作要求的 LonWorks 硬件设备，可能首先需要根据设备的工作任务定制硬件设备，这需要购买 Neuron 芯片或智能收发器，也许还需要购买收发器。

（1）定义存储映象

通常在设备研制和开发期间，可用 NodeBuilder 工具按照开发过程的步骤构建一个设备。在设备生产期间，可直接采用它的系统映象和应用映象来制造；而网络映象既可在设备生产期间安装，也可用网络管理工具在现场应用前安装。

（2）定义系统的完整功能

系统可以是由单一 LonWorks 设备组成的简单系统，也可以是由许多 LonWorks 设备组成的复杂系统。

如果系统是由许多 LonWorks 设备组成的 LonWorks 控制网络，应根据控制系统的完整控制策略，将控制系统分解为若干功能独立的模块或子任务，并以此来定义各模块在目标网络中的功能，以实现控制系统的完整方案。

（3）设备定义和功能分配

当把整个应用系统分解成一个或多个设备后，由于每个设备均是一个独立对象，需要根据设备的任务及对控制网络的作用和影响进行设备的定义和功能的分配。

如多数分布在现场的设备，可采用 Neuron 芯片作为应用程序处理器，组成基于 Neuron 芯片的设备。还有一些设备（如操作设备或监视设备）需要附加处理器或 I/O 功能，对这种设备可另加一个分离的主处理器，由它与内含在 LonWorks 网络接口中的 Neuron 芯片一起发挥作用，组成基于主机的设备。各设备的功能独立性与控制系统的控制策略完整性之间需要协调，此问题的解决好坏会对系统表现有很大的影响，这要确保网络中的设备应有足够的网络带宽用于通信。因此在功能定义时，对网络设计中的设备数目和类型、设备间如何逻辑连接、设备安装在何处、路由器如何选择路径、如何提高可靠性、多种通信媒体的连接等问题，都应给予充分的考虑。

（4）为每个设备定义外部接口

设备的外部接口为网络的设备之间如何交换信息定义了标准的格式和语义，主要包括功能块、网络变量和配置属性。其中功能块是网络变量和配置属性的集合，其目的是为了提高模块化设备设计的效率。功能块中的网络变量和配置属性共同用来完成某项功能。一个遵循 LONMARK 的设备包括一个或多个 LONMARK 对象，每个对象均有独有的对象类型数目、网络变量集以及配置属性等。网络变量通常用来表示 LONMARK 对象的状态，或者将新的值赋给网络对象。每个网络变量都具有特定的数据格式类型。一组标准网络变量类型 SNVTs 为网络变量定义了标准单元、范围和类型确认数目。配置属性常被用来配置 LONMARK 对象的操作。

LONMARK 对象、配置属性、网络变量和显式报文等这些外部接口是一个设备对其他设备的"可见"部分。根据外部接口的定义，不仅允许设备被独立开发，而且还能把网络集成和应用变化的影响做到最小化。这样无疑提高了第三方设备的互操作性。

定义设备外部接口在 LonWorks 系统设计中占有很重要的地位，主要包括从网络的角度看到的设备逻辑接口，定义一个设备如何与其他设备共享信息，共享什么样的信息，以及与设备有关的功能和硬件的逻辑表示。

（5）定制应用设备硬件

首先制作设备的硬件，如基于 Neuron 3150 芯片的定制设备主要由 Neuron 芯片、片外存储器、晶振、收发器和 I/O 硬件组成，如图 6-1 所示，图中片外存储器用于存放 Neuron 芯片的固件和其应用程序，I/O 硬件电路根据功能需要设计 AI、AO、DI 或 DO 通道。

（6）为设备编写应用程序

根据设备所承担的任务，采用 Neuron C 语言编写设备应用程序（即应用映象），包括 I/O 对象的配置、网络变量的定义、显式报文的构建、发送和接收等，以匹配每个设备与 Neuron C 对象的功能，定义事件，编写实现对象和任务的代码，实现网络环境的应用。

（7）调试、测试在设备上运行的应用程序

利用 NodeBuilder 开发工具，对每个应用设备的任务进行调试。首先需安装和配置好

LTM-10A LonTalk 设备；然后将编译和连接好的应用程序代码下载到 LTM-10A LonTalk 设备中；接着采用 Neuron C 调试器或 NodeBuilder 网络变量浏览器调试在 LTM-10A 设备上运行的应用程序；最后把 I/O 板或自定义的 I/O 接口添加到 LTM-10A 设备上，以测试 I/O 设备工作正常与否。

NodeBuilder 网络变量浏览器或 Neuron C 调试器可帮助测试和确认设备是否在正常工作。例如通过网络变量浏览器能设置输入网络变量的值和观察输出网络变量的值。

（8）将单个设备集成到网络中并测试

在网络集成和测试阶段，应该完成如下三项任务：

①把设备放在现场的合适位置，通过网络通信媒体或网络连接设备将其进行物理连接。

②完成设备的逻辑安装，建立与其他设备的逻辑连接。

③监视和测试设备之间的通信。

（9）为 LNS 设备插件（Plug—in）生成 Visual Basic 代码

一旦设备功能正常，为使设备安装和配置容易，可以创建 LNS 设备插件。LNS 设备插件是一个小应用程序，其功能是在设备安装到网络上时对其进行初始配置。

6.8.3 开发工具快速入门

1. 创建一个 LonMaker 网络

可以利用 LonMaker 集成工具设计、安装、操作和维护 LonWorks 网络。按照以下步骤创建一个新的 LonMaker 网络：

（1）点击 Windows 的"开始"菜单，指向"程序"，然后选择 LonMaker for Windows。此时 LonMaker 设计管理器会出现。

（2）点击 New Network 按钮，网络向导出现。

（3）在下一个对话框中为所开发的网络键入名字，然后点击 Next。如图 6-33 所示。

（4）如果连接了开发网络，需要设置 Network Attached，并在 Network Interface Name 下选择网络接口。

（5）如果连接了开发网络，选择 OnNet 管理模式。

（6）点击 Finish。此时 LonMaker 工具创建并打开了一个新的网络绘图窗口。

2. 创建一个 NodeBuilder 项目（Project）

NodeBuilder 项目可以收集所有所开发设备的相关信息。可以一个 NodeBuilder 项目对应多个 LonMaker 网络，也可以一个 NodeBuilder 项目对应一个 LonMaker 网络，但是在同一时刻，一个 LonMaker 网络只能和一个 NodeBuilder 项目配套使用。

可以利用 NodeBuilder 项目管理器（NodeBuilder Project Manager）创建、管理和使用 NodeBuilder 项目。

按照以下步骤创建 NodeBuilder 项目：

（1）打开 LonMaker 菜单，点击 NodeBuilder。

（2）选择 Creat a New NodeBuilder Project 选项，然后点击 Next。也可以通过拖动相应的 NodeBuilder 目标图形到 LonMaker 绘图区域，然后在 LonMaker 新设备向导中设置 Start NodeBuilder。

（3）为项目取一个名字，该名称与网络图形名称相同。

第 6 章 LonWorks 网络控制技术

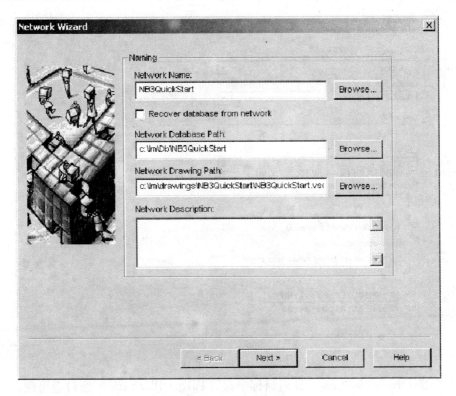

图 6-33 网络向导窗口

（4）点击 Next。

（5）点击 Finish 关闭 New Project 向导，此时会启动 NodeBuilder 新设备模板（New Device Template）向导。

3. 创建 NodeBuilder 设备模板

每一种类型的设备都通过两个设备模板加以定义，第一个是 NodeBuilder 设备模板，该模板制定 NodeBuilder 工具所需的信息用来提供构建设备所需数据；第二个是 LNS 设备模板，该模板定义设备接口，如 LonMaker 会根据所定义的设备接口对设备进行配置和绑定。

每一对设备模板都由一个惟一的程序 ID（program ID）识别，网络上每一个具有同一个程序 ID 的设备都必须具有同样的设备接口，并使用同一个设备模板。

可以使用新设备模板向导（New Device Template Wizard）来创建设备模板，在创建一个新的 NodeBuilder 后该向导会自动启动。或者也可以通过右击 NodeBuilder Project Manager 的 Device Templates 文件夹，然后点击快捷菜单中的 New Device Template 来启动新设备模板向导。

可以根据以下步骤创建 NodeBuilder 设备模板：

（1）键入 NodeBuilder 设备模板的名字，然后点击 Next。此时，Program ID 窗口会出现。

（2）点击 Calculator 按钮，标准 Program ID 计算器会出现。

（3）键入 ID 值。此时默认的值是在安装 NodeBuilder 工具软件时输入的制造商的 ID（Manufacturer ID）。如图 6-34 所示。

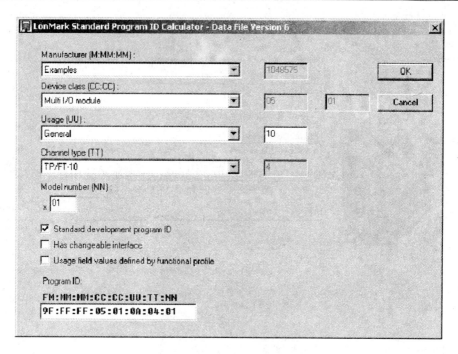

图 6-34 Program ID 窗口

(4) 点击 OK，然后 Next。此时目标平台（Target Platforms）窗口会出现。

(5) 对于 Development Build Hardware Template 选择 LTM-10A RAM，对于 Release Build Hadware Template 选择 LTM-10A Flash，然后点击 Finish。此时，NodeBuilder 代码向导（Code Wizard）会出现，如图 6-35 所示。

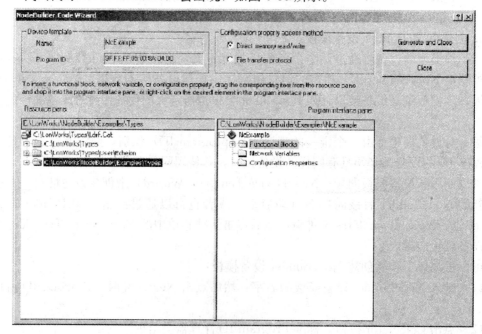

图 6-35 NodeBuilder 代码向导

第 6 章 LonWorks 网络控制技术

4. 编写 Neuron C 应用程序

Neuron C 基于 ANSI C，并为网络通信、设备配置、硬件 I/O 和事件驱动调度的需要进行了扩展。

NodeBuilder 工具含有 NodeBuilder 代码向导，代码向导根据所定义的设备外部接口自动生成 Neuron C 的源代码。设备外部接口包括设备所有的功能块、网络变量和配置属性。代码向导还为一个标准的名为节点对象（Node Object）的功能块生成代码，网络工具会利用节点对象功能块来测试和管理其他功能块。

图 6-35 中的左边窗格是资源窗格（Resource Pane），用来显示应用程序可以获得的资源。右边窗格是接口窗格（Interface Pane），用来显示和修改设备接口。可以通过从资源窗格拖动相应的文档和类型到接口窗口来定义外部接口。

在运行代码向导后，可以对所生成的代码进行修改，也可以在任何时候重新运行代码向导来修改设备的外部接口。详细信息请参考《NodeBuilder User's Guide》。

5. 编辑 Neuron C 源代码

代码向导生成的 Neuron C 源代码可以实现所需的外部接口，但并不能实现设备功能。此时需要对所生成的代码进行编辑以实现设备功能。相应的窗口如图 6-36 所示。

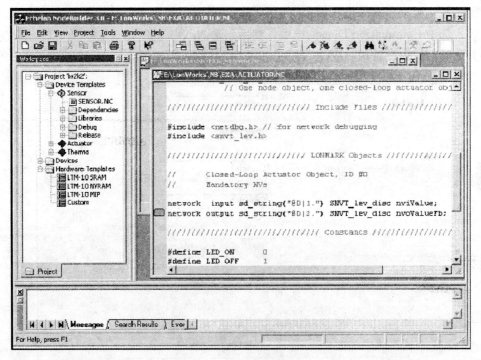

图 6-36 编辑应用程序代码

6. 编译、构建（Building）并下载应用程序

NodeBuilder 工具包含一整套完整的工具来编译 Neuron C 应用程序、构建应用映像，并可将应用映像下载到设备中。

NodeBuilder 工具会创建一套名为 device file set 的文件，该文件包含应用映像文件，该文件可被下载到设备中，以及设备接口（XIF）文件，该文件用来描述设备外部接口。

网络工具可以利用设备接口文件来确定如何对设备进行绑定和配置，NideBuilder 工具也会利用设备接口文件自动创建 LNS 设备模板。

可以按照以下步骤编译、构建和下载相关程序和信息：

（1）在 Project 窗格右击设备模板图标，然后在快捷菜单中点击 Build。

（2）如果出现构建错误（Error）或警告（Warning），双击指示错误或警告信息的语句，查看并修改出现错误或警告的语句，然后再次 Build。

（3）点击 Windows 任务栏中的 LonMaker 按钮，切换到 LonMaker 窗口。然后使用 LonMaker 工具安装、绑定、配置和测试项目中的设备。LonMaker 工具会显示一个网络绘图区域，用来描述设备、功能块和网络连接信息。LonMaker 工具还会显示含有各种设备图形的模板（Stencil），可以通过拖动相应的设备图形到 LonMaker 绘图区来添加新的设备、功能块和网络连接。用户也可以创建自己的图形。NodeBuilder 基本图形（NodeBuilder Basic Shapes）模板中包含两个可用来定义设备的图形，分别是 Development Target Device 图形和 Release Target Device 图形。这些特殊的设备类型可以用来和网络上的其他设备加以区分。

（4）从 NodeBuilder Basic Shapes 模板区域拖动一个 Development Target Device 到网络绘图区域，则会启动一个新设备向导窗口，在该窗口键入设备名称。

（5）选中 Commission Device 选项，然后点击 Next。此时出现了一个窗口，可以在该窗口上选择与目标设备相对应的 NodeBuilder 设备模板。如图 6-37 所示。

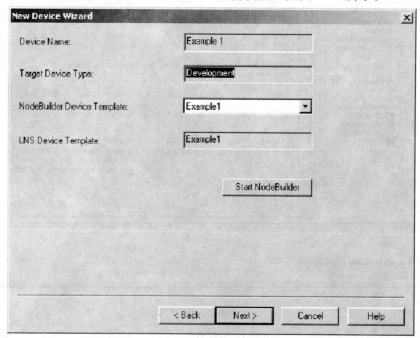

图 6-37 选择与目标设备相对应的设备模板

（6）选择好设备模板后点击 Next。然后在下一个出现的窗口上选择所有的默认选项，此时会出现一个带有 Load Application Image 选项的窗口。

（7）选中 Load Application Image，然后点击 Next。新设备向导的最后一个窗口出现了。

(8) 选择 Online 设备状态选项来启动设备,然后点击 Finish,此时"按下服务引脚(Press Service Pin)"窗口出现。

(9) 按下需要下载并安装的 LTM-10A 平台或自己开发硬件设备上的 Service 按钮,LonMaker 工具会将应用映像下载到相应的设备中。

7. 测试设备接口

使用 NodeBuilder 工具可以很方便地对设备本身进行测试,NodeBuilder 工具还可以将设备集成到测试网络中测试该设备与其他设备的互操作性。

第一个需要用到的测试工具是 LonMaker 浏览器(Browser),该浏览器可以显示出设备所有的输入和输出网络变量,以及相应的配置属性。

可以按照以下步骤利用 LonMaker 浏览器测试设备接口:

(1) 右击 LonMaker 绘图区域的设备图标,然后点击快捷菜单中的 Browse,则如图 6-38 所示的 LonMaker 浏览器窗口会出现,它显示出所创建的功能块和每个功能块的网络变量、配置属性。

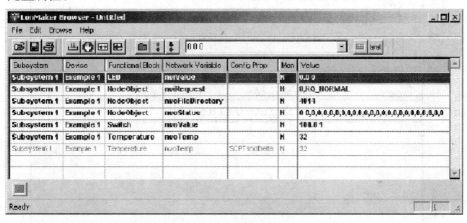

图 6-38 LonMaker 浏览器

(2) 点击工具栏中的 Monitor ALL (图标)图标轮询所有网络变量值。

(3) 点击网络变量值可以将其拷贝到 Browser 工具栏的 Value 域。

(4) 点击 Value 域加亮变量值,然后键入新值,则可修改网络变量的值,从而可对设备功能进行测试。

8. 调试设备功能

如果在测试设备接口时一切正常,则可跳过调试这一步,接着进行设备的连接工作。但是如果设备功能不符合要求,则可用 NodeBuilder 调试器(Debugger)对设备进行调试。

按照以下步骤对设备进行调试:

(1) 点击 Windows 任务栏中的 LonMaker 按钮,切换到 LonMaker 窗口。

(2) 右击设备图形,然后在快捷菜单中选择 Debug,NodeBuilder 项目管理器(Project Manager)会出现,而且会启动调试会话框。在启动调试会话框时会出现暂停,因为 NodeBuilder 工具需要和设备的调试内核建立通信。

(3) 双击项目（Project）窗格中需要调试的程序名称，相应的调试（Debug）会弹出。

(4) 找到需要调试的语句，右击该语句，然后点击快捷菜单中的 Toggle Breakpoint 选项，屏幕上将会出现断点标志（●），而且该语句行被添加到断点列表（Breakpoint List）窗格中。

(5) 对设备硬件进行相关的操作，程序会运行到断点处停止。

(6) 右击相关的变量名，然后点击快捷菜单中的 Watch Variable，变量观察（Watch Variable）窗口将会弹出。如图 6-39 所示。

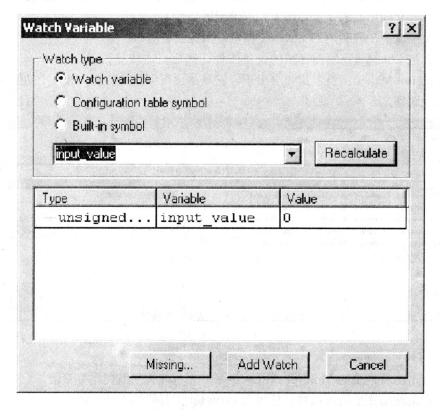

图 6-39　变量观察窗口

(7) 点击变量观察窗口中的 Add Watch，该变量会被添加到 NodeBuilder 项目管理器底部的变量观察列表（Watchlist）窗格中，该窗格中会显示所有被添加到该窗格中变量的当前值。

(8) 利用 Debug 工具栏中的单步执行（Step Into）按钮（🔲），单步执行程序代码，直到到达相关 when 语句的结束部分，观察变量的当前值。

(9) 点击恢复（Resume）按钮（▶），应用程序将会恢复到正常状态。

(10) 打开 Debug 菜单，点击 Stop Debugging，然后选择快捷菜单中的 All Devices。

(11) 如果设备运行情况不满足功能要求，则需要对应用程序进行相应的修改。

（12）此时需要选择 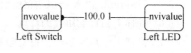 图标，以保证在构建（Build）之后应用映像会自动下载。

（13）右击 Project 窗格中的设备模板（device template），然后点击快捷菜单中的 Build，NodeBuilder 工具会重新构建相关的应用程序和相关信息，并将其下载到相应的设备中。

（14）重复上述"测试设备接口"的步骤对设备进行测试，直到设备本身的功能满足要求为止。

9. 安装设备并在网络中测试设备

经过一系列的测试和调试工作，现在设备本身的功能已经符合要求，需要将设备放到网络中进行测试。此时需要利用 LonMaker 工具所开发的设备连接到其他设备上，并在网络中验证其操作功能。

按照以下步骤完成设备安装和连接工作：

（1）点击 Windows 任务栏中的 LonMaker 按钮，切换到 LonMaker 窗口。

（2）从 NodeBuilder Basic Shapes 模板中重复拖动与所开发设备相关的 Functional Block 图标到 LonMaker 绘图窗口。此时会弹出功能块向导窗口（Functional Block Wizard），可以利用该向导完成功能块的连接。注意在设置过程中必须选中 Creat Shapes for All Network Variables 选项。

（3）在将所有相关设备的功能块都拖动到 LonMaker 绘图区后，从 NodeBuilder Basic Shapes 模板中拖动 Connector 图标到绘图区，并将其两个端点与需要连接的输入和输出网络变量连接上。

（4）双击进行连接的 Connector 图标，即可观察和监视网络变量连接情况。此时，变量的当前值会出现在连接线上。图 6-40 给出了网络变量连接部分的示意图，图 6-41 给出了 6.4.7 节中用开关控制灯应用实例中网络变量连接和监视界面。

（5）对所开发的设备进行相应的操作，观察网络变量值的变化情况，对设备在网络中的运行情况进行测试。

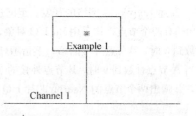

图 6-40　网络变量连接

10. 为 LNS 设备插件（Plug-in）生成 Visual Basic 代码

一旦设备运行正常，开发人员可能会希望设备更容易安装和配置，为达到此目的需要创建 LNS 设备插件。LNS 设备插件可以提供一个简单的特定设备的配置工具，该工具可以由另一个 LNS 应用模块（如 LonMaker）启动。插件程序会使设备更易于安装和配置，这是因为它可以为相关设备提供专用的外观和功能块。

LNS 设备插件可以用 Visual Basic 或 Visual C++编写。NodeBuilder 工具中含有的 LNS 设备插件向导（LNS Device Plug-in Wizard）可以生成以 Visual Basic 编写的一个初始 LNS 设备插件，可以对该插件进行更新，以便集成工具能够更为方便地安装和配置相关设备。

这部分为选作步骤，具体创建 LNS 设备插件的内容请参考相关的手册内容。

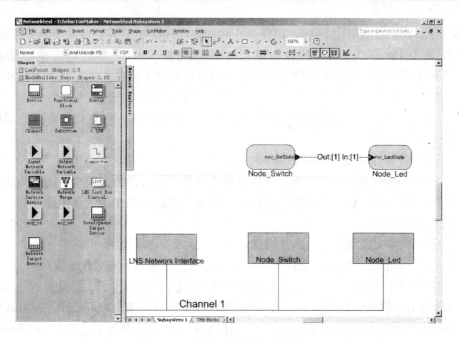

图 6-41 网络变量连接和监视界面

习 题 和 思 考 题

6-1 Neuron 芯片有什么特点？各组成部分有什么功能？

6-2 Neuron 芯片通信端口有哪几种模式？各有什么特点？

6-3 说明哪些操作会引起 Neuron 芯片复位。

6-4 说明 Neuron 芯片中 SERVICE 引脚的作用，并说明如何将节点安装到网络上。

6-5 Neuron C 和 ANSI C 有什么区别？

6-6 简述 LonTalk 协议的特点。

6-7 简述 LonTalk 协议的报文服务方式。

6-8 说明 LonTalk 协议的寻址方式。

6-9 简述 LonWorks 网络的开发、组网过程。

6-10 有两个节点，均采用 Bit I/O 对象，其中 A 节点用来计取脉冲个数，B 节点外接三盏灯，当 A 节点计数到 3 时，B 节点外接的第一盏指示灯亮；当 A 节点计数到 6 时，控制 B 节点外接的第二盏指示灯亮；当 A 节点计数到 9 时，B 节点外接的三盏指示灯全亮，以后重复上述过程。试编写两个节点的应用程序，并画出两个节点的 Neuron 芯片 I/O 引脚接线图和网络变量连接图。

第7章 计算机控制系统设计与实现

设计或组建计算机控制系统是一项复杂的工作,它既是一个理论问题,又是一个工程问题,涉及自动控制理论、计算机技术、检测技术及仪表、通信技术、电气工程、工艺设备乃至控制室的规划与装修等。其中理论设计工作主要包括以下几点:建立被控对象的数学模型;确定控制系统的性能指标函数,寻求满足该性能指标函数的控制策略并整定参数;选择适当的软件平台及语言进行软硬件设计,并对硬件提出具体要求等。本章主要介绍计算机控制系统设计的原则与步骤,其工程设计与实现等。

7.1 系统设计的原则与步骤

7.1.1 系统设计的原则

尽管计算机控制的被控对象多种多样,系统设计的方案和具体技术指标也是千变万化的,但在设计计算机控制系统中应该遵循的共同设计原则是一致的,即:可靠性要高,操作性能要好,实时性要强,通用性要好,经济效益要高。

1. 可靠性高

由于实时控制用计算机的工作环境多在实际现场,其工作环境一般比较恶劣,周围有各种干扰随时会威胁其正常运行。而且一旦控制系统出现故障,轻者影响生产,重者造成事故。因此在设计过程中要将安全可靠放在首位。首先要选用高性能的计算机,以保证在恶劣的环境下仍能正常运行。其次是设计可靠的控制方案,并具有各种安全保护措施,例如报警、事故预测、事故处理、不间断电源等。

2. 操作性好

操作性好表现在使用方便和维修容易两方面。

使用方便表现在操作简单,直观形象,便于掌握。设计时就应考虑到怎样降低对操作人员的专业知识要求,并兼顾原有的操作习惯。

维修容易体现在易于查找故障,易于排除故障。采用标准的功能模板式结构,以便于更换故障模板。并在功能模板上安装工作状态指示灯和监测点,便于维修人员检查。另外还要配置诊断程序,用于查找故障。

3. 实时性强

实时性表现在对内部和外部事件能及时响应,并作出相应的处理,不丢信息,不延误操作。为此,应该配有实时操作系统、过程中断系统等。

4. 通用性好

计算机控制的对象千变万化,各被控对象的控制要求是不同的,且被控对象和过程参数有可能增减变化。另外控制计算机的研制和开发均需要一定的周期和时间。因此系统设计时要考虑能适应各种不同的设备和各种控制对象,并采用积木式结构,按照控制要求灵活构成系统。故要求系统的通用性要好，并能灵活进行扩充。

5. 经济效益高

计算机控制应该带来高的经济效益，系统设计时要考虑性能价格比。经济效益表现在两方面：一是系统设计的性能价格比，在满足设计要求的情况下，尽量采用廉价的元器件；二是投入产出比，从提高产品质量与产量，降低能耗，消除环境污染，改善劳动条件等方面进行综合评估。

7.1.2 系统设计的步骤

系统的设计方法和步骤随系统的控制对象、控制方式、规模大小等不同而有所差异，但是从宏观上来看，计算机控制系统设计的基本内容和主要步骤是大体相同的，一般应分为以下几个步骤。

1. 研究被控对象、确定控制任务

在进行系统设计之前，首先应当对控制对象进行深入的调查和分析，熟悉其工艺流程，并根据实际应用中存在的问题提出具体的控制要求，确定所设计的系统应该完成的任务。最后写出论证报告，提出系统的控制方案。再根据该控制方案，画出系统组成框图，作为进一步设计的基础和依据。

2. 确定系统总体控制方案

一般设计人员在调查、分析被控对象后，已经形成系统控制的基本思路或初步方案。一旦确定了控制任务，就应依据设计任务书的技术要求和已做过的初步方案，开展系统的总体设计。

计算机控制系统是由硬件和软件共同组成的。对于某些既可以用硬件实现，又可以用软件实现的功能，在进行设计时，应当充分考虑硬件和软件的特点，合理地进行功能分配与协调。一般而言，多采用硬件可以简化软件的设计工作，并使系统的快速性得到改善，但会增加成本，甚至会因增加硬件接头点数而导致不可靠因素增加。若用软件代替硬件功能，虽可减少硬件成本，增加系统的控制灵活性，但系统的速度会相应降低。因此要根据控制对象的要求，在确定总体方案时采取合理的分配方案。

另外，将计算机应用于控制系统时，可靠性是非常重要的。因此在确定系统总体方案时，还应考虑到计算机控制系统的可靠性设计问题。

3. 控制算法设计

首先对被控对象建立数学模型，再对系统进行分析、综合，按照具体的控制对象和不同的控制性能指标要求来设计控制律，为计算机进行计算和处理提供依据。

控制的实时性是计算机控制系统的一个基本要求，如果所选控制策略和控制算法过于复杂，一方面使得系统的设计、实现、调试等比较困难，另一方面增加了CPU运算量，可能难以满足实时性要求。因此，可以根据需要将控制算法和对象模型做某些合理的简化，忽略某些次要因素如小惯性环节、小延时环节等，以降低软件复杂度、提高实时性。

4. 系统硬件设计与开发

首先要针对确定的控制系统总体方案选用一些现成的硬件设备与模块，然后再设计及开发所需的其他硬件。

(1) 选择系统的总线

系统采用总线结构，可以选用符合总线标准的功能模板，不必考虑模板间的匹配问题,从而简化硬件设计。常用系统的内总线有 PC 总线和 STD 总线两种,可根据需要选择其中的一种。系统的外总线具体选哪一种,要根据系统通信的速率、距离、系统拓扑结构、通信协议等要求来综合分析确定。

(2) 选择主机机型

在总线式工业控制机中有许多机型,其采用的 CPU 有 8088、80286、80386、80486、80586 等多种型号,内存、硬盘、主频、显示器等也有多种规格,设计人员可以根据要求合理地进行选型。或者也可以选用单片计算机、PLC 等实现计算机控制功能。

(3) 输入输出通道设计

确定系统应设置什么类型的通道,每个通道由几部分组成,各部分选用什么元器件等。开关量输入要解决电平转换、抗干扰等问题。开关量输出要解决功率驱动问题等。模拟量输入通道主要由信号处理装置(滤波、隔离、电平转换等)、采样保持器和放大器、A/D 转换器等组成。模拟量输出通道主要由 D/A 转换、放大器等组成。

(4) 选择变送器和执行机构

变送器是一种仪表,它可将被测信号转换为可以远传的统一标准信号(0~10mA、4~20mA)。常用的变送器有温度变送器、压力变送器、流量变送器等各种变送器。系统设计人员可根据被测参数的种类、量程、被控对象的介质类型和环境来具体选择。

执行机构接收计算机发出的控制信号,并将它转换成调整机构的动作,使生产过程按预定的要求正常运行。执行机构分为气动、电动、液压 3 种类型。气动执行机构的特点是结构简单、价格低、防火防爆;电动执行机构的特点是体积小、种类多、使用方便;液压执行结构的特点是推力大、精度高。常用的执行机构为气动和电动的。

(5) 操作员控制台设计

单独设计操控台成本较高,且要占用输入输出接口,但实用性、可靠性好,操作方便。

对于较小的控制系统,也可以不另外设计操控台,而将计算机所带的输入键盘改成方便于操作员输入数据和发出控制命令的键盘。但要设计一个键盘管理程序,按照便于数据输入、修改参数和发出命令的要求,将各键赋予新的功能。这种方案简单易行,但往往缺乏必要的数字显示和状态指示,现场操作人员使用仍有些不便。

(6) 硬件设计与开发

硬件设计的任务在总体设计阶段已确定下来,这里主要是根据系统总体框图,设计出系统电气原理图,再按照电气原理图着手元件的选购和开始施工设计工作。通常除计算机外,系统硬件可能有接口通道的扩充、简单的组合逻辑或时序逻辑电路、供电电源、光电隔离、电平转换、驱动放大电路等。从硬件元件的选定、筛选、印刷电路板制作、单元电路设计和试验以及每块单板的焊接调试,每一环节都必须认真做好,才能保证硬件的质量。

5. 软件设计与开发

软件设计包括选择系统软件和设计应用软件。前者主要是选择操作系统和计算机语言,后者是根据控制对象的要求编制应用程序。

软件设计的原则是用较少的资源开销和较短的时间设计出功能正确、易于阅读、便于修改的程序。为此要采用科学的软件设计方法。常用的软件设计方法有流程图法、模块化法、层次结构法和自顶向下法，或这几种方法的综合。

同硬件设计一样，软件设计也是一个边设计边调试的过程，它主要有以下步骤：

（1）问题定义。问题定义阶段需要明确软件应该完成哪些任务、硬件电路如何配合以及中断处理方法等，并绘制软件总体流程框图。

（2）细化设计。细化设计就是对总体流程框图进行自顶向下的划分，逐步定义软件的各级功能模块，并进行底层模块的详细设计，最终形成详细的软件流程框图。

（3）编制源程序。即按照细化的软件流程框图，编制软件的源代码。

（4）形成可执行代码。对源程序进行汇编、编译以及必要的连接，生成计算机可执行的目标代码。

（5）调试。采用设置断点、单步追踪等手段检验软件模块的功能及整个软件的正确性。

6. 系统联调

系统联调包括硬件调试、软件调试、模拟调试和现场投运。其中前两项是基础，模拟调试是检查硬件和软件的整体性能，为现场投运做准备。现场投运是对全系统的实际考验与检查。系统调试的内容很丰富，遇到的问题会千变万化，解决的方法也是多种多样，并没有统一的模式。

（1）硬件调试

对于标准功能模块，按照说明书检查其主要功能；所使用的仪器仪表在安装前按照说明书要求校验完毕；对 A/D、D/A 模板，应先准备信号源，再检查其零点、满量程、线性度；对开关量输入输出模块，则必须利用开关量输入和输出程序来检查。

（2）软件调试

软件调试的顺序是首先调试子程序，然后调试功能模块，最后再用主程序将它们连接在一起，进行整体调试。整体调试的方法是自底向上逐步扩大。首先按分支将模块组合起来，以形成模块子集，调试完各模块子集，再将部分模块子集连接起来进行局部调试，最后进行全局调试。通过整体调试能够将设计中存在的问题和隐含的缺陷暴露出来，从而基本上消除编程上的错误，为以后的模拟调试和现场投运打下良好的基础。

（3）模拟调试

模拟调试就是在实验室模拟被控对象和运行现场，由计算机对模拟对象进行控制，证明整个控制系统的设计基本正确、合理，并进行长时间运行实验和特殊运行条件（如高温、低温、抗干扰等）的考验。

（4）现场投运

现场投运是在生产现场对计算机控制系统的全面检查与考核，期间要考虑安全、抗干扰等问题。在现场投运的过程中，往往会出现许多错综复杂、时隐时现的现象，出现设计过程中未考虑到的问题，暴露出设计的缺陷。这时计算机控制系统的设计者应当认真分析问题根源所在，寻求并解决各种问题。对于系统可靠性和稳定性应当经受长期考验，针对现场的特殊环境，采取行之有效的措施。

计算机控制系统设计的过程是一个不断完善的过程。设计一个实际系统往往不能一次就设计完善。或者是因为方案设计考虑不周，或者是因为提出了新的要求，常常需要反复多次修改补充，才能得到一个理想的设计方案和调试出一个性能良好的控制系统。

7.2 系统集成技术

系统（System）是由多个元素有机结合在一起，并执行特定功能以达到特定目标的集合体，系统应有整体性、层次性、相关性、目的性以及环境适应性等特性。集成自动化系统是比较复杂的系统。企业网络也是一个系统，也可能是集成自动化系统中的一个子系统。

集成（Integration）又可称为综合，可理解为：一个整体的各部分之间能彼此自动地、协调地工作，以发挥整体效益，达到整体优化的目的。集成不仅仅是各种元素的简单拼接，而且要产生集成的效果。集成（Integration）的思想存在于人们生活的方方面面。

系统集成（System Integration）可理解为：按系统整体性原理，将原来没有联系或联系不紧密的元素组成为具有一定功能的，满足一定目标、相互联系、彼此协调工作的新系统的过程、技术与科学，因而引出系统集成工程、系统集成技术、系统集成方法或理论、系统集成体系结构或框架以及系统集成商（者）等。

系统集成引起的复杂性和多样性使系统难以从一个角度或用一个视图来进行分析综合，需要采用递阶（分层）的或多维的体系结构描述。而网络系统集成是各类系统集成的重要基础或支撑环境，在集成自动化系统的体系结构中，计算机网络系统是一个重要的组成部分。

7.2.1 集成系统的结构与组成

被集成的系统应具有一定的体系结构。如对于生产企业而言，需集成底层设备、过程控制、自动加工机械、计算机、操作员、经理人员和通信系统等各个部分。随着工业设备、计算机、通信技术越来越开放和标准化，按照一定的标准将不同供货商的产品和服务进行组合，构成集成的开放系统，由服务供应商承担责任和风险，对用户提供"交钥匙"（Turn-key）工程，成为系统集成的主要任务。系统集成不是一套单一的系统，也不是一套计算机硬件（包括计算机系统和网络），更不是一套软件（如ERP）。系统集成不仅仅是开放系统和标准化，而是一种融合了应用系统行业特征、计算机知识、通信技术和系统工程方法的综合技术，它包含了许多思想、哲理和观念，是指导应用系统建设的总体规划、分步实施的方法和策略，是向用户提供符合需求的一体化解决方案。根据系统的应用特征，可以有控制系统集成、计算机系统集成、制造系统集成、金融信息系统集成、卫生保健信息系统集成、智能楼宇集成以及家电系统集成等多种集成行业。从事系统集成的企业也因各自具有对专门的行业系统集成的经验而被划分成相应行业的系统集成者或相应行业的信息系统集成者。

虽然对于各个不同的行业，系统集成的主要任务和所参考的技术有所不同，但从广义上来看，所有系统集成都包括系统体系结构、物理集成、信息集成、功能集成、经营集成和人机集成等方面的内容，因此都必须按照一定的系统化方法来进行。

1. 集成系统的体系结构

每一种特定的集成系统都是在信息科学与计算机技术的推动下，对系统原有业务流程进行有序改革和整合而发展起来的新型高效多能系统，具有明确的体系结构。集成系统是个别开发的非现卖品，它不可以直接从某处购得。在集成系统的设计过程中，遇到的技术、人员、社会和经济因素繁多，它们对系统的影响巨大，所需的知识分散在许多不同人的头脑之中。考虑系统体系结构，以系统的手段定义系统结构、参考模型，提出形式化建模方法、系统化分析与设计方法及综合指标评价方法，可以降低集成风险，提高集成效益，有效延展集成系统的生命周期。

集成系统的体系结构，目的在于为特定的系统集成提供一整套结构（Structure）、模型（Model）、基础设施（Infrastructure）和实施方法（Implementation）。也可以从视角（或观点）、时间尺度和参考模型这3个方面来理解集成系统的体系结构。从时间角度来看待系统集成，它应该包括系统概念形成、可行性论证、需求分析、设计和实施以及运行等阶段。系统总是有生有灭的，而且系统的生灭是不断循环的。每个阶段所面临的任务不同，采用的技术手段和方法各异，核心问题呈现各自特有的重点。集成的基础设施是集成自动化企业中另一项重要内容。因为在实践中，各种应用系统的集成往往是在多厂商提供的各种异构的软件、硬件的基础上，把各项单元技术的应用综合为一个整体，这就需要有一个能把不同层次的异构系统联系在一起的超级操作系统以及集成的基础设施。一般认为，应用系统的集成基础设施至少包括：实现全系统范围的信息交换和通信管理的通信服务；实现全系统范围的数据及数据管理的信息服务，包括应用程序前端、机器前端和人的前端的前端服务；以及实现经营过程控制服务、活动控制服务和资源管理服务的经营过程服务。这些服务的基本作用是完成异构的同化作用，使得用户可以通过集成的基础设施而方便地使用异构系统。

实施方法也属于集成自动化系统体系结构的一部分。在探讨集成自动化系统时，应将系统工程的思想和方法贯彻于始终，明确提出每个阶段的任务、重点、方法、可使用的模型和技术，确立各阶段的文档要求，分清各人的责任，使得每项工作都紧密围绕核心的集成问题，每个人的每项活动都可以检查。

2. 系统集成的各个方面

（1）系统集成的核心——信息集成

狭义的系统集成就是信息集成，即利用计算机、通信、数据库等信息处理技术和设备，采用一定的系统结构和设施对组织内外的业务数据流进行操作、传输和重组。信息集成所涉及的关键技术是数据分析、处理与操作，即通常所谓数据库技术。表7-1归纳了数据库技术的进展情况。

数据库技术的进展　　　　　　　　　　　　表 7-1

年代	20世纪60、70年代	20世纪80年代	20世纪90年代初~中	2000年前后
特征	大型数据文件	集中式DBMS 界面处理与业务逻辑集中在服务器端	分布式DBMS 界面处理与业务逻辑分离的C/S结构	分布式DBMS 浏览器/WWW服务器/DB服务器3层结构
硬件	主机-终端	LAN	LAN连接而成的WAN	Internet
数据库	无	非开放式关系型	开放式关系型	开放式面向对象型

数据库的设计有许多现成的方法和成功的经验可供参考，如DD（数据字典）、DFD（数据流图）、E-R（实体-关系）、IDEF1x以及面向对象的设计方法等。

（2）系统集成的基础——物理集成

将系统所覆盖的各种通信、计算、控制和处理资源（包括计算机、机械处理设备与操作管理人员）实际连接起来，形成一个相互通信的整体（或称为系统的基础设施，Infrastructure），这是物理集成的主要内容。

物理集成的关键技术是计算机及通信网络技术。一般而言，集成系统的网络可以分成 Infranet（企业控制网）、Intranet（企业内部网）和 Extranet（企业外部网）3 个部分。值得注意的是，网络技术的发展对系统的组织管理模式不断提出新的挑战，如今的制造业已经出现了"扁平化结构"、"动态企业联盟"以及"虚拟企业"等趋势。好的系统集成者不仅仅为应用系统搭建一个可用网络，而是要深入分析应用系统业务流需求，找到它们与网络技术的关联，进而设计出更完整有效的应用系统基础设施。

(3) 系统集成的目标——功能集成

毋庸讳言，系统集成的任务是利用先进技术重组应用系统经营流程，从而实现既定功能，并为企业获得进一步发展空间。因此，系统集成者必须从系统功能的角度入手解剖应用系统业务流，分析数据关系，而不是反其道而行之。

进行系统功能分析和设计的常用方法有 U/C（使用/创建）矩阵、HIPO（递阶输入—处理—输出）、IDEF0 等。读者可从中选用。

(4) 系统集成的关键——人机集成

系统集成中容易被忽视的是对人的考虑。集成系统不是完全自动化的系统，这是因为：有时因为成本或技术原因必须采用人力取代可能的自动化设备；人是系统的创建者、指挥者，人必须闭环在应用系统中。有数据表明，制造业中 70% 的系统故障源于人的错误判断或操作，金融系统中人的决策错误会造成重大经济损失。集成的系统应是一个人机系统，即人机合理分工合作的人、机、环境和谐的系统。

人机集成可以从 3 个角度来考虑：从实施的角度确定自动化与人的创新劳动的分界；从生命周期的角度确定人、机在各阶段中的作用；从系统结构的角度确定不同人机交互的层次。

(5) 系统集成的灵魂——经营集成

任何企业都有一定的经营目标。制造企业是以最优质的产品最大限度地满足客户要求以获得最大利润；证券服务要以最快捷、准确全面的信息和分析帮助投资者迅速做出正确判断和行动；政府机关以服务大众、稳定社会为目标。系统集成最终必须为经营目标服务，为经营者提供更好的经营环境。

虚拟企业是经营集成的一个良好实例。所谓虚拟企业，指原来独立经营的企业因为共同的利益彼此合作，形成地理上分布、经营上协调的虚拟实体。系统集成者在进行新的应用系统集成时，要充分考虑给予经营者更多的经营优势，如引入 GDSS（群决策支持系统）、CSCW（计算机支持协同工作）、动态企业联盟、Extranet 等。

(6) 系统集成的约束——价值集成

系统集成者面临的集成任务常常是对原有分散的信息资源进行重新整合，而不是建立一个全新的系统。因此，如何使原有系统价值得以保留是价值集成要解决的问题。原有系统的价值可能体现在客户数据等信息资源上，也可能体现在各种档次的计算机、操作设备等软硬件资源上，还可能体现在管理、操作人员的经验上。

(7) 系统集成的保证——技术集成

系统集成者必须密切关注技术的发展进程，主动将最新的技术思想和成熟的产品引入系统设计中，以确保设计的系统在若干年内仍具有生命力。在具体的系统集成实践中，集成需要妥善处理先进性与实用性、通用性与专用性、长远与当前、开放性和安全性的技术协调。

7.2.2 数据交换与接口技术

不同的两个应用软件之间的数据交换目前有几种方法，它们分别是：

(1) OPC（客户机/服务器方式）：它采用COM、DCOM的技术，是目前DCS，PLC和数据采集系统的人机界面数据交换的主要手段。

(2) 应用编程接口（API）：通过访问DLL（Dynamic linking library）或Active X，以语言中的变量形式交换数据。虽然应用很广泛，数据交换的速度非常快，但形不成统一模式，使用时必须用语言编写。由于编程人员的水平相差很远，所以软件质量难以保证。

(3) 开放数据库连接（ODBC）：适用于与关系数据库交换数据，它是用SQL语言来编写的，对其他场合不适用。

(4) 微软的动态数据交换（DDE）：应用比较方便，针对交换的数据比较少的场合。目前很多技术人员比较喜欢采用这种方法。下面对这种方法进行介绍。

1. 关于DDE、FastDDE、NetDDE和Suitlink

DDE（Dynamic Data Exchange）是由微软开发的通信协议，该协议允许在Windows环境中的应用程序彼此发送/接收数据和命令。它在计算机内部两个同时运行的应用程序之间实现一种客户——服务器关系。服务器应用程序提供数据并接收对这些数据感兴趣的其他应用程序的请求，发请求的应用程序叫做客户。一些应用程序（如Intouch和Microsoft Excel）可以同时作为客户或服务器程序。

FastDDE提供了一种方法，它把许多FastDDE专用消息压缩成单个Microsoft DDE消息。这种压缩由于减少了客户机和服务器之间所需的DDE交易总数，从而提高了效率和性能。虽然Wonderware公司的FastDDE已经把DDE的使用扩充到PC，但这种扩充在分布式环境中正在到达其性能极限。

NetDDE扩充了WindowsDDE的功能，以包括局域网之间和通过串行Wonderware端口的通信。网络扩充允许把通过网络或调制解调器连接的运行于不同计算机上的应用程序进行DDE连接。例如，NetDDE支持由LAN连接的IBM-PC上运行的应用程序，和使用如VMS及UNIX操作环境的非PC平台下识别DDE的应用程序之间的动态数据交换。

Wonderware Suitlink使用基于TCP/IP的协议。Suitlink专门设计以适合工业需要，例如数据完整性、高吞吐量以及诊断简单，此协议标准仅被支持于Microsoft Windows NT4.0或更高版本中。Suitlink不是对DDE、FastDDE或NetDDE的一种替代，每一次在客户机和服务器之间的连接依赖于实际的网络情况。Suitlink是为高速工业应用程序专门设计的。

在使用OPC服务器之前，如果想把DCS的信号从PC、Windows NT4.0为基础的操作站读出数据，一般采用NetDDE软件，可以像Excel那样显示出来。但是，DDE有一个缺点，消耗CPU和存储器的资源比较大，如果从DCS的操作站读取数据，在取的数据比较大时，会影响到操作站的工作。

后来 Rockwell software 公司又开发了 Advance DDE，DDE 没有成为标准。

2. Windows 的 DDE 原理

应用程序用 DDE 的链路不仅可进行一次数据传递，而且当数据更新时不需要用户参与就可自动进行数据交换。更重要的是，要实施 DDE 协议，应用程序仅需要与操作系统接口，而应用程序之间无需接口，这种灵活的特性使 DDE 成为 Windows 应用程序普遍支持的一种接口协议。

Windows 的 DDE 机制基于 Windows 的消息机制。两个 Windows 应用程序通过相互之间传递 DDE 消息进行 DDE 会话（Conversation），从而完成数据的请求、应答、传输。这两个应用程序分别称为服务器（Server）和客户（Client）。服务器是数据的提供者，客户是数据的请求和接收者。

在应用程序中建立 DDE，首先要建立 DDE 会话（DDE conversation）。DDE 会话包括 DDE 客户端程序和 DDE 服务器端程序。DDE 客户端是对话的发起人或者说是请求者，而 DDE 服务器是对话请求的响应者。

DDE 共有三层会话协议：

（1）应用程序名（Application）位于层次结构的顶层，用于指出特定的 DDE 服务器应用程序名。每一种支持 DDE 的应用程序都有一个应用名用于建立会话的通道。

（2）主题名（Topic）是服务器端所能识别的数据单元，更深刻地定义了服务器应用程序会话的主题内容。服务器应用程序可支持一个或多个主题名。

（3）项目名（Item）是一种"子主题"。更进一步确定了会话的详细内容，每个主题名可拥有一个或多个项目名。它是 DDE 会话中真正进行数据交换的部分，是所要链接数据的部分，所传输的数据可以是标准的或已注册的剪贴板格式。

一旦客户端和服务器之间的 DDE 会话开始，在客户端和服务器端应用程序之间就建立了数据链接。通过该数据链接，应用程序之间就可以自动地进行数据交换。根据数据在链路上的交换方式不同，数据链接可以分为以下三种方式：

手动链接：只有当客户应用程序请求时，服务器应用程序才发送数据；

通知链接：建立了会话后，如果服务器应用程序的数据更新了，将发送一个消息给客户应用程序；

自动链接：如果服务器应用程序的数据更新了，将自动把数据发送给客户应用程序。

3. VB 中 DDE 的实现机制

Visual Basic 是开发 Windows 应用程序的一种面向对象程序设计语言，它支持 Windows 环境下的 DDE 通信机制，并提供了 DDE 的编程接口。在应用程序编制时，TextBox、Label 等控件均可作为客户或服务器进行 DDE 会话，这里简要介绍控件 TextBox 的 DDE 编程接口。TextBox 控件提供了动态数据交换的 LinkTopic（链接主题）、LinkItem（链接项目）、LinkTimeout（链接等待时间）和 LinkMode（链接模式）四种属性。

LinkTopic（链接主题）属性：字符串型，设置或返回客户或服务器应用程序名和主题名，格式为"应用程序名|主题名"，应用程序的可执行文件名去掉 .EXE 后缀，则成为 DDE 中的应用程序名。

LinkItem（链接项目）属性：字符串型，设置、返回客户或服务器项目名。

LinkTimeout（链接等待时间）属性：整型，是指动态数据交换中客户和服务器双方等待对方响应 DDE 消息的最长时间。

LinkMode（链接模式）属性：它有 0-None（无链接）、1-Automatic（自动链接）、2-Manual（手动链接）和 3-Notify（通知链接）四种方式。

在编写 DDE 应用程序时，按要求实际设置链接控件的这几个属性即可。

下面给出 VB 访问组态王数据的通信实例：

首先在组态王中定义 I/O 数据变量，变量名设为 Data，它连接 OMRON PLC 设备，寄存器地址为 HR001，选择"允许 DDE 访问"选项。按照组态王支持的 DDE 协议，供 VB 引用的项目名为 OMRON.HR001。

然后在 VB 程序中定义一个 TextBox 控件来接收显示从组态王读到的数据，控件名为 Textl。在 VB 的窗体载入函数中写入如下代码：

```
Private Sub Form _ Load ()
    Textl.LinkMode=0
    Textl.LinkTopic= "VIEW | tagname"
    Textl.LiukItem = "OMRON.HR001"
    Textl.LinkMode=1
End Sub
```

先后启动组态王和 VB 应用程序即可看到 TextBox 控件实时显示从组态王中读到的数据。

动态数据交换法是应用程序间交换数据比较简单有效的方法。该方法也存在一些缺陷：一是文本传送速度较慢；二是动态数据交换法没有安全性管理机制，传送数据可靠性难以令人满意。鉴于传统方法的限制，束缚了硬件厂商和软件开发商的手脚。工控领域内众多的硬件厂商和软件开发商逐步达成共识，共同发起成立了非赢利的国际组织"OPC 基金会"，负责制定、发布 OPC 规范书和 OPC 的市场交易等。

4．什么是 OPC

OPC 是 OLE（Object Linking and Embedding）Process Control 的缩写，它是目前工业控制互连的标准。它由一些世界上具有领先地位的自动化系统（如 DCS、PLC）等硬件生产厂家，开发监控软件、驱动软件的公司，还有一些开发优化软件的公司等与微软（Microsoft）紧密合作而建立的。这个标准定义了在应用 Microsoft 操作系统、微软 COM（Component Object Model）和 DCOM（Distributed Component Object Model）协议的基础上，基于 PC 的客户机/服务器之间交换自动化实时数据的方法。

计算机只认得和操作二进制码，而人比较便利的办法是编制高级语言，如 C、C++ 等，在高级语言和二进制码之间需要编译。COM 技术是指一些机器二进制码可以有一个接口，对二进制码进行封装，然后可以重复使用或部分重复使用二进制码的接口技术。DCOM 是在网络上分散应用或重复使用这些二进制码的接口技术。COM、DCOM 技术是微软开发的，现在已经移植到 SUN 小型机和 Linux 操作系统的机器。

5．OPC 技术及接口

OPC 采用客户/服务器体系结构，其技术的实现由两部分组成：OPC 服务器和 OPC 客户应用。一个 OPC 客户可以连接多个制造商提供的 OPC 服务器。其应用模式如图 7-1 所示。

第 7 章 计算机控制系统设计与实现

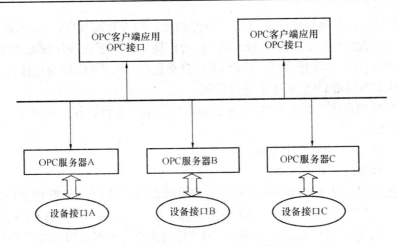

图 7-1 OPC 服务器的应用模式

OPC 服务器是一个典型的现场数据源程序，它收集现场设备数据信息，通过标准的 OPC 接口传送给 OPC 客户端应用。OPC 客户应用是一个典型的数据接收程序，如人机界面软件（HMI）、数据采集与处理软件（SCADA）等。OPC 客户应用通过 OPC 标准接口与 OPC 服务器通信，获取 OPC 服务器的各种信息。符合 OPC 标准的客户应用可以访问来自任何生产厂商的 OPC 服务器程序。

OPC 服务器通常支持两种类型的访问接口，它们分别为不同的编程语言环境提供访问机制。这两种接口是：自动化接口和自定义接口。自动化接口通常是为基于脚本编程语言而定义的标准接口，可以使用 Visual Basic、Delphi、PowerBuilder 等编程语言开发 OPC 服务器的客户应用。而自定义接口是专门为 C 等高级编程语言而制定的标准接口。OPC 服务器的访问方式与接口如图 7-2 所示。

图 7-2 OPC 服务器的访问方式

OPC 技术的实现主要由以下几个部分组成：

（1）OPC 服务器：OPC 服务器一般是由 DCS 或者 I/O 驱动器等硬件供应商，或者由独立的软件供应商提供，既可以在与应用程序计算机相同的本地计算机上运行，也可以在与应用程序计算机不同的远程计算机上运行。OPC 服务器的主要目的是提供过程数据。

（2）OPC 代理-占位 DLL：因为 VB 或者 VBA 的 OPC 应用程序是运行在与 OPC 服务器不同的计算机过程空间，所以不可以直接调用 OPC 服务器的接口进行数据交换，需要通过代理－占位 DLL，并利用操作系统提供的通信功能进行数据交换。按照 COM 的术语，代理是起着代表别的组件作用的组件的意思。首先在应用程序侧，代理把向 OPC 服务器接口传递的数据进行格式变换。然后在 OPC 服务器侧，占位把 OPC 客户程序送过来的数据的格式变换解除，同时也对返回到客户程序的数据进行格式变换。实际的 OPC 代理－占位 DLL 是同一个 DLL。随着被设置的计算机的不同，起着代理或占位的作用。

（3）OPC 自动化包装 DLL：一般来说，为了达到数据传送最高的性能，OPC 服务器是用C++开发的，并只提供定制接口。与此相反，用VB或VBA（应用程序的Visual Basic）等语言开发的应用程序却要求OPC自动化接口。为了让VB或者VBA的客户应用程序可以使用OPC自动化接口，使用OPC自动化包装将OPC自动化接口变换成OPC定制接口，从而可以对OPC服务器进行访问。

（4）OPC应用程序：对于OPC服务器提供的数据源进行访问，实现用户为特定目的而开发的应用程序。

6．OPC数据访问服务器实现机制

（1）OPC数据访问对象的构成

OPC数据访问提供从数据源读取和写入特定数据的手段。OPC数据访问对象是由如图7-3所示的分层结构构成。即一个OPC服务器对象（OPCServer）具有一个作为子对象的OPC组集合对象（OPCGroups）。在这个OPC组集合对象里可以添加多个OPC组对象（OPCGroup）。各个OPC组对象都具有一个作为子对象的OPC标签集合对象（OPCItems）。在这个OPC标签集合对象里可以添加多个OPC标签对象（OPCItem）。此外作为选用功能，OPC服务器对象还可以包含一个OPC浏览器对象（OPCBrowser）。

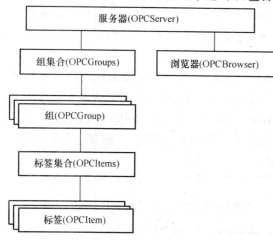

图7-3　OPC数据访问对象的分层结构

OPC对象中的最上层的对象是OPC服务器。一个OPC服务器里可以设置一个以上的OPC组。OPCServer对象保存服务器信息，并作为OPCGroup对象的容器。OPC服务器经常对应于某种特定的控制设备。例如某种DCS控制系统，或者某种PLC控制装置。

OPC组对象为客户提供了组织数据的方法，保存组信息，并作为是OPCItem对象的容器。正因为有了OPC组，OPC应用程序就对以同时需要的一批数据进行访问，也可以OPC组为单位启动或停止数据访问。此外OPC组还提供组内任何OPC标签的数值变化时向OPC应用程序通知的数据变化事件。

OPC对象里最基本的对象是OPC标签，代表了与服务器中数据源的连接具有Value、Quality、Timestamp三个可实时更新的属性。OPC标签是OPC服务器可认识的数据定义，通常相当于位号的单一变量（调整点或过程数据），并和数据源（控制设备）相连接。对OPC标签的存取都必须通过OPC组对象来完成，可以从OPC标签中同步、异步读/写上述属性值或通过回调机制对属性值进行实时更新。

OPCBrowser对象可以浏览服务器配置中标签的名字，在一个OPCServer对象实例中只能有一个OPCBrowser对象的实例。

（2）OPC服务器与OPC客户的通信机制

首先，客户要能够连接到OPC服务器上，并建立OPC组和OPC数据标签。这是OPC数据访问的基础，如果没有这个机制，数据访问的其他机能不可能实现。为了访问过程数据，OPC客户需要事先指定计算机名、OPC数据访问服务器名和该服务器提供的

OPC 标签的定义。

其次,客户通过对其建立的 OPC 组与 OPC 标签进行访问实现对过程数据的访问,客户可以选择设备(Device)或缓冲区(Cache)作为其访问的数据源。客户的过程数据访问包括过程数据的读取、更新、订阅、写入等。过程数据的读/写还分同步读/写与异步读/写。

第三,完成通知,当服务器响应客户的过程数据访问请求,并处理完毕时通知客户。比如异步读写时,服务器就要在操作完毕时通知客户。

以上三方面的机制是 OPC 数据访问服务器必须要实现的。除此之外,它还可以选择可选提供项:

地址空间浏览:让客户可以以一定方式浏览服务器上的组、标签以及标签的属性。

停机通知:当服务器发生异常,断开与客户的连接时,向客户发出通知。

图 7-4 给出了 OPC 服务器与 OPC 客户的通信机制示意图,DA(Data Access)为数据存取之意。

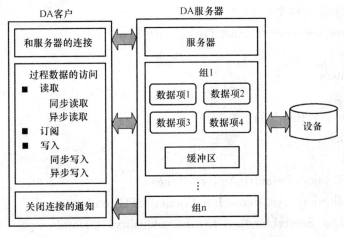

图 7-4 OPC 服务器与 OPC 客户的通信机制

(3) OPC 客户应用程序

OPC 规范是免费的,任何人都可以在 OPC 基金会的官方网站上下载,直接调用 OPC 规范中的接口及方法开发自己的 OPC 客户端应用程序。但是这种方法需要了解底层的组件对象模型(Component Object Model,COM)技术细节和具体的 OPC 制定规范,实现起来比较复杂。因此,简化 OPC 客户端的开发就成了目前研究的热点,一般有两种方法:一是利用第三方的开发工具包,这种开发包往往以动态链接库的形式将开发所用的 API 函数进行封装,在开发过程中直接调用即可,使得开发过程省时省力,一般由工控软件厂商提供,价格不菲;二是利用 ActiveX 控件,使用 VC、VB、Delphi 等工具开发,调用其封装的属性、方法和事件,由于是基于 OPC 规范开发的,效率高,但是这种控件多由硬件厂商根据自己的产品开发,灵活性差。下面给出用 VB 应用程序获取 OPC 数据源方法的说明:

安装 OPC 自动化接口服务。保证机器的系统目录下有文件 OPCDAAuto.dll,在 VB 环境中添加 OPC 服务器的应用,然后才能使用自动化接口。

第一步：创建一个 OPCServer 对象，初始化服务器
Set ConnectOPCServer=New OPCServer
第二步：建立与服务器的连接
Dim ConnectServerName As String
Dim Node As String
ConnectServerName="Kingview. view"
Node="202.119.121.216"
ConnectOPCServer. Connect(ConnectServerName，Node)
第三步：在服务器对象中添加组对象
Set ConnectServerGroups=ConnectOPCServer. OPCGroups
Set ConnectGroup=ConnectServerGroups. Add(GroupName)
ConnectGroup. IsSubscribed=True
ConnectServerGroups. DefautGroupIsActive=True
第四步：添加标签对象
Set OPCItemCollection=ConnectGroup. OPCItems
ItemCount=3
Dim i As Integer
For i=1 to 3
OPCItemIDs(i)=ItemID(i). Text
ClientHandles(i)=i
Next i
OPCItemCollection. DefaultIsActive=True
OPCItemCollection. AddItems(ItemCount，OPCItemIDs，
ClientHandles，ServerHandles，Errors，pQuality，pTimestamp)
第五步：读数据标签
Private Sub ConnectGroup _ DataChange (ByVal TransactionID As Long,
ByVal NumItems As Long, ClientHandles( )As Long, ItemValues( )As
Variant，·Qualities( )As Long, TimeStamps ( ) As Date)
Dim i As Integer
For i=1 to NurnItems
  If ClientHandles(i)>o Then
    txtData(ClientHandles(i)). Text=ItemValues(i)
    txtQuality(ClientHandles(i)). Text=Qualities(i)
    txtTimeStamp (ClientHandles(i)). Text=TimeStamps(i)
  End If
Next i
第六步：断开连接，释放系统资源
OPCItemCollection. Remove 3，ServerHandles，Error
ConnectServerGroups. RemoveAll

ConnectOPCServer. Disconnect
End Sub

随着 OPC 技术的导入，它和 DDE 技术相比具有明显的优越性：
① 高速的数据传送性能；
② 基于分布式 COM 的安全性管理机制；
③ 开发成本的降低；
④ 实现具有高可靠性的系统。

从 1996 年 9 月 OPC 基金会的成立到现在，OPC 技术迅速发展，全球已有 300 多家公司加入到这个国际标准组织，已有 600 种以上的 OPC 服务器产品和 OPC 应用程序产品发行。随着 OPC 技术的发展，它将逐渐取代现在过程控制中广泛使用的 DDE 技术的位置。

7.2.3 工控组态软件技术

现代工业的生产技术及工艺过程日趋复杂，生产设备及装置的规模不断扩大，企业生产自动化程度要求也越来越高，因此工业控制要求应用各种分布式监控与数据采集系统。传统的工业控制是对不同的生产工艺过程编制不同的控制软件，使得工控软件开发周期长、困难大，被控对象参数、结构有变动就必须修改源程序。而专用的工控系统，通常是封闭的系统，选择余地小或不能满足需求，很难与外界进行数据交换，升级和增加功能都受到限制。监控组态软件的出现，把用户从编程的困境中解脱出来，利用组态软件的功能可以构建一套最适合自己的应用系统。DCS 系统的厂商都提供系统软件和应用软件，使用户不需要编制代码程序即可生成所需的应用系统，其中的应用软件实际上就是组态软件。但是 DCS 厂家的组态软件是专用的，不同的 DCS 厂商的组态软件不可相互替代。20 世纪 80 年代末，随着个人计算机的普及和开放系统概念的推广，基于个人计算机的监控系统开始走入市场并迅速发展起来。组态软件作为个人计算机监控系统的重要组成部分，正日益受到控制工程师的欢迎，成为开发上位机的主流开发软件。

简化的计算机监控系统结构可分为两层，即 I/O 控制层和操作监控层。I/O 控制层主要完成对过程现场 I/O 处理并实现直接数字控制（DDC）；操作监控层则实现一些与运行操作有关的人机界面功能。与之有关的监控软件编制可采用以下两种方法：一是采用 Visual Basic、Visual C、Delphi、PB 等基于 Windows 平台的开发程序来编制；二是采用监控组态软件来编制。前者程序设计灵活，可以设计出不同风格的人机界面系统，但设计工作量大，开发调试周期长，软件通用性差，对于不同的应用对象都要重新设计或修改程序，软件可靠性低。监控组态软件是标准化、规模化、商品化的通用开发软件，只需进行标准模块的软件组态和简单的编程，就可设计出标准化、专业化、通用性强、可靠性高的人机界面监控程序，且工作量小，开发调试周期较短。

组态软件是监控系统不可缺少的部分，其作用是针对不同的应用对象，组态生成不同的数据实体。组态的过程是针对具体应用的要求进行各种与实际应用有关的系统配置及实时数据库、历史数据库、控制算法、图形、报表等的定义，使生成的系统满足应用设计的要求。监控组态软件属于监控层级的软件平台和开发环境，以灵活多样的组态方式为用户提供开发界面和简捷的使用方法，同时支持各种硬件厂家的计算机和 I/O 设备。

1. 工业组态软件的功能

控制系统的软件组态工作是生成整个系统的重要技术，对每一控制回路应分别依照其控制回路图进行组态。组态工作是在组态软件支持下进行的。组态软件功能主要包括：硬件配置组态功能，数据库组态功能，控制回路组态功能，逻辑控制及批控制组态功能，显示图形生成功能，报表画面生成功能，报警画面生成功能及趋势曲线生成功能。程序员在组态软件提供的开发环境下以人机对话方式完成组态操作，系统组态结果存入磁盘存储器中，供运行时使用。下面对各组态功能作简单介绍，更详细的内容读者可参阅有关组态软件的使用手册等资料。

(1) 硬件配置组态功能

计算机控制系统使用不同种类的输入输出板、卡实现多种类型的信号输入和输出。组态软件需将各输入和输出点按其名称和意义预先定义，然后才能使用。其中包括定义各现场 I/O 控制站的站号、网络节点号等网络参数及站内的 I/O 配置等。

(2) 数据库组态功能

各数据库逐点定义其名称，如工程量转换系数、上下限值、线性化处理、报警特性、报警条件等；历史数据库组态需要定义各个进入历史库的点的保存周期。

(3) 控制回路组态功能

该功能定义各个控制回路的控制算法、调节周期及调节参数以及某些系数等。

(4) 逻辑控制及批控制组态

这种组态定义预先确定的处理过程。

(5) 显示图形生成功能

在 CRT 屏幕上以人机交互方式直接作图的方法生成显示画面。图形画面主要用来监视生产过程的状况，并可通过对画面上对象的操作，实现对生产过程的控制。显示画面生成软件，除了具有标准的绘图功能之外，还应具有实时动态点的定义功能。因此，实时画面是由两部分组成的：一部分是静态画面（或背景画面），一般用来反映监视对象的环境和相互关系；另一部分是动态点，包括实时更新的状态和检测值、设定值使用的滑动杆或滚动条等。另外，还需定义各种多窗口显示特性。

(6) 报表画面生成功能

类似于显示图形生成，利用屏幕以人机交互方式直接设计报表，包括表格形式及各个表项中所包含的实时数据和历史数据，以及报表打印格式和时间特性。

(7) 报警画面生成功能

报警画面分为三级，即报警概况画面、报警信息画面、报警画面。报警概况画面记录系统中所有报警点的名称和报警次数；报警信息画面记录报警时间、消警时间、报警原因等；报警画面反映出各报警点相应的显示画面，包括总貌画面、回路画面、趋势曲线画面等。

(8) 趋势曲线生成功能

趋势曲线显示在控制中很重要，为了完成这种功能，需要对趋势曲线进行画面组态。趋势曲线的规格主要有：趋势曲线幅数、趋势曲线每幅条数、每条时间、显示精度。趋势曲线登记表的内容主要有：幅号、幅名、编号、颜色、曲线名称、来源、工程量上限和下限。

2. 使用工业组态软件的步骤

在一个自动监控系统中,投入运行的监控组态软件是系统的数据收集处理中心、远程监视中心和数据转发中心,处于运行状态的监控组态软件与各种控制、检测设备(如 PLC、智能仪表、DCS 等)共同构成快速响应的控制中心。控制方案和算法一般在设备上组态并执行,也可以在 PC 上组态,然后下载到设备中执行。这要根据设备的具体要求而定。

组态软件通过 I/O 驱动程序从现场 I/O 设备获得实时数据,对数据进行必要的加工后。一方面以图形方式直观地显示在计算机屏幕上;另一方面按照组态要求和操作人员的指令将控制数据送给 I/O 设备,对执行机构实施或调整控制参数。具体的工程应用必须经过完整、详细的组态设计,组态软件才能够正常工作。

下面列出组态软件设计步骤:

(1) 将所有 I/O 点的参数收集齐全,并填写表格,以备在监控组态软件和 PLC 组态时使用;

(2) 搞清楚所使用的 I/O 设备的生产商、种类、型号,使用的通信接口类型,采用的通信协议,以便在定义 I/O 设备时做出准确选择;

(3) 将所有 I/O 点的 I/O 标识收集齐全,并填写表格,I/O 标识是惟一确定一个 I/O 点的关键字,组态软件通过向 I/O 设备发出 I/O 标识来请求其对应的数据。在大多数情况下 I/O 标识是 I/O 点的地址或位号名称;

(4) 根据工艺过程绘制、设计画面结构和画面草图;

(5) 按照第(1)步统计出的表格建立实时数据库,正确组态各种变量参数;

(6) 根据第(1)步和第(3)步的统计结果,在实时数据库中建立实时数据库变量与 I/O 点的一一对应关系,即定义数据连接;

(7) 根据第(4)步的画面结构和画面草图,组态每一幅静态的操作画面;

(8) 将操作画面中图形对象与实时数据库变量建立动画连接关系,规定动画属性和幅度;

(9) 对组态内容进行分段和总体调试;

(10) 系统投入运行。

3. 几种工业组态软件简介

近几年来,监控组态软件得到了广泛的重视和迅速的发展。目前,国内市场上组态软件产品有国外软件商提供的产品,如美国 Intellution 公司的 FIX/iFIX、美国 Wonderware 公司的 Intouch、德国 Seimens 公司的 WinCC、美国 Rockwell 公司的 RSView;国内自行开发的产品有北京亚控的组态王、三维力控科技的力控、昆仑通态的 MCGS、华富的 Controlx 等。下面简单介绍几种常见的工业组态软件。

(1) FIX/iFIX

美国 Intellution 公司一直致力于工业自动化软件的开发和应用,是工业自动化软件的技术和市场主导者。Intellution 的工厂智能化解决方案包括一系列强大的、可扩展的、基于工业标准的组件,包括 FIX/iFIX(过程监控和数据采集)、Batch(生产管理)、DownTime(故障诊断专家系统)、Historian(企业级数据库平台)、InfoAgent(基于 Web 的趋势及信息分析工具)、WebServer(基于 Web 的实时数据访问工具)等。

FIX 软件基于 Windows 环境、32 位元数据采集和控制软件包,其分布式客户机/服务器结构,使用户可以在企业的不同层次都很方便地获得现场实时信息。FIX 提供了强大的监控和数据采集功能（SCADA），使其在工业自动化软件方面处于领先地位。使用 FIX 时首先建立数据库文件，绘制静态工艺画面；然后再通过 Link 命令建立动态连接，使数据库数据与静态工艺画面动态地连接起来；最后通过 View 应用程序运行显示。

FIX 的人机界面提供了监视、监控、报警、控制四项功能。监视是将现场实时数据显示给操作员；监控是监视实时数据，同时由操作员手动或计算机自动改变设定点；报警能识别异常事件并立即报告这些事件；控制是自动提供算法的能力，这些算法调整过程数据，使数据保持在设定的限度之内，例如食品生产线上食品原料的配比等。

FIX 的报表功能可以通过两种方法实现。一种是数据点的信息通过采样被存储在数据文件中，这些数据可以在任何时候从数据文件中调出并用来建立历史数据显示；另一种是 FIX 向用户提供工业标准数据交换规约，如 DDE 和 ODBCSQL 存储数据，用户可用 Microsoft Excel 或 Visual FOXPRO 生成报表。

FIX 提供了分布处理网络结构，在分布处理网络中，每个节点独立地执行任务，这种结构的好处是一个节点因故障离线时不会导致整个网络停止运行。尽管各个节点是独立运行的，但是节点间可以进行网络通信。FIX 网络功能的另一个独到之处是采用了"按需求的数据传输"技术，大多数的工业自动化软件都要求每一个要使用 SCADA 节点数据的节点在本地节点保存一份完整的数据库，这将使网络负担过重并浪费系统资源，FIX 按需求读写数据，这种方法使系统资源的占用率大大下降。

图 7-5 是 FIX 的集成开发环境 Workspace。Workspace 能创建和修改本地节点的画面和文档，集成了许多 FIX 应用，减少了应用程序之间的切换。Workspace 使用分级的目录树状体系结构，提供相应的工作区域及工具，帮助完成创建画面、调度程序及使用 VBE（Visual Basic Editor）等工作。

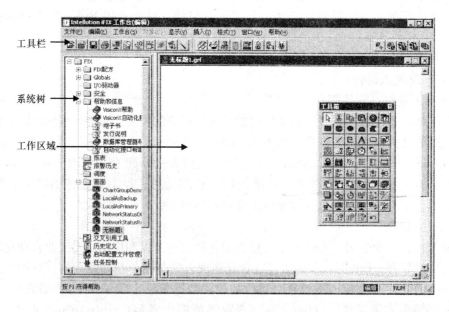

图 7-5　FIX 集成开发环境 Workspace

图 7-6 是使用 FIX 开发的工程实例，其中左上图为人机界面实例，右上图为报警管理实例，左下图为历史及实时曲线实例，右下图为配方管理实例。

经过多年的开发与测试，Intellution 推出了 iFIX，它已不是 Intellution FIX 软件的简单升级产品，事实上 iFIX 的设计在软件内核中就充分使用了当前最先进的软件技术，包括微软的 VBA、OPC、ActiveX 控件、COM/DCOM 等，更使用了基于面向对象的框架结构，iFIX 将可以实施更高性能的自动化解决方案，而且使系统的维护、升级和扩展更加方便。

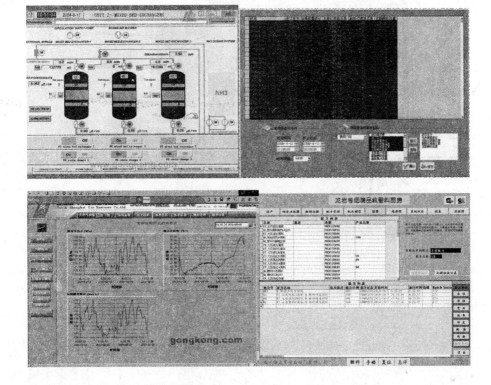

图 7-6　FIX 开发工程实例

（2）WinCC

WinCC（Windows Control Center，视窗控制中心）是德国 Siemense 公司开发的一款工业组态软件。WinCC 吸收了当代在操作和监控系统中最前沿的软件技术，是富有创新和开拓、代表今后发展趋势的产品系列。WinCC 采用了 Microsoft 的 OCX 和 ActiveX，OLE 和 COM（DCOM），应用 ANSI-C 标准编程语言将数据库和脚本进行集成。它提供了适用于工业控制的图形显示、消息、归档以及报表的功能模块、高性能的过程耦合、快速的画面更新以及可靠的数据，具有很强的实用性。

WinCC 监控系统可以运行在 Windows 操作系统下，使用方便，具有生动友好的用户界面，还能链接到别的 Windows 应用程序（如 Microsoft Excel 等），用户只需花费较短的组态时间便可获得性能优异的自动控制系统或数据采集监控系统。WinCC 是一个开放的集成系统，既可简单独立使用，也可集成到复杂、广泛的自动控制系统中使用。

图 7-7～图 7-9 是 WinCC 开发和运行的几幅画面。

（3）组态王

组态王是国产组态软件中杰出的代表，支持超过 2300 多种硬件设备（包括 PLC、总线设备、板卡、变频器及仪表）。

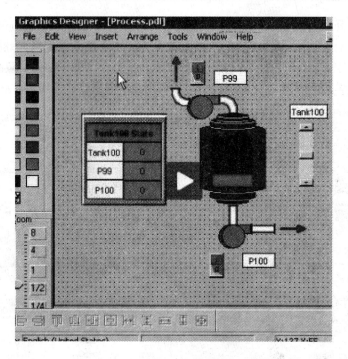

图 7-7 WinCC 组态开发环境

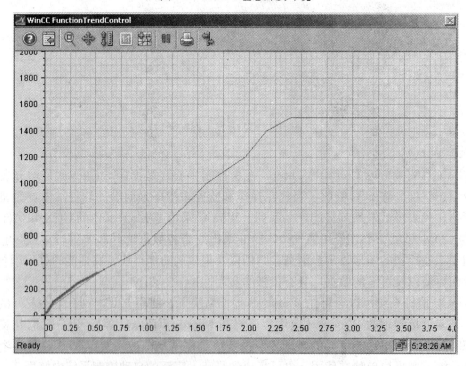

图 7-8 WinCC 曲线画面（支持在线组态）

组态王完全基于网络的概念，是一个完全意义上的工业级软件平台，现已广泛应用于化工、电力、国属粮库、邮电通信、环保、水处理、冶金和食品等行业，并且作为首家国产监控组态软件应用于国防、航空航天等关键领域。

第 7 章 计算机控制系统设计与实现

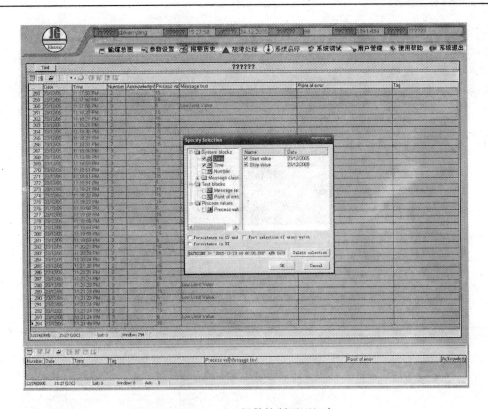

图 7-9 WinCC 报警控制画面组态

图 7-10～图 7-12 是组态王开发和运行的几幅画面。

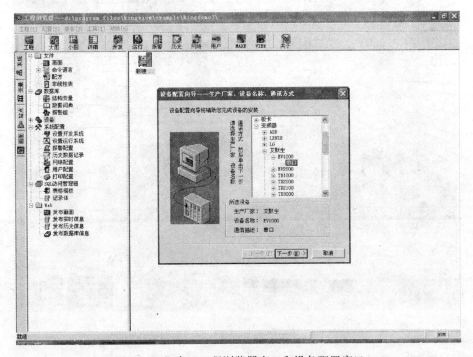

图 7-10 组态王工程浏览器窗口和设备配置窗口

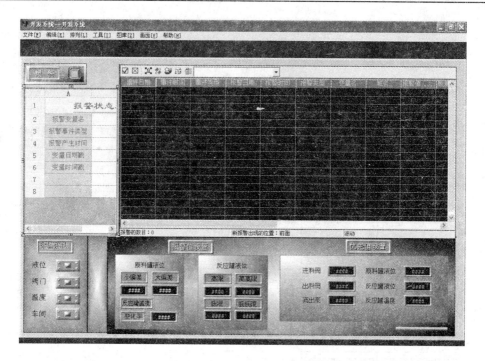

图 7-11 组态王报警窗口开发界面

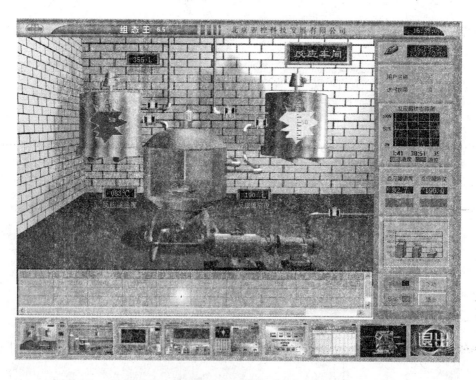

图 7-12 使用组态王开发的反应车间运行图

7.3 系统的工程设计与实现

作为一个计算机控制系统工程项目,在研制过程中应该经过哪些步骤,应该怎样有条不紊地保证研制工作顺利进行,这是需要认真考虑的。如果步骤不清,或者每一步需要做什么不明确,就有可能引起研制过程中的混乱。本节就系统工程设计与实施的具体问题进行讨论,这些具体问题对实际工作有重要的指导意义。

7.3.1 系统总体方案设计

设计一个性能优良的计算机控制系统,要注重对实际问题的调查研究。通过对生产过程的深入了解和分析,以及对工作过程和环境的熟悉,才能确定系统的控制任务,进而提出切实可行的系统设计方案。

1. 硬件总体方案设计

依据合同的设计要求,开展系统的硬件总体设计。总体设计的方法是"黑箱"设计法。所谓"黑箱"设计就是画方块图的方法。用这种方法做出的系统结构设计,只需要明确各方块之间的信号输入输出关系和功能要求,而不需要知道"黑箱"内的具体结构。

硬件总体方案设计主要包含以下几个方面的内容:

(1) 确定系统的结构和类型

根据系统要求,确定采用开环还是闭环控制。闭环控制还需进一步确定是单闭环还是多闭环控制。实际可供选择的控制系统类型有操作指导控制系统、直接数字控制(DDC)系统、监督计算机控制(SCC)系统、分级控制系统、分散型控制系统(DCS)、工业测控网络系统等。

(2) 确定系统的构成方式

系统的构成方式应优先选择采用工业控制机。工业控制机具有系列化、模块化、标准化和开放结构,有利于设计者在系统设计时根据要求任意选择,像搭积木般地组建系统。这种方式可提高研制和开发速度,提高系统的技术水平和性能,增加可靠性。当然,也可以采用通用的可编程序控制器(PLC)或智能调节器来构成计算机控制系统(如分散型控制系统、分级控制系统、工业网络)的前端机(或称下位机)。

(3) 现场设备选择

现场设备主要包含传感器、变送器和执行机构,这些装置的选择要正确,它是影响系统控制精度的重要因素之一。

(4) 其他方面的考虑

总体方案中还应考虑人机联系方式、系统机柜或机箱的结构设计、抗干扰等方面的问题。

2. 软件总体方案设计

依据用户任务的技术要求和已作过的初步方案,进行软件的总体设计。软件总体设计和硬件总体设计一样,也是采用结构化的"黑箱"设计法。先画出较高一级的方框图,然后再将大的方框分解成小的方框,直到能表达清楚功能为止。软件总体方案还应考虑确定系统的数学模型、控制策略、控制算法等。

3. 系统总体方案

将上面的硬件总体方案和软件总体方案合在一起构成系统的总体方案。总体方案论证可行后,要形成文件,建立总体方案文档。系统总体文件的内容包括:

(1) 系统的主要功能、技术指标、原理性方框图及文字说明。

(2) 控制策略和控制算法,例如 PID 控制、Smith 补偿控制、最少拍控制、串级控制、前馈控制、解耦控制、模糊控制、最优控制等。

(3) 系统的硬件结构及配置,主要的软件功能、结构及框图。

(4) 方案比较和选择。

(5) 保证性能指标要求的技术措施。

(6) 抗干扰和可靠性设计。

(7) 机柜或机箱的设计。

(8) 经费和进度计划的安排。

对所提出的总体设计方案进行合理性、经济性、可靠性以及可行性方面的论证。论证通过后,便可形成作为系统设计依据的系统总体方案图和设计任务书,用以指导具体的系统设计过程。

7.3.2 硬件的工程设计与实现

对不同的系统结构和类型有不同的设计与实现方法,采用总线式工业控制机进行系统的硬件设计是目前广泛使用的结构类型,可以解决工业控制中的众多问题,因此在这里仅以总线式工业控制机为例介绍硬件工程设计与实现方法。总线式工业控制机的高度模块化和插板结构,决定了可以采用组合方式来大大简化计算机控制系统的设计。采用总线式工业控制机,只需要简单地更换几块模板,就可以很方便地变成另外一种功能的控制系统。在计算机控制系统中,一些控制功能既能用硬件实现,亦能用软件实现,故系统设计时对硬件、软件功能的划分要综合考虑。

1. 选择系统的总线和主机机型

(1) 选择系统的总线

系统采用总线结构具有很多优点。采用总线可以简化硬件设计,用户可根据需要直接选用符合总线标准的功能模板,而不必考虑模板插件之间的匹配问题,从而使系统硬件设计大大简化;系统可扩性好,仅需将按总线标准研制的新的功能模板插在总线槽中即可;系统更新性好,一旦出现新的微处理器、存储器芯片和接口电路,只要将这些新的芯片按总线标准研制成各类插件,即可取代原来的模板而升级更新系统。

① 内部总线选择。常用的工业控制机内部总线有两种,即 PC 总线和 STD 总线,设计时可根据需要选择其中一种。一般常选用 PC 总线进行系统的设计,即选用 PC 总线工业控制机。

② 外部总线选择。根据计算机控制系统的基本类型可知,如果采用分级控制系统必然有通信的问题。外部总线就是计算机与计算机之间、计算机与智能仪器或智能外设之间进行通信的总线,它包括并行通信总线(如 IEEE-488)和串行通信总线(如 RS-422 和 RS-485)。具体选择哪一种,要根据通信的速率、距离、系统拓扑结构、通信协议等要求来综合分析。但需要说明的是 RS-422 和 RS-485 总线在工业控制机的主机中没有现成的接口装置,必须另外选择相应的通信接口板或协议转换模块。

(2) 选择主机机型

在总线式工业控制机中有许多机型都因采用的 CPU 不同而不同。以 PC 总线工业控制机为例，其 CPU 有 8088、80286、80386、80486、Pentium（586）等多种型号，内存、硬盘、主板、显示卡、CRT 显示器也有多种规格。设计人员可根据要求合理地进行选型。

2. 选择输入/输出通道模板

一个典型的计算机控制系统，除了工业控制机的主机，还必须有各种输入输出通道模板其中包括数字量 I/O(即 DI/DO)、模拟量 I/O(AI/AO)等模板。

(1) 数字量（开关量）输入/输出（DI/DO）模板

PC 总线的并行 I/O 接口模板多种多样，通常可分为 TTL 电平的 DI/DO 和带光电隔离的 DI/DO。通常和工控机共地装置的接口可以采用 TTL 电平，而其他装置与工控机之间则采用光电隔离。对于大容量的 DI/DO 系统，往往选用大容量的 TTL 电平 DI/DO 板。而将光电隔离及驱动功能安排在工业控制机总线之外的非总线模板上，如继电器板（包括固态继电器板）等。

(2) 模拟量输入/输出（AI/AO）模板

AI/AO 模板包括 A/D、D/A 板及信号调理电路等。AI 模板输入可能是 $0 \sim \pm 5$ V、$1 \sim 5$ V、$0 \sim 10$ mA、$4 \sim 20$ mA 以及热电偶、热电阻和各种变送器的信号。AO 模板输出可能是 $0 \sim 5$ V、$1 \sim 5$ V、$0 \sim 10$ mA、$4 \sim 20$ mA 等信号。选择 AI/AO 模板时必须注意分辨率、转换速度、量程范围等技术指标。

系统中的输入/输出模板，可按需要进行组合，不管哪种类型的系统，其模板的选择与组合均由生产过程的输入参数和输出控制通道的种类和数量来确定。

3. 选择变送器和执行机构

(1) 选择变送器

变送器是一种仪表，它能将被测变量（如温度、压力、物位、流量、电压、电流等）转换为可远传的统一标准信号（$0 \sim 10$ mA、$4 \sim 20$ mA 等），且输出信号与被测变量有一定连续关系。在控制系统中其输出信号被送至工业控制机进行处理，实现数据采集。

DDZ-Ⅲ型变送器输出的是 $4 \sim 20$ mA 信号，供电电源为 24 V（DC）且采用二线制，DDZ-Ⅲ型比 DDZ-Ⅱ型变送器性能好，使用方便。DDZ-S 系列变送器是在总结 DDZ-Ⅱ和 DDZ-Ⅲ型变送器的基础上，吸取了国外同类变送器的先进技术，采用模拟技术与数字技术相结合，从而开发出的新一代变送器。

常用的变送器有温度变送器、压力变送器、液位变送器、差压变送器、流量变送器、各种电量变送器等。系统设计人员可根据被测参数的种类、量程，以及被测对象的介质类型和环境来选择变送器的具体型号。

(2) 选择执行机构

执行机构是控制系统中必不可少的组成部分，它的作用是接收计算机发出的控制信号，并把它转换为调整机构的动作，使生产过程按预先规定的要求正常运行。

执行机构分为气动、电动、液压三种类型。气动执行机构的特点是结构简单、价格低、防火防爆；电动执行机构的特点是体积小、种类多、使用方便；液压执行机构的特点是推力大、精度高。常用的执行机构类型为气动和电动。

在计算机控制系统中，将 $0 \sim 10$ mA 或 $4 \sim 20$ mA 电信号经电气转换器转换成标准的

0.02~0.1 MPa气压信号之后，即可与气动执行机构（气动调节阀）配套使用。电动执行机构（电动调节阀）直接接收来自工业控制机的输出信号（4~20 mA 或 0~10 mA），实现控制作用。

另外，还有各种有触点和无触点开关，也是执行机构，实现开关动作。电磁阀作为一种开关阀在工业中也得到了广泛的应用。

在系统中，选择气动调节阀、电动调节阀、电磁阀、有触点和无触点开关之中的哪一种，要根据系统的要求来确定。但要实现连续、精确的控制目的，必须选用气动和电动调节阀，而对要求不高的控制系统可选用电磁阀。

7.3.3 软件的工程设计与实现

用工业控制机来组建计算机控制系统不仅能减小系统硬件设计工作量，而且还能减小系统软件设计工作量。一般工业控制机都配有实时操作系统或实时监控程序，各种控制、运算软件、组态软件等，可使系统设计者在最短的周期内，开发出目标系统软件。

一般工业控制机把工业控制所需的各种功能以模块形式提供给用户。其中包括：控制算法模块（多为PID），运算模块（四则运算、开方、最大值/最小值选择、一阶惯性、超前滞后、工程量变换、上下限报警等），计数/计时模块，逻辑运算模块，输入模块，输出模块，打印模块，CRT显示模块等。系统设计者根据控制要求，选择所需的模块就能生成系统控制软件，因而软件设计工作量大为减小。为便于系统组态（即选择模块组成系统），工业控制机提供了组态语言。

当然并不是所有的工业控制机都能给系统设计带来上述的方便，有些工业控制机只能提供硬件设计的方便，而应用软件需自行开发。若从选择单片机入手来研制控制系统，系统的全部硬件、软件均需自行开发研制。自行开发控制软件时，应先画出程序总体流程图和各功能模块流程图，再选择程序设计语言，然后编制程序。程序编制应先模块后整体。下面介绍具体程序设计内容。

1. 数据类型和数据结构规划

在系统总体方案设计中，系统的各个模块之间有着各种因果关系，要进行各种信息传递。如数据采集模块的输出信息就是数据处理模块的输入信息，同样，数据处理模块和显示模块、打印模块之间也有这种"产销"关系。各模块之间的关系体现在它们的接口条件，即输入条件和输出结果上。为了避免"产销"脱节现象，必须严格规定好各个接口条件，即各接口参数的数据结构和数据类型。

这一步工作可以这样来做：将每一个执行模块要用到的参数和输出的结果列出来，对于与不同模块都有关的参数，只取一个名称，以保证同一个参数只有一种格式。然后为每一参数规划一个数据类型和数据结构。从数据类型上来分类，可分为逻辑型和数值型，数值型可分为定点数和浮点数。定点数有直观、编程简单、运算速度快的优点，其缺点是表示的数值动态范围小，容易溢出。浮点数则相反，数值动态范围大、相对精度稳定、不易溢出，但编程复杂，运算速度低。

如果某参数是一系列有序数据的集合，如采样信号序列，则不仅存在数据类型问题，还存在数据存放格式问题，即数据结构问题。

2. 资源分配

对于采用单片机结构的硬件系统，在完成数据类型和数据结构的规划后，还需要分配系统的资源。系统资源包括 ROM、RAM、定时器/计数器、中断源、I/O 地址等。ROM 资源用来存放程序和表格。定时器/计数器、中断源、I/O 地址在任务分析时已经分配好了。因此，资源分配的主要工作是 RAM 资源的分配。RAM 资源规划好后，应列出一张 RAM 资源的详细分配清单，作为编程依据。

3. 实时控制软件设计

(1) 数据采集及数据处理程序

数据采集程序主要包括多路信号的采样、输入变换、存储等。模拟输入信号为 0~10 mA（DC）或 4~20 mA（DC），0~5 V（DC）和电阻等。这些可以直接作为 A/D 转换模板的输入（电流经 I/V 变换变为 0~5 V（DC）电压输入）。开关触点状态通过数字量输入（DI）模板输入。输入信号的点数可根据需要选取，每个信号的量程和工业单位用户必须规定清楚。数据处理程序主要包括数字滤波程序、线性化处理和非线性补偿、标度变换程序、越限报警程序等。

(2) 控制算法程序

控制算法程序主要实现控制规律的计算并产生控制量。其中包括数字 PID 控制算法、Smith 补偿控制算法、最少拍控制算法、串级控制算法、前馈控制算法、解耦控制算法、模糊控制算法、最优控制算法等。实际实现时，可选择一种或几种合适的控制算法来实现控制。

(3) 控制量输出程序

控制量输出程序实现对控制量的处理（上下限和变化率处理）、控制量的变换及输出，驱动执行机构或各种电气开关。控制量也包括模拟量和开关量两种。模拟控制量由 D/A 转换模板输出，一般为标准的 0~10 mA（DC）或 4~20 mA（DC）信号，该信号驱动执行机构如各种调节阀。开关量控制信号驱动各种电气开关。

(4) 实时时钟和中断处理程序

实时时钟是计算机控制系统中一切与时间有关的过程的运行基础。时钟有两种，即绝对时钟和相对时钟。绝对时钟与当地的时间同步，有年、月、日、时、分、秒等功能。相对时钟与当地时间无关，一般只要时、分、秒就可以，在某些场合要精确到 0.1 秒甚至毫秒。

计算机控制系统中有很多任务是按时间来安排的，即有固定的作息时间。这些任务的触发和撤消由系统时钟来控制，不用操作者直接干预，这在很多无人值班的场合尤其必要。实时任务有两类：第一类是周期性的，如每天固定时间启动，固定时间撤消的任务，它的重复周期是一天。第二类是临时性任务，操作者预定好启动和撤消时间后由系统时钟来执行，但仅一次有效。作为一般情况，假设系统中有几个实时任务，每个任务都有自己的启动和撤消时刻。在系统中建立两个表格：一个是任务启动时刻表，一个是任务撤消时刻表，表格按作业顺序编号安排。为使任务启动和撤消及时准确，这一过程应安排在时钟中断子程序中来完成。定时中断服务程序在完成时钟调整后就开始扫描启动时刻表和撤消时刻表，当表中某项和当前时刻完全相同时，通过查表位置指针就可以决定对应作业的编号，通过编号就可以启动或撤消相应的任务。

计算机控制系统中，有很多控制过程虽与时间（相对时钟）有关，但与当地时间（绝对时钟）无关。例如啤酒发酵微机控制系统，要求从 10℃降温 4 小时到 5℃，保温 30 小时后,再降温 2 小时到 3℃,再保温。以上工艺过程与时间关系密切,但与上午、下午没有关系,只与开始投料时间有关,这一类的时间控制需要相对时钟信号。相对时钟的运行速度与绝对时钟一致,但数值完全独立。这要求相对时钟另外开辟存放单元。在使用上,相对时钟要先初始化,再开始计时,计时到后便可唤醒指定任务。

许多实时任务如采样周期、定时显示打印、定时数据处理等都必须利用实时时钟来实现,并由定时中断服务程序执行相应的动作或处理动作状态标志等。

另外,事故报警、掉电检测及处理、重要的事件处理等功能的实现也常常使用中断技术,以便计算机能对事件做出及时处理。事件处理由中断服务程序和相应的硬件电路来完成。

(5) 数据管理程序

这部分程序用于生产管理,主要包括画面显示、变化趋势分析、报警记录、统计报表打印输出等。

(6) 数据通信程序

数据通信程序主要完成计算机与计算机之间、计算机与智能设备之间的信息传递和交换。这个功能主要在分散型控制系统、分级计算机控制系统、工业网络等系统中实现。

7.3.4 系统的调试与运行

系统的调试与运行分为离线仿真与调试阶段和在线调试与运行阶段。离线仿真与调试阶段一般在实验室或非工业现场进行,在线调试与运行阶段在生产过程工业现场进行。其中离线仿真与调试阶段是基础,检查硬件和软件的整体性能,为现场投运做准备,现场投运是对全系统的实际考验与检查。系统调试的内容很丰富,碰到的问题是千变万化的,解决的方法也是多种多样的,并没有统一的模式。

1. 离线仿真和调试

(1) 硬件调试

对于各种标准功能模板,按照说明书检查主要功能。比如主机板(CPU 板)上 RAM 区的读写功能、ROM 区的读出功能、复位电路、时钟电路等的正确性。

在调试 A/D 和 D/A 模板之前,必须准备好信号源、数字电压表、电流表等。对这两种模板需要首先检查信号的零点和满量程,然后再分档检查,可以按满量程的 25%、50%、75%、100%分档,并且上行和下行来回调试,以便检查线性度是否合乎要求,如果有多路开关板,应测试各通路是否正确切换。

利用开关量输入和输出程序来检查开关量输入(DI)和开关量输出(DO)模板。测试时可在输入端加开关量信号,检查读入状态的正确性;可在输出端检查(用万用表)输出状态的正确性。

硬件调试还包括现场仪表和执行机构,如压力变送器、差压变送器、流量变送器、温度变送器以及电动或气动调节阀等。这些仪表必须在安装之前按说明书要求校验完毕。如果是分级计算机控制系统和分散型控制系统,还要调试通信功能,验证数据传输的正确性。

(2) 软件调试

软件调试的顺序是子程序、功能模块和主程序。有些程序的调试比较简单,利用开发装置(或仿真器)以及计算机提供的调试程序就可以进行调试。程序设计一般采用汇编语言和高级语言混合编程。对处理速度和实时性要求高的部分用汇编语言编程（如数据采集、时钟、中断、控制输出等），对处理速度和实时性要求不高的部分用高级语言编程（如数据处理、变换、图形、显示、打印、统计报表等）。

一般与过程输入/输出通道无关的程序，都可用开发机（仿真器）的调试程序进行调试，不过有时为了能调试某些程序，可能要编写临时性的辅助程序。

系统控制模块的调试应分为开环和闭环两种情况进行。开环调试是检查它的阶跃响应特性，闭环调试是检查它的反馈控制功能。

图 7-13 是 PID 控制模块的开环特性调试原理框图。首先可以通过 A/D 转换器输入一个阶跃电压。然后使 PID 控制模块程序按预定的控制周期循环执行，控制量 u 经 D/A 转换器输出模拟电压 0～5V (DC) 给记录仪，记录仪记下它的阶跃响应曲线。

开环阶跃响应实验可以包括以下几项：

①不同比例带、不同阶跃输入幅度和不同控制周期下正、反两种作用方向的纯比例控制的响应；

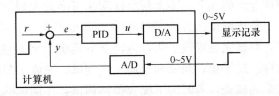

图 7-13　PID 控制模块的开环特性调试原理框图

②不同比例带、不同积分时间、不同阶跃输入幅度和不同控制周期下正、反两种作用方向的比例积分控制的响应；

③不同比例带、不同积分时间、不同微分时间、不同阶跃输入幅度和不同控制周期下正、反两种作用方向的比例积分微分控制的响应。

上述几项内容的实验过程中，通过分析记录仪记下的阶跃响应曲线，不仅要定性而且要定量地检查 P、I、D 参数是否准确，是否满足精度要求。这一点与模拟仪表调节器有所不同，由于仪表中电容、电阻参数具有分散性，同时电位器旋钮刻度盘分度不可能太细，因此不得不允许其 P、I、D 参数的刻度值有较大的误差。但是对计算机来说，完全有条件进行准确的数字计算，保证 P、I、D 参数误差很小。

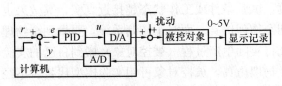

图 7-14　PID 控制模块的闭环调试框图

在完成 PID 控制模块开环特性调试的基础上，还必须进行闭环特性调试。所谓闭环调试就是按图 7-14 构成单回路 PID 反馈控制系统。该图中的被控对象可以使用实验室物理模拟装置，也可以使用电子式模拟实验室设备。实验方法与模拟仪表调节器组成的控制系统类似，即分别做给定值 $r(t)$ 和外部扰动 $f(t)$ 的阶跃响应实验，改变 P、I、D 参数以及阶跃输入的幅度，分析被控制量 $y(t)$ 的阶跃响应曲线和 PID 控制器输出控制量 u 的记录曲线，判断闭环工作是否正确。主要分析判断以下几项内容：纯比例作用下残差与比例带的值是否吻合；积分作用下是否消除残差；微分作用对闭环特性是否有影响；正向和反向扰动下过渡过程曲线是否对称等。否则，必须根据发生的现象仔细分析，重新检查程序，排除在开环调试中没有暴露出来的问题。

必须指出，数字 PID 控制器比模拟 PID 调节器增加了一些特殊功能，例如，积分分离、检测值微分（或微分先行）、死区 PID （或非线性 PID）、给定值和控制量的变化率限制、输入/输出补偿、控制量限幅和保持等。先暂时去掉这些特殊功能，首先试验纯 PID

控制闭环响应，这样便于发现问题。在纯 PID 控制闭环试验通过的基础上，再逐项加入上述特殊功能，并逐项检查是否正确。

运算模块是构成控制系统不可缺少的一部分。对于简单的运算模块可以用开发机（或仿真器）提供的调试程序检查其输入与输出关系。而对于输入与输出关系复杂的运算模块，例如纯滞后补偿模块，可采用类似于图 7-13 所示的方法进行调试。调试时用运算模块替换 PID 控制模块，通过分析记录曲线来检查程序是否存在问题。

一旦所有的子程序和功能模块都调试完毕，就可以用主程序将它们连接在一起进行整体调试。当然有人会问，既然所有模块都能单独地工作，为什么还要检查它们连接在一起是否正常工作呢？这是因为把它们连接在一起可能会产生不同软件层之间的交叉错误。例如，一个模块的隐含错误有时虽然对自身无影响，却会妨碍另一个模块的正常工作；单个模块允许的误差，多个模块连起来可能放大到不可容忍的程度。

整体调试的方法是自底向上逐步扩大。首先按分支将模块组合起来，以形成模块子集，调试完各模块子集，再将部分模块子集连接起来进行局部调试，最后进行全局调试。这样经过子集、局部和全局三步调试，完成了整体调试工作。整体调试是对模块之间连接关系的检查，有时为了配合整体调试，在调试的各阶段编制了必要的临时性辅助程序，调试完应删去。通过整体调试能够把设计中存在的问题和隐含的缺陷暴露出来，从而基本上消除了编程错误，为以后的仿真调试和在线调试及运行打下良好的基础。

（3）系统仿真

在硬件和软件分别联调后，并不意味着系统的设计和离线调试已经结束，为此必须进行全系统的硬件、软件统调。这次的统调试验，就是通常所说的"系统仿真"（也称为模拟调试）。所谓系统仿真，就是应用相似原理和类比关系来研究事物，也就是用模型来代替实际生产过程（即被控对象）进行实验和研究。系统仿真有以下三种类型：全物理仿真（或称在模拟环境条件下的全实物仿真）；半物理仿真（或称硬件闭路动态试验）；数字仿真（或称计算机仿真）。

系统仿真尽量采用全物理或半物理仿真。试验条件或工作状态越接近真实，其效果也就越好。对于纯数据采集系统，一般可做到全物理仿真；而对于控制系统，要做到全物理仿真几乎是不可能的。这是因为我们不可能将实际生产过程（被控对象）搬到自己的实验室或研究室中，因此控制系统只能做离线半物理仿真，被控对象可用实验模型代替。不经过系统仿真和各种试验，试图在生产现场调试中一举成功的想法是不实际的，往往会被现场联调工作的现实所否定。

在系统仿真的基础上，还需要进行长时间的运行考验（称为考机），并根据实际运行环境的要求进行特殊运行条件的考验。例如，高温和低温剧变运行试验，震动和抗电磁干扰试验，电源电压剧变和掉电试验等。

2. 现场调试和运行

在现场进行在线调试和运行过程中，设计人员与用户要密切配合，在实际运行前制定一系列调试计划、实施方案、安全措施、分工合作细则等。现场调试与运行过程可按照从小到大、从易到难、从手动到自动、从简单回路到复杂回路的顺序进行。现场安装及在线调试前先要进行下列检查：

（1）检测元件、变送器、显示仪表、调节阀等必须通过校验，保证精确度要求。有时还需要进行一些现场校验。

（2）各种接线和导管必须经过检查，保证连接正确。例如，孔板的上下游引压导管要与差压变送器的正负压输入端极性一致；热电偶的正负端与相应的补偿导线相连接，并与温度变送器的正负输入端极性一致等。除了极性不得接反以外，对号位置也不得接错。引压导管和气动导管必须畅通，不能中间堵塞。

（3）对在流量中采用隔离液的系统，要在清洗好引压导管以后，灌入隔离液（封液）。

（4）检查调节阀能否正确工作。要保证旁路阀及上下游截断阀关闭或打开的状态正确。

（5）检查系统的干扰情况和接地情况，如果不符合要求，应采取措施。

（6）对安全防护措施也要检查。

经过检查并确认安装正确后，即可进行系统的投运和参数的整定。投运时应先切入手动，等系统运行接近于给定值时再切入自动。

计算机控制系统的投运是个系统工程，要特别注意到一些容易忽视的问题，如现场仪表与执行机构的安装位置、现场校验，各种接线与导管的正确连接，系统的抗干扰措施，供电与接地，安全防护措施等。在现场调试的过程中，往往会出现错综复杂、时隐时现的奇怪现象，一时难以找到问题的根源。这种情况下，需要计算机控制系统设计者们认真分析研究，共同协作，以便尽快找到问题的根源所在。

7.4 计算机控制技术应用设计举例1——单片机温度控制系统

在工业生产中，电流、电压、温度、压力、流量、流速和开关量都是常用的主要被控参数。例如在冶金工业、化工生产、电力工程、机械制造和食品加工等许多领域中，人们都需要对各类加热炉、热处理炉、反应炉和锅炉中温度进行监测和控制。采用单片机来对它们进行控制不仅具有控制方便、简单和灵活性大等优点，而且可以大幅度提高被控温度的技术指标，从而能够大大提高产品的质量。因此，单片机对温度的控制是一个工业生产中经常会遇到的问题。

7.4.1 硬件电路

图 7-15 为一种采用热电偶为温度检测元件的单片机电阻电炉炉温控制系统原理图。现对各部分电路分述如下：

1. 温度检测和变送器

温度检测元件与变送器的类型选择与被控温度及精度等级有关。镍铬/镍铝热电偶适用于 0～1000℃ 的温度测量范围，相应输出电压为 0～41.32mV。

变送器由毫伏变送器和电流/电压变送器组成：毫伏变送器用于把热电偶输出的 0～41.32mV 变换成 0～10mA 范围内的电流；电流/电压变送器用于把毫伏变送器输出的 0～10mA 电流变换成 0～5V 范围内的电压。

为了提高测量精度，变送器可以进行零点迁移。例如：若温度测量范围为 400～1000℃，则热电偶输出为 16.4～41.32mV，毫伏变送器零点迁移后输出 0～10mA 范围电流。这样，采用 8 位 A/D 转换器就可使量化温度误差达到 ±2.34℃ 以内。

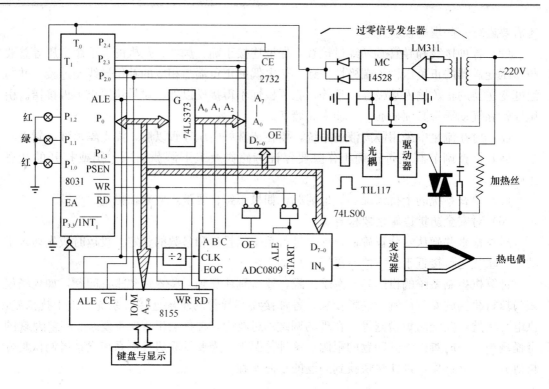

图 7-15 电阻电炉炉温控制系统原理图

2. 接口电路

8031 的接口电路有 8155、2732 和 ADC0809 等芯片。8155 用于键盘/LED 显示器接口，2732 可以作为 8031 的外部 ROM 存储器，ADC0809 为温度测量电路的输入接口。

由图 7-15 可见，在 $P_{2.0}=0$ 和 $P_{2.1}=0$ 时，8155 选中它内部的 RAM 工作；在 $P_{2.0}=1$ 和 $P_{2.1}=0$ 时，8155 选中片内三个 I/O 端口。相应地址分配为：

  0000H～00FFH 8155 内部 RAM

    0100H 命令/状态口

    0101H A 口

    0102H B 口

    0103H C 口

    0104H 定时器低 8 位口

    0105H 定时器高 8 位口

8155 用作键盘/LED 显示器接口电路在此从略。

2732 是 4kB EPROM 型器件。8031 的 $\overline{\text{PSEN}}$ 和 2732 的 $\overline{\text{OE}}$ 相接，$P_{2.4}$ 和 $\overline{\text{CE}}$ 相连，故 2732 的地址空间为：0000H～0FFFH。

ADC0809 的 IN_0 和变送器输出端相连，故 IN_0 上输入的 0～5V 范围的模拟电压经 A/D 转换后可由 8031 通过程序从 P_0 口输入到它的内部 RAM 单元。在 P2.2=0 和 $\overline{\text{WR}}=0$ 时，8031 可以从 ADC0809 接收 A/D 转换后的数字量。这就是说 ADC0809 可以视为 8031 的一个外部 RAM 单元，地址为 03F8H（有很大的地址重叠范围）。因此，8031 执行如下程序可以启动 ADC0809 工作：

```
MOV     DPTR, ♯03F8H
MOVX    @DPTR, A
```
若 8031 改为执行:
```
MOV     DPTR, ♯03F8H
MOVX    A, @DPTR
```
则可以从 ADC0809 输入 A/D 转换后的数字量。

ADC0809 的 CLK 由 8031 的 ALE 上信号经过 2 分频后提供，EOC 经反相器用作 8031 的 $P_{3.3}/\overline{INT_1}$ 中断请求输入线，要求 CPU 从 P_0 口提取 A/D 转换后的数字量。

$P_{1.0} \sim P_{1.2}$ 引脚用于报警，可以和报警电路相连。究竟采用何种报警电路可由设计者根据需要选定。

3. 温度控制电路

8031 对温度的控制是通过可控硅调功器电路实现的。如图 7-15 所示。双向可控硅和加热丝串接在交流 220V、50Hz 交流市电回路。在给定周期 T 内，8031 只要改变可控硅的接通时间便可改变加热丝功率，以达到调节温度的目的。图 7-16 给出了可控硅在给定周期 T 内具有不同接通时间的情况。显然，可控硅在给定周期 T 的 100% 时间内接通时的功率最大。

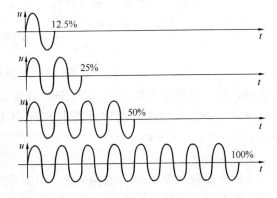

图 7-16 可控硅调功器输出功率与通断时间的关系

可控硅接通时间可以通过可控硅控制极上触发脉冲控制。该触发脉冲由 8031 用软件在 $P_{1.3}$ 引脚上产生，经过过零同步脉冲同步后再经光耦和驱动器输出送到可控硅的控制极上。

过零同步脉冲是一种 50Hz 交流电压过零时刻的脉冲，可使可控硅在交流电压正弦波过零时触发导通。过零同步脉冲由过零触发电路产生，原理图如图 7-17 所示。图中，电压比较器 LM311 用于把 50Hz 正弦交流电压变为方波。方波的正边沿和负边沿分别作为两个单稳态触发器的输入触发信号，单稳态触发器输出的两个窄脉冲经二极管或门混合后就可得到对应于交流 220V 市电的过零同步脉冲。此脉冲一方面作为可控硅的触发同步脉冲加到温度控制电路，另一方面还作为计数脉冲加到 8031 的 T_0 和 T_1 端（见图 7-15）。

7.4.2 温度控制的算法和程序

1. 温度控制的算法

通常，电阻炉炉温控制采用偏差控制法。偏差控制的原理是先求出实测炉温对所需炉温的偏差值，然后对偏差值处理而获得控制信号去调节电阻炉的加热功率，以实现对炉温的控制。在工业上，偏差控制通常采用第 4 章提到的 PID 控制，这是工业过程控制中应用最广泛的一种控制形式，一般能收到令人满意的效果。

2. 温度控制程序

温度控制程序的设计应考虑如下问题：(1) 键盘扫描、键码识别和温度显示；(2) 炉温采样，数字滤波；(3) 数据处理时把所有数按定点纯小数补码形式转换，然后把 8 位温度采样值 $y(k)$、采样值下限 y_{min} 和采样值上限 y_{max} 都变成 16 位参加运算，运算结果取 8 位

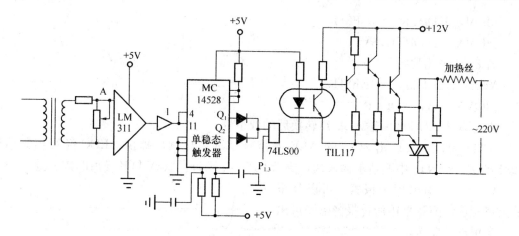

图 7-17 过零触发电路

有效值；(4) 越限报警和处理；(5) PID 计算，温度标度变换。

通常，符合上述功能的温度控制程序由主程序和 T_0 中断服务程序组成，现分述如下：

(1) 主程序

主程序应包括 8031 本身的初始化、8155 初始化等。为简化起见，本程序只给出有关标志、暂存单元和显示缓冲区清零、T_0 初始化、开 CPU 中断、温度显示和键盘扫描等程序。相应程序框图如图 7-18 所示。

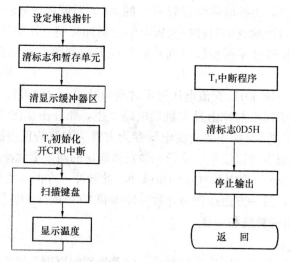

图 7-18 主程序流程图　　图 7-19 T_1 中断服务程序

程序清单为：
```
    ORG    0100H
DISM0 DATA 78H
DISM1 DATA 79H
DISM2 DATA 7AH
DISM3 DATA 7BH
```

DISM4　DATA　7CH
DISM5　DATA　7DH
  MOV SP，#50H ；50H 送 SP
          ；清本次越限标志
  CLR   5EH
  CLR   5FH   ；清上次越限标志
  CLR   A   ；清累加器 A
  MOV 2FH，A   ；清暂存单元
  MOV 30H，A
  MOV 3BH，A
  MOV 3CH，A
  MOV 3DH，A
  MOV 3EH，A
  MOV 44H，A
  MOV DISM0，A ；清显示缓冲区
  MOV DISM1，A
  MOV DISM2，A
  MOV DISM3，A
  MOV DISM4，A
  MOV DISM5，A
  MOV TMOD，#56H；设 T_0 为计数器方式2，T_1 为方式1
  MOV TL0，#06H ；T_0 赋初值
  MOV TH0，#06H
  CLR   PT0   ；令 T_0 为低中断优先级
  SETB TR0   ；启动 T_0 工作
  SETB ET0   ；允许 T_0 中断
  SETB EA   ；开 CPU 中断
LOOP：ACALL DISPLY ；调用显示程序
   ACALL SCAN   ；调用扫描程序
   AJMP LOOP   ；等待中断

应当注意：由于 T_0 被设定为计数器方式2，初值为 06H，故它的溢出中断时间为 250 个过零同步触发脉冲。T_1 的溢出中断时间是可控硅的接通时间，因此为了保证系统正常工作，T_1 中断服务程序的执行时间必须满足 T_0 的这一时间要求，因为 T_1 的中断是嵌套在 T_0 中断之中的。T_1 的中断服务流程图如图 7-19。

（2）T_0 中断服务程序 CT0

T_0 中断服务程序是温度控制系统的主体程序，用于启动 A/D 转换、读入采样数据、数字滤波、越限温度报警和越限处理、PID 计算和输出可控硅的同步触发脉冲等。$P_{1.3}$ 引脚上输出的该同步触发脉冲宽度由 T_1 计数器的溢出中断控制，8030 利用等待 T_1 溢出中断空隙时间（形成 $P_{1.3}$ 输出脉冲顶宽）完成把本次采样值转换成显示值而放入显示缓冲区

和调用温度显示程序。8031 从 T_1 中断服务程序返回后便可恢复现场和返回主程序,以等待下次 T_0 中断。

在 T_0 中断服务程序中,还需要用到一系列子程序。例如:采样温度子程序、数字滤波子程序、越限处理程序、PID 计算程序、标度变换程序和温度显示程序。在 PID 计算程序中,也需要用到双字节加法子程序、双字节求补子程序和双字节带符号数乘法子程序等。T_0 中断服务程序框图如图 7-20 所示。

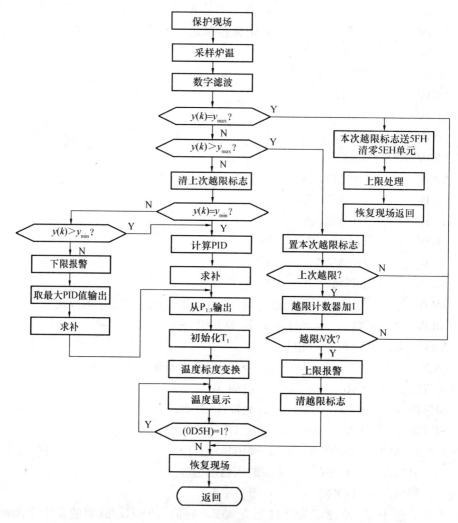

图 7-20 T_0 中断服务程序流程图

CPU 内部 RAM 中有关参数的分配列出于图 7-21。相应程序清单为:

```
       ORG    000BH
       AJMP   CT0
CT0:   PUSH   ACC          ;保护现场
       PUSH   DPL
       PUSH   DPH
       SETB   0D5H         ;置标志
```

地址	内容	说明
2AH	y(k)	y中间值
2BH		标志位
2CH	y_1	三次采样值
2DH	y_2	
2EH	y_3	
2FH	u(k)H	本次计算值
30H	u(k)L	
31H	y_RH	给定值
32H	y_RL	
33H	K_PH	给定值
34H	K_PL	
35H	K_IH	给定值
36H	K_IL	
37H	K_DH	给定值
38H	K_DL	
39H	e(k)H	本次计算值
3AH	e(k)L	
3BH	e(k−1)H	上次计算值
3CH	e(k−1)L	
3DH	e(k−2)H	上上次计算值
3EH	e(k−2)L	
⋮	⋮	
42H	y_{max}	给定值
43H	y_{min}	
44H	越限计数器	
45H	PID最大值	
⋮	⋮	

图 7-21 内部 RAM 中有关参数分配图

*注：位地址 5EH 内为本次越限标志位，位地址 5FH 内为上次越限标志位。

```
        ACALL   SAMP            ；调用采样子程序
        ACALL   FILTER          ；调用数字滤波程序
        CJNE  A，42H，TPL       ；若 y(k) ≠ y_max，则 TPL
WL：    MOV   C，5EH            ；（5EH）送（5FH）
        MOV   5FH，C
        CLR   5EH               ；清 5EH 单元
        ACALL   UPL             ；转上限处理程序（略）
        POP   DPH
        POP   DPL
        POP   ACC
        RETI                    ；中断返回
```

```
TPL: JNC   TPL1              ; y(k) > y_max, 则 TPL1
     CLR   5FH               ; 清上次越限标志
     CJNE  A, 43H, MTPL      ; 若 y(k) ≠ y_min, 则 MTPL
HAT: SETB  P1.1              ; 若温度不越限, 则令绿灯亮
     ACALL PID               ; 调用计算 PID 子程序
     MOV   A, 2FH            ; PID 值送 A
     CPL   A                 ; 对 PID 值求补, 作为 TL1 值
     INC   A
NM:  SETB  P1.3              ; 令 P_{1.3} 输出高电平脉冲
     MOV   TL1, A            ; T_1 赋初值
     MOV   TH1, #0FFH
     SETB  PT1               ; T_1 高优先级中断
     SETB  TR1               ; 启动 T_1
     SETB  ET1               ; 允许 T_1 中断
     ACALL TRAST             ; 调用标度变换程序
LOOP: ACALL DISPLY           ; 显示温度
     JB    0D5H, LOOP        ; 等待 T_1 中断
     POP   DPH               ; 恢复现场
     POP   DPL
     POP   ACC
     RETI                    ; 中断返回
MTPL: JNC   HAT               ; 若 y(k) > y_min, 则 HAT
     SETB  P1.0              ; 否则, 越下限声光报警
     MOV   A, 45H            ; 取 PID 最大值输出
     CPL   A                 ; 对 PID 值求补, 作为 TL1
     INC   A
     AJMP  NM                ; 转 NM 执行
TPL1: SETB  5EH              ; 若 y(k) > y_max, 则 5EH 单元置位
     JNB   5FH, WL           ; 若上次未越限, 则转 WL
     INC   44H               ; 越限计数器加 "1"
     MOV   A, 44H
     CLR   C
     SUBB  A, #N             ; 越限 N 次吗?
     JNZ   WL                ; 越限小于 N 次, 则 WL
     SETB  P1.2              ; 否则, 越上限声光报警
     CLR   5EH               ; 清越限标志
     CLR   5FH
     POP   DPH               ; 恢复现场
     POP   DPL
```

```
        POP    ACC
        RETI                         ;中断返回
    T1 中断服务程序
        ORG    001BH
        AJMP   CT1
    CT1：CLR    0D5H                 ;清标志
        CLR    P1.3                  ;令 $P_{1.3}$ 变为低电平
        RETI                         ;中断返回
```

(3) 子程序

① 采样子程序 SAMP，清单如下：

```
SAMP：MOV    R0，#2CH              ;存放采样值初始地址送 R0
     MOV    R2，#03H              ;采样次数初值送 R2
     MOV    DPTR，#03F8H
SAM1：MOVX   @DPTR，A              ;启动 ADC0809 工作
     MOV    R3，#20H
DLY：DJNZ   R3，DLY                ;延时
HERE：JB     P3.3，HERE            ;等待 A/D 完成
     MOVX   A，@DPTR              ;采样值送 A
     MOV    @R0，A                ;存放采样值
     INC    R0
     DJNZ   R2，SAM1              ;若采样未完，则 SAM1
     RET                          ;若已采样完，则返回
```

② 数字滤波子程序 FILTER，用于滤去来自控制现场对采样值的干扰。数字滤波程序的算法颇多，现以中值滤波为例加以说明。

中值滤波原理很简单，只需对 2CH、2DH 和 2EH 中三次采样值进行比较，取中间值存放到 2AH 单元内，以作为温度标度变换时使用。其程序清单为：

```
FILTER：MOV    A，2CH              ;(2CH) 送 A
       CJNE   A，2DH，CMP1        ;若 (2CH) ≠ (2DH)，则 CMP1
       AJMP   CMP2                ;否则，转 CMP2
CMP1：JNC    CMP2                  ;若 (2CH) > (2DH)，则 CMP2
      XCH    A，2DH                ;(2CH) ↔ (2DH)
      XCH    A，2CH
CMP2：MOV    A，2DH                ;(2DH) 送 A
      CJNE   A，2EH，CMP3         ;若 (2DH) ≠ (2EH)，则 CMP3
      MOV    2AH，A                ;否则，(2DH) 送 (2AH)
      RET                          ;返回
CMP3：JC     CMP4                  ;若 (2DH) < (2EH)，则 CMP4
      MOV    2AH，A                ;否则，(2DH) 送 (2AH)
      RET                          ;返回
```

```
CMP4: MOV   A, 2EH              ;(2EH) 送 A
       CJNE  A, 2CH, CMP5       ;若 (2EH) ≠ (2CH)，则 CMP5
       MOV   2AH, A             ;否则，(2EH) 送 (2AH)
       RET                      ;返回
CMP5: JC    CMP6                ;若 (2EH) < (2CH)，则 CMP6
       XCH   A, 2CH             ;否则，(2EH) ⟷ (2CH)
CMP6: MOV   2AH, A              ;A 送 (2AH)
       RET
```

③ PID 计算程序。现将 PID 算法公式重写如下：

$$u(k) = u(k-1) + K_P e(k) - K_P e(k-1) + \frac{K_P T}{T_I} e(k)$$
$$+ \frac{K_P T_D}{T} e(k) - 2\frac{K_P T_D}{T} e(k-1) + \frac{K_P T_D}{T} e(k-2)$$
$$= u(k-1) + K_P [e(k) - e(k-1)] + K_I e(k) + K_D [e(k) - 2e(k-1) + e(k-2)]$$
$$= u(k-1) + \Delta u_P(k) + \Delta u_I(k) + \Delta u_D(k) \tag{7-1}$$

可以根据式 (7-1) 编程，程序清单如下：

```
PID: MOV   R5, 31H             ;设定值 r(k) 送 R5R4
     MOV   R4, 32H
     MOV   R3, 2AH             ;采样值 y(k) 送 R3R2
     MOV   R2, #00H
     ACALL CPL1                ;取 y(k) 的补码
     ACALL DSUM                ;计算偏差 e(k)
     MOV   39H, R7             ;e(k) 送 39H 和 3AH 单元
     MOV   3AH, R6
     MOV   R5, 35H             ;K_I 送 R5R4
     MOV   R4, 36H
     MOV   R0, #4AH            ;积地址 4AH 送 R0
     ACALL MULT1               ;计算 Δu_I(k) = K_I e(k)
     MOV   R5, 39H             ;e(k) 送 R5R4
     MOV   R4, 3AH
     MOV   R3, 3BH             ;e(k-1) 送 R3R2
     MOV   R2, 3CH
     ACALL CPL1                ;对 e(k-1) 求补
     ACALL DSUM                ;求 e(k) - e(k-1)
     MOV   R5, 33H             ;K_P 送 R5R4
     MOV   R4, 34H
     MOV   R0, #46H            ;积地址 46H 送 R0
     ACALL MULT1               ;求得 Δu_P(k) = K_P[e(k) - e(k-1)]
     MOV   R5, 49H             ;Δu_P(k) 的高 16 位送 R5R4
```

MOV	R4, 48H		
MOV	R3, 4DH		
MOV	R2, 4CH		
ACALL	DSUM	; 求得 $\Delta u_P(k) + \Delta u_I(k)$	
MOV	4AH, R7	; 存入 4AH 和 4BH 单元	
MOV	4BH, R6		
MOV	R5, 39H	; 送 R5R4	
MOV	R4, 3AH		
MOV	R3, 3DH	; $e(k-2)$ 送 R3R2	
MOV	R2, 3EH		
ACALL	DSUM	; 计算 $e(k)+e(k-2)$	
MOV	R5, R7	; 存入 R5R4	
MOV	R4, R6		
MOV	R3, 3BH	; $e(k-1)$ 送 R3R2	
MOV	R2, 3CH		
ACALL	CPL1	; 对 $e(k-1)$ 求补	
ACALL	DSUM	; 计算 $e(k)+e(k-2)-e(k-1)$	
MOV	R5, R7	; 存入 R5R4	
MOV	R4, R6		
MOV	R3, 3BH	; $e(k-1)$ 送 R3R2	
MOV	R2, 3CH		
ACALL	CPL1	; 对 $e(k-1)$ 求补	
ACALL	DSUM	; 求 $e(k)-2e(k-1)+e(k-2)$	
MOV	R5, 37H	; K_D 送 R5R4	
MOV	R4, 38H		
MOV	R0, #46H	; 积地址 46H 送 R0	
ACALL	MULT1	; 求得 $\Delta u_D(k)$	
MOV	R5, 49H	; 送入 R5R4	
MOV	R4, 48H		
MOV	R3, 4AH	; $\Delta u_P(k)+\Delta u_I(k)$ 送 R3R2	
MOV	R2, 4BH		
ACALL	DSUM	; $\Delta u_P(k)+\Delta u_I(k)+\Delta u_D(k)$	
MOV	R3, R7	; 送入 R3R2	
MOV	R2, R6		
MOV	R5, 2FH	; $u(k-1)$ 送 R5R4	
MOV	R4, 30H		
ACALL	DSUM	; 求出 $u(k)$	
MOV	2FH, R7	; 存入 2FH 和 30H 单元	
MOV	30H, R6		

```
        MOV    3DH, 3BH           ;e(k-1) 送 e(k-2) 单元
        MOV    3EH, 3CH
        MOV    3BH, 39H           ;e(k) 送 e(k-1) 单元
        MOV    3CH, 3AH
        RET
```

双字节加法程序 DSUM：

```
        ;R5R4+R3R2→R7R6
DSUM:   MOV    A, R4
        ADD    A, R2
        MOV    R6, A
        MOV    A, R5
        ADDC   A, R3
        MOV    R7, A
        RET
```

双字节求补程序 CPL1：

```
        ;对 R3R2 求补
CPL1:   MOV    A, R2
        CPL    A
        ADD    A, #01H
        MOV    R2, A
        MOV    A, R3
        CPL    A
        ADDC   A, #00H
        MOV    R3, A
        RET
```

④双字节带符号乘法子程序 MULT1，相应程序清单为：

入口条件：R7R6=被乘数

　　　　　R5R4=乘数

出口条件：积为 32 位，按 R0 存入

标志位：SIGN1 为位地址 5CH

　　　　SIGN2 为位地址 5DH

程序清单如下：

```
MULT1:  MOV    A, R7
        RLC    A
        MOV    SIGN1, C           ;被乘数符号送 SIGN1
        JNC    POS1               ;若被乘数为正，则 POS1
        MOV    A, R6              ;对 R6 求补
        CPL    A
        ADD    A, 9999#01H
```

	MOV	R6，A	
	MOV	A，R7	;对 R7 求补
	CPL	A	
	ADDC	A，#00H	
	MOV	R7，A	
POS1:	MOV	A，R5	
	RLC	A	
	MOV	SIGN2，C	;乘数符号送 SIGN2
	JNC	POS2	
	MOV	A，R4	;对 R4 求补
	CPL	A	
	ADD	A，#01H	
	MOV	R4，A	
	MOV	A，R5	;对 R5 求补
	CPL	A	
	ADDC	A，#00H	
	MOV	R5，A	
POS2:	ACALL	MULT	;调用无符号乘法程序
	MOV	C，SIGN1	;两乘数皆为负？
	ANL	C，SIGN2	
	JC	TPL	;若是，则 TPL
	MOV	C，SIGN1	;否则，判两乘数为正吗？
	ORL	C，SIGN2	
	JNC	TPL	;若是，则 TPL
	DEC	R0	;否则，对乘积的高 16 位求补
	MOV	A，@R0	
	CPL	A	
	ADD	A，#01H	
	MOV	@R0，A	
	INC	R0	
	MOV	A，@R0	
	CPL	A	
	ADDC	A，#00H	
	MOV	@R0，A	
TPL:	RET		

在上述程序中，双字节无符号数乘法程序在此从略。

⑤温度标度变换程序 TRAST，目的是要把实际采样的二进制值转换成 BCD 形式的温度值，然后存放到显示缓冲区 78H~7DH。对一般线性仪表来说，标度变换如下：

$$A_x = A_0 + (A_m - A_0)\frac{N_x - N_0}{N_m - N_0}$$

式中，A_0 为一次测量仪表的下限；A_m 为一次测量仪表的上限；A_x 为实际测量值（工程量）；N_0 为仪表下限所对应的数字量；N_m 为仪表上限所对应的数字量；N_x 为测量所得数字量。

例如：若某热处理仪表量程为 200~800℃，在某一时刻计算机采样得到的二进制值 $u_i(K) = 0CDH$，则相应的温度值为：

$$A_x = A_0 + (A_m - A_0)\frac{N_x - N_0}{N_m - N_0} = 200 + (800 - 200)\frac{205}{255} = 682℃$$

根据上述算法，只要设定热电偶的量程，相应温度变换子程序 TRAST 不难编出来。

7.5 计算机控制技术应用设计举例 2
——LonWorks 空调控制系统

本节利用 LonWorks 网络技术对制冷减湿变风量（Variable Air Volume，VAV）空调系统进行控制，以达到满足舒适性、节能以及经济运行的目的。

7.5.1 被控对象

图 7-22 示出了一个单区域变风量空调系统示意图，其中包含三个子系统，即空气流动子系统、水流子系统和热力子系统，主要由以下设备组成：(1)空调区域；(2)风机和风系统通道；(3)制冷和减湿盘管；(4)制冷机和蓄冷设备(Storage Tank)；(5)水泵和水系统管道。

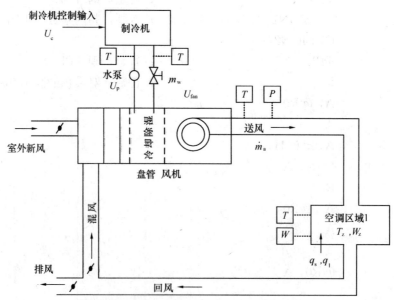

图 7-22 单区域制冷减湿变风量空调系统

T—温度传感器；W—湿度传感器；P—压力传感器；$\dot{m}$—质量流速/(kg/s)；
q_s—显热负荷/W；q_l—潜热负荷/W；T_z—空调区域空气温度/℃；
W_z—空调区域空气含湿量/(kg/kg)；U—控制输入

其工作过程为,首先将经过处理的新风、回风的混合风送入风道,混合风中新风占25%,回风占75%,经过处理设备过滤、冷却、除湿后,由送风机送入室内以抵消室内冷负荷和湿负荷。整个系统采用 LonWorks 技术实现,控制目的是使室内温度和湿度符合舒适性要求。

图 7-22 中,进入到空调区域的送风速率由风机转速控制量 U_{fan} 来控制,利用变频器实现。送风温、湿度调整通过水流阀门的开度改变冷冻水在制冷盘管中的流量 $\dot{m}_w$ 实现。

7.5.2 控制系统结构

图 7-22 所示系统是暖通空调系统的一部分,而暖通空调系统作为楼宇自动化系统(BAS)的一个关键组成部分,大多采用分散控制结构或现场总线控制结构,即现场控制级直接与现场各类装置如传感器、执行器、记录仪表等相连,执行过程数据采集、直接数字控制、设备监测和系统测试与诊断等任务;由监控级计算机负责监视系统的各单元,并管理系统的所有信息。基于上述分级结构,可以建立暖通空调能源管理与控制系统(Energy Management and Control System,EMCS),以提高空调系统的能源利用效率。

图 7-23 示出了两级结构的 EMCS 控制系统示意图,由于 EMCS 需要对整个暖通空调系统进行能源管理和最优控制,暖通空调系统具有设备众多、控制回路多的特点,因此可单独采用一台计算机完成 EMCS 功能。

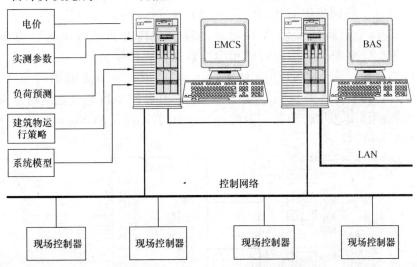

图 7-23 变风量空调两级控制结构

为了使空调系统达到整体优化运行效果,需要 EMCS 对空调系统做全局性分析后,计算出相关参数的优化运行轨迹。这些参数包括各时刻控制量和输出量的值,然后将其在线下载到现场控制器上,现场控制器会根据这些控制量的优化轨迹对局部回路进行控制。由图 7-23 可知,EMCS 系统首先要对能源价格、实测参数、所预测负荷、建筑物运行策略(如运行时段安排)和系统模型进行综合,根据作用于变风量空调(VAV)系统的实际负荷,按照相关控制算法对上述因素进行分析、计算,得到一组控制量和输出量值,并将这些最优量和相应的状态/输出轨迹作为变量的设定值传送给现场控制器,现场控制器可以采用 PID 或 PI 算法根据这些最优设定值对局部回路进行控制。

7.5.3 控制功能实现

限于篇幅,本节仅对送风温度和回风温度两个回路的控制加以介绍。制冷机提供的冷冻水是 7℃ 的恒温水,通过 PI 算法控制冷冻水流量阀门即可实现送风温度的控制;而回风温度也可以代表室内的温度,此处通过 PI 算法改变风机转速对回风温度进行调节。送风温度和回风温度的设定值由 EMCS 根据实际运行情况确定,控制系统可根据空调负荷及室内环境参数的改变调整送风和回风量,风机的运行工况为适应风量的变化亦要求作出相应的调节。

1. 模拟量采样

基于 Neuron 芯片的远程数据采集装置,作为分布在现场总线上的远程智能设备,不仅需要接收和处理来自传感器的输入数据,而且还需要执行通信任务。因此,在这种采集装置上必须考虑通信问题,而利用收发器模块及 LonTalk 协议固件,可方便地与 LonWorks 现场总线网络接口。

(1) 基本硬件电路结构

模拟量数据采集节点中的 A/D 转换芯片采用 MAX186,I/O 对象选用 Neurowire 全双工串行操作方式。图 7-24 是为满足上述要求而设计的部分电路原理图,图中只画出了 A/D 转换芯片与 Neuron 芯片的接口部分。由于 Neuron 芯片的 Neurowire I/O 对象是一个全双工的同步串行接口,可在 IO_8 管脚输出的时钟信号作用下,由 IO_9 和 IO_10 两个管脚同步将 A/D 通道地址信息移出和把对应通道的变换数据移入。正是这种 I/O 对象类型能进行同步串行数据格式传输的特点,对提供 4 线串行接口的外设特别有用;而 MAX186 这种 12 位、多通道、全双工的串行 A/D 集成芯片正好与其兼容,在 SCLK 时钟信号的作用下,它有可同步将通道地址信息移入芯片和将变换好的数据移出芯片的功能。因此,Neuron 芯片提供的 Neurowire I/O 对象可方便地与 MAX186 接口。

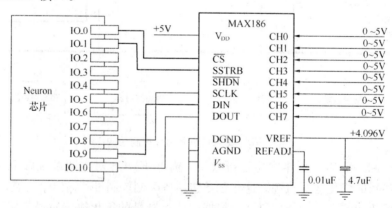

图 7-24 模拟量数据采集节点 A/D 转换芯片与 Neuron 芯片接口部分电路

在将 Neurowire I/O 对象配置为主模式(master)时,Neuron 芯片的 IO_0~IO_7 中的任何一个或多个管脚可用于 MAX186 的片选信号,因此允许多个这样的设备连在 IO_8~IO_10 三根线上。在图 7-24 中,Neuron 芯片的 IO_0 用于对 MAX186 的片选,IO_1 用于检查转换结束标志,IO_8 提供时钟信号输出,IO_9 用于串行数据输出,IO_10 用于串行数据输入。

(2) 数据采集程序

用软件方式控制一次数据采集(即 A/D 变换)的操作步骤可归纳为：①设置第 2 章表 2-5 所示的控制字；②使 MAX186 的 $\overline{CS}$ 变低；③发送控制字；④接收 A/D 转换结果；⑤将 MAX186 的 $\overline{CS}$ 拉高。由于 Neurowire I/O 对象必须以 8 的整数倍发送和接收数据，而 MAX186 为 12 位，因此还需要对接收的数据进行处理，提取出有效的 A/D 转换结果。

下面是实现定时数据巡回采集的 Neuron C 程序：

```
#include<stdlib.h>
#include<control.h>
///////////////////////// I/O 对象/////////////////////////
IO_8 neurowire master select(IO_0) ADC_IO;  //定义 I/O 对象，用作双向串行接口
IO_0 output bit ADC_CS=1;   //定义 IO_0 为位输出对象，作片选信号
IO_1 input bit sstrb=1;     //定义 IO_1 为位输入对象，用作 A/D 转换结束检测
///////////////////////// 函数原型/////////////////////////
unsigned long analog_to_digital(unsigned channel);  //定义模拟量数据采集函数
///////////////////////// 定义软件定时器/////////////////////////
stimer repeating timer1=1;  //定义秒定时器，以 1s 为数据采集的间隔
///////////////////////// 变量/////////////////////////
network output SNVT_count addata[8];
unsignecl long addata[8];
...   //定义网络变量和变量
///////////////////////// 任务/////////////////////////
when(timer_expires(timer1))  //当定时间隔 1s 到时，驱动该事件处理程序
{
for(i=0; i<8; i++)   //依次对 8 个通道进行数据采集
addata[i]=analog_to_digital(i);
}

///////////////////////// 数据采集函数/////////////////////////
unsigned long analog_to_digital(unsigned channel)
{
static unsigned ch[8]={0x8e, 0xce, 0x9e, 0xde, 0xae, 0xee, 0xbe, 0xfe};  //设置 A/D 转换控制字

static unsigned long adc_info;
static unsigned adc_info1;
unsigned long consult;

if(channel>7)return 0;
```

```
io_out(DAC_CS, 0);  //开片选

adc_info1=ch[channel];
io_out(ADC_IO, &adc_info1, 8);  //发送 A/D 转换控制字

while(! io_in(sstrb));  //检测转换结束标志

adc_info=ch[channel];
io_in(ADC_IO, &adc_info, 16);  //接收输入数据
consult=(adc_info>>3) & 0x0fff;  //对本次采集数据进行换算，提取 A/D 转换结果

io_out(ADC_CS, 1);  //关片选

return consult;
}
```

上述数据采集节点共有 8 路模拟量输入通道，本系统中采集送风温度的节点，负责对送风温度和送风湿度进行实时检测；对于采集回风温度的节点，则负责对空调区域内不同检测点的温度和湿度进行检测。所采集的数据一方面发送到控制节点实现被控参数的实时控制；另一方面还需要发送到 EMCS 计算机和 BAS 监控计算机用于数据分析和实时显示。

从上述程序中可以看出，利用 LonWorks 提供的核心技术，设计从事数据采集的远程智能装置和数据采集程序是一件容易的事。基于 Neuron 芯片的远程数据采集装置，不仅可像一般的数据采集系统那样独立地承担现场数据的采集和处理任务，而且还能通过收发器模块和内嵌的 LonTalk 协议固件，方便地实现与 LonWorks 现场总线控制网络的接口。

2. 被控参数实时控制

(1) 基本硬件电路结构

控制节点中的 D/A 转换芯片采用 MAX536，I/O 对象也选用 Neurowire 全双工串行操作方式。图 7-25 为节点中 D/A 转换芯片与 Neuron 芯片的接口部分电路原理图其工作原理与模拟量采集节点相似。

在图 7-25 中，Neuron 芯片的 IO_6 用于对 MAX536 的片选，IO_8 提供时钟信号输出，IO_9 用于串行数据输出。

(2) PI 控制程序

对被控参数进行实时控制的过程为：

① 接收模拟量采集节点传来的被控参数实时采集数据。

② 接收 EMCS 计算机传来的被控参数设定值。

③ 根据被控参数的实时数据和设定值计算出偏差，利用 PI 算法计算出控制量。

④ 实现模拟量的输出，以驱动执行机构完成控制任务。

下面是实现上述控制任务的 Neuron C 程序：

第7章 计算机控制系统设计与实现

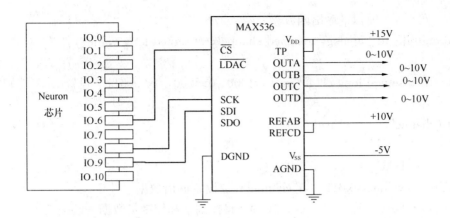

图 7-25 控制节点 D/A 转换芯片与 Neuron 芯片接口部分电路

```
#include<stdlib.h>
#include<control.h>
///////////////////////I/O 对象///////////////////////
IO_8 neurowire master select(IO_6)DAC_IO; //定义 I/O 对象,用作双向串行接口
IO_6 output bit DAC_CS=1; //定义 IO_6 为位输出对象,作片选信号
///////////////////////函数原型///////////////////////
void digital_to_analog(unsigned channel, unsigned long value); //定义模拟量输出函数
unsigned long PI(unsigned kp, unsigned ki); //定义 PI 算法函数
///////////////////////变量///////////////////////
network input SNVT_count temp1;
network input SNVT_count set_temp;
... //定义网络变量和变量
///////////////////////任务 ///////////////////////
when(nv_update_occurs(set_temp))
{
...
}

when(nv_update_occurs(temp1))
{
    en=set_temp_temp1; //求偏差
    u1=PI(kp, ki); //调用 PI 算法,计算控制量
    digital_to_analog(0, u1); //将控制量通过 D/A 转换芯片输出
}
...
```

//////////////////模拟量输出函数//////////////////
```
void digital_to_analog(unsigned channel, unsigned long value)
{
    static unsigned long ch[3] = {0x1000, 0x5000, 0x9000}; //设置 D/A 控制字

    if (channel> 2) return;

    io_out(DAC_CS, 0); //开片选
    value=(value&0xfff) | ch[channel]; //设置输出数据
    io_out(DAC_IO, &value, 16); //将控制字和控制量数据一起输出
    io_out(DAC_CS, 1); //关片选
}
```
上述控制节点共有 3 路模拟量输出通道,输出的 16 位串行数据中前 4 位为地址选通/控制位,后 12 位为待转换的数据,控制说明请参考第 2 章表 2-11 和表 2-12。

上述程序中的 PI 控制算法函数请读者自行完成。

整个控制系统利用现场传感器检测温度、湿度、压力和设备运行状态等信号完成数据采集工作,然后将这些数据传送至网络,由网络驱动程序完成对其的接收;再利用 DDE 服务工具将其传送给运行在 BAS 系统监控计算机上的 Delphi 监控程序,由 Delphi 对这些来自现场的实时数据进行相关处理,并通过图文并茂的各种画面进行显示,从而构成一个较为完善的监控系统。

习 题 和 思 考 题

7-1 简述计算机控制系统的设计原则和步骤。

7-2 名词解释:DDE、OPC。

7-3 简述工业组态软件的特点和使用步骤。

7-4 计算机控制系统硬件总体方案设计主要包含哪几个方面的内容?

7-5 自行开发计算机控制软件时应按什么步骤进行具体程序设计内容包含哪几个方面?

7-6 简述计算机控制系统调试和运行的过程。

7-7 简述如何设计一个性能优良的计算机控制系统。

7-8 某系统采用 LonWorks 技术对回风温度进行控制,采用 Neuronwire I/O 对象完成控制功能,已知 $K_P=1$, $T_I=10s$, $T_D=1s$, $T=1s$。假设所需的偏差信号由另一个检测温度的节点传来,采用 Neuron C 语言编写控制节点的 PID 控制算法程序,要求:

(1) 采用普通增量式算法实现。

(2) 若 D/A 转换芯片字长为 12 位,在上述增量式算法中增加抗积分饱和功能。

(3) 若检测回风温度的变送器检测范围为 0~100℃,温度检测节点中 A/D 转换芯片字长为 12 位,在上述增量式算法中增加消除积分不灵敏区影响的功能。

参 考 文 献

[1] 范立南，李雪飞，尹授远. 单片微型计算机控制系统设计. 北京：人民邮电出版社，2004.
[2] 林敏. 微机控制技术及应用. 北京：高等教育出版社，2004.
[3] 李正军. 计算机控制系统. 北京：机械工业出版社，2005.
[4] 魏东. 计算机控制系统. 北京：机械工业出版社，2007.
[5] 于海生. 计算机控制技术. 2版. 北京：机械工业出版社，2009.
[6] 阳宪惠. 工业数据通信与控制网络. 北京：清华大学出版社，2005.
[7] 陈在平，岳有军. 工业控制网络与现场总线技术. 北京：机械工业出版社，2006.
[8] 刘翠玲，黄建兵. 集散控制系统. 北京：中国林业出版社，北京大学出版社，2006.
[9] 关守平，周玮，尤富强. 网络控制系统与应用. 北京：电子工业出版社，2008.
[10] 周洪，邓其军，孟红霞等. 网络控制技术与应用. 北京：中国电力出版社，2006.
[11] 冯冬芹，黄文君. 工业通信网络与系统集成. 北京：科学出版社，2005.
[12] 吴国庆，王格芳，郭阳宽等. 网络化测控技术与应用. 北京：电子工业出版社，2007.
[13] 刘川来，胡乃平. 计算机控制技术. 北京：机械工业出版社，2007.
[14] 于海生等. 计算机控制技术. 北京：机械工业出版社，2007.
[15] 朱玉玺，崔如春，邝小磊. 计算机控制技术. 北京：电子工业出版社，2005.
[16] 张新薇，陈旭东等. 集散系统及系统开放. 北京：机械工业出版社，2005.
[17] 高安邦，魏东等. LonWorks技术开发和应用. 北京：机械工业出版社，2009.
[18] 魏东. 非线性系统神经网络参数预测及控制. 北京：机械工业出版社，2008.
[19] 凌志浩. 从神经元芯片到控制网络. 北京航空航天大学出版社，2002.
[20] 雷霖. 现场总线控制网络技术. 北京：电子工业出版社，2004.
[21] Echelon. Introduction to the LonWorks System，2001.
[22] Echelon. LonWorks Application Layer Interoperability Guidelines，2002.
[23] Echelon. LNS for Windows Programmer's Guide，2001.
[24] Echelon. LNS Plug-in Programmer's Guide，2002.
[25] Echelon. Neuron C Programmer's Guide，2002.
[26] Echelon. Neuron C Reference Guide，2002.
[27] Echelon. NodeBuilder User's Guide，2001.
[28] Echelon. LonMaker User's Guide，2002.
[29] Echelon. LNS DDE Server User's Guide，2001.
[30] Echelon. LonWorks Custom Node Development，2001.
[31] Echelon. Neuron 3150 Chip External Memory Interface，2001.
[32] Echelon. EIA-232C Serial Interfacing with the Neuron Chip，2001.
[33] Echelon. Neuron Chip Quadrature Input Function Interface，2001.
[34] Echelon. Parallel I/O Interface to the Neuron Chip，2001.

[35] Echelon. LonWorks Protocol Analyzer User's Guide, 2001.
[36] Toshiba. Neuron Chip Data Book, http://www.toshiba.com.
[37] 孙志辉, 闫晓强, 程伟. 机电系统控制软件设计. 北京: 机械工业出版社, 2009.
[38] 李明学, 周广兴, 于海英, 孔庆臣. 计算机控制技术. 哈尔滨: 哈尔滨工业大学出版社, 2001.
[39] 张玉华. 组态软件中控制算法的应用及研究[D]. 南京: 河海大学, 2004.